麋 鹿 生 物 学

白加德 主编

北京科学技术出版社

图书在版编目（CIP）数据

麋鹿生物学／白加德主编. — 北京：北京科学技术出版社，2020.7

ISBN 978－7－5714－1044－5

Ⅰ.①麋… Ⅱ.①白… Ⅲ.①麋鹿—动物保护—研究—中国 Ⅳ.①Q959.842

中国版本图书馆 CIP 数据核字（2020）第 122328 号

主　　编：白加德
责任编辑：韩　晖
责任印制：吕　越
封面设计：耕者设计工作室
出 版 人：曾庆宇
出版发行：北京科学技术出版社
社　　址：北京西直门南大街 16 号
邮政编码：100035
电话传真：0086－10－66135495（总编室）
　　　　　0086－10－66113227（发行部）
　　　　　0086－10－66161952（发行部传真）
电子信箱：bjkj@ bjkjpress. com
网　　址：www. bkydw. cn
经　　销：新华书店
印　　刷：北京捷迅佳彩印刷有限公司
开　　本：787 mm×1092 mm　1/16
字　　数：300 千字
印　　张：18.5
版　　次：2020 年 7 月第 1 版
印　　次：2020 年 7 月第 1 次印刷
ISBN 978－7－5714－1044－5

定　价：98.00 元

《麋鹿生物学》编委会

前　言

麋鹿（*Elaphurus davidianus*）隶属于偶蹄目鹿科麋鹿属，是生活在平原沼泽地带的大型哺乳动物。麋鹿与人类几乎同时起源，距今有 200 万 ～ 300 万年的历史；麋鹿种群曾广泛分布于我国中东部温暖湿润的长江、黄河流域的平原沼泽地区，种群的繁衍经历了商周前的繁荣以及商周后的快速衰退。1865 年，法国传教士阿芒·大卫在北京的南苑发现麋鹿并将其带到国外，北京南苑由此被认定为麋鹿的模式种产地，麋鹿也从此时开始漂泊海外。19 世纪末，麋鹿遭到杀戮和劫掠，导致麋鹿在中国彻底消失。1900 年前后，散落在欧洲各地的 18 只麋鹿被英国十一世贝福特公爵收集到其名下的乌邦寺庄园，经过繁衍生息，逐步建立起完整的麋鹿小种群。1985—1987 年，我国政府着手开展麋鹿重引入工作，重引入的 77 只麋鹿成为北京麋鹿生态实验中心（以下简称北京麋鹿苑）和江苏大丰麋鹿国家级自然保护区（以下简称江苏大丰）的基础种群，中国的麋鹿种群开始有计划地恢复。30 多年来，经重引入、种群复壮、野外种群增长，我国目前已经实现了将圈养的麋鹿放归野外，并成功恢复了可自我维系的自然种群。

一、中国麋鹿保护的现状

1. 麋鹿种群在中国的分布概况

经过 30 多年的繁衍、复壮及放归野外，截至 2019 年，我国的麋鹿保护工作取得了显著成绩，目前麋鹿种群已全面覆盖麋鹿的原有栖息地，分布地点从当初的 2 个增至现在的 81 个迁地保护场所，麋鹿数量已逾 8000 只，其中 6 个野生种群的个体数量达到 2200 多只。从重引入到成功放归野外，中国的麋鹿保护工作得到了世界认可。

2. 中国麋鹿保护的实践历程

一是"三步走"绘就麋鹿保护蓝图。麋鹿保护的指导思想是从圈养与半散放种群到保护区野化训练种群，再到逐步恢复自然种群。麋鹿保护的最终目标是建立起野生种群。为此，我国在麋鹿保护方面制定了"三步走"战略。第一阶段：麋鹿种群得以复壮，拥有足够的种群数量基础。第二阶段：开展迁地种群建设，有计划地将麋鹿分散到全国适宜麋鹿生活的地方，提高麋鹿的遗传多样性。第三阶段：恢复自我维系的野生种群，通过野化训练将麋鹿放归野外，使其适应野外生活，实现自我繁衍。

"三步走"战略是麋鹿保护的"路线图"，也是中国麋鹿保护实践的经验总结。在麋鹿保护"三步走"战略的指导下，1985—1993年麋鹿在北京麋鹿苑实现种群复壮；1993—1998年麋鹿在湖北石首麋鹿国家级自然保护区（以下简称湖北石首）进行野化训练；1998—2002年麋鹿在杨泊坦、三合垸、东洞庭湖形成自然种群。1986—1998年，麋鹿在江苏大丰实现种群复壮；1998—2003年放归野外；2003年至今，野外种群已经建立起来。麋鹿重引入及迁地保护的"三步走"战略成为世界濒危野生动物保护的典范。依据"三步走"战略，北京麋鹿苑于2013年在鄱阳湖湿地公园建立迁地种群；2018年4月，将迁地种群的47只麋鹿成功放归野外；2019年，野外种群产下子代且发育良好，种群数量达到51只。

二是"破三关"铺就麋鹿保护道路。濒危物种重引入是保护生物学领域的重大科学实践，是拯救野外灭绝物种的根本措施。迄今为止，世界上共实施了138个濒危物种重引入项目，但成功率仅有10%左右，因为物种重返自然栖息地面临繁殖、饲养、疾病三关，每一关都关系着濒危物种最终是否能够建立野生种群。

30多年来，麋鹿保护在圈养、半散放、散放的饲养管理方面形成了科学的饲养管理技术、疾病防治防控技术。在迁地种群保护推进过程中，通过开展麋鹿遗传学研究，初步建立了基因交流机制，促进了不同迁地种群间的个体交流；通过开展麋鹿迁地保护种群监测工作，完善了迁地保护与放归野外等关键措施，建立了适合于麋鹿的健康管理体系，保证了麋鹿自然种群的健康繁衍。

"破三关"为麋鹿保护穿上了"铁罩衫"，为我国珍稀濒危野生动物开展迁地保护提供了示范，对我国的野生动物保护、生态环境保护、生态文明建设工作做出了贡献。

　　三是 30 年筑就麋鹿保护三大成就。首先，麋鹿保护突破了遗传瓶颈。现在世界上所有的麋鹿都是 1900 年前后收养在英国乌邦寺庄园的 18 只麋鹿的后代，种群奠基数量较少，高度近亲繁殖，这是影响麋鹿生存发展的遗传瓶颈。经过 30 多年的努力，目前麋鹿在遗传多样性贫乏、近交系数较高的情况下存活状况良好，麋鹿种群数量实现大幅度增长，为麋鹿的永续发展建立了强大的"基因库"。其次，麋鹿自然种群的产生实现了麋鹿在全国范围内的扩散，野外种群数量大幅度增加，由北到南均有分布，覆盖了麋鹿原有的栖息地，目前的分布区域已接近麋鹿在历史上的分布区域。最后，麋鹿保护意识深入人心。麋鹿是湿地的代表性物种，有效开展保护麋鹿的宣传教育工作是提升公众对麋鹿保护的认知不可或缺的部分。北京麋鹿苑率先对公众免费开放，每年有 50 多万人参观，麋鹿苑已成为全国生态文明教育基地和全国科普教育基地。江苏大丰建立了国家 5A 级旅游景区，每年接待游客 20 多万人。与此同时，麋鹿保护的相关知识进课程、进社区、上广播、上电视、上报纸等，受到广大群众的欢迎。麋鹿保护教育为广大群众积极保护其他濒危和珍稀野生动物奠定了广泛的群众基础，为生物多样性保护和生态文明建设积蓄了巨大的支持力量。麋鹿保护的成功是"国家兴则麋鹿兴"的有力见证。

　　自 1985 年以来，以麋鹿保护为核心任务的三大保护地（北京麋鹿苑、江苏大丰、湖北石首）一直致力于繁育扩大麋鹿种群和建立优质核心种群，在我国麋鹿保护和生态保护建设中发挥了重要作用，现已成为我国麋鹿种群恢复和重引入保护的主要奠基单位和技术支撑单位。

二、麋鹿保护存在的主要问题

1. 缺乏国家级的麋鹿保护整体规划

　　麋鹿种群增长较快。1986 年江苏大丰引入麋鹿 39 只，2019 年达到 5016 只。湖北石首于 1993 年和 1994 年引入麋鹿 64 只，2002 年引入 30 只，现在保护区内有 800 只，保护区外的自然种群有 800 只。江苏盐城湿地珍禽国家级自然保护区于 1998 年引入麋鹿 10 只，2019 年共有麋鹿 230 只。2019 年，全国现有麋鹿近 8000 只。麋鹿数量的快速增长，对自然生态环境的修复与改善起到了较好的促进作用，但因其栖息地内没有大型肉食动物，其可能对自然生态形成潜在的威胁。这值得我们思考并及早做出应对措施，需要制订国家层面的整体规划，并建立统一的麋鹿监测信息平台和管理规范。

2. 缺少对遗传发展潜力的认知

麋鹿是高度近亲繁殖的小种群动物，尽管人们对麋鹿遗传的多样性有了一定的认知，但还缺乏对遗传发展更加深入的研究与探讨。麋鹿种群的基因多样性迫切需要全方位的评估，这是麋鹿种群永续发展的根本。

三、中国麋鹿保护的发展展望

麋鹿的最大价值在于它在湿地系统中发挥着"伞护"的作用。麋鹿保护必须走一条绿色、可持续的道路。

1. 持续扩大野外自然种群

在适合麋鹿生存的地方进行有计划的野外放归，促进麋鹿基因的丰富和发展。我国应建立麋鹿遗传资源评估机制与基因资源的跨国交流机制。麋鹿曾经生活过的欧洲地区与中国在气候和地理方面均有差异，我国可对乌邦寺等地区的麋鹿资源开展更深入的调研，并进行麋鹿种群基因的交流，这对麋鹿保护的可持续发展具有重要意义。

2. 建立"顶级消费者"机制

采取自然干预或人工干预两种方式，实现保护麋鹿与保护麋鹿栖息地并重。部分保护区内的麋鹿数量激增，严重超出了区域内的生态承载力，保护区不得不对麋鹿采取人工饲喂的方式。对于这种情况，一般可采取两种方式：一种方式是适量引进"顶级消费者"，如大中型食肉动物，自然控制麋鹿种群的过度增长；另一种方式是采取以国家政策为指引、科学研究为依据、规范处置为标准、种群发展与生态平衡为目标的人工干预机制。

3. 建立可持续发展的保种机制

建立自然保护区的目的在于保种，但保护区的生态承载力是有限的。因此，建立一套完善的保种机制是保护区的重要职责。

4. 建立麋鹿研究与监测平台

近年来，麋鹿种群因突发性疾病导致大量个体死亡的事件时有发生，且成为麋鹿保护与繁衍发展必须突破的重大瓶颈。麋鹿种群安全的预警预判尤为重要，迫切需要加强对野外放归麋鹿种群的健康和环境状态的动态检测体系进行顶层设计，建立统一、规范的麋鹿研究与监测平台，包括建立健康指标监测数据库、建立麋鹿迁地保护种群健康的多参数监测平台、形成规范和科学的麋鹿栖息地健康管理方案，主动开展预防与应对，实现麋鹿种群的可持续发展。

5. 发展以麋鹿保护为样本的绿色生态旅游，开展以麋鹿保护为主题的物种保护与生物多样性保护的体验教育活动

麋鹿与人类共同走过了约 300 万年。当世留存的大量关于麋鹿的诗词歌赋、文学作品、历史故事，是中华传统文化的重要组成部分。深度挖掘麋鹿文化的内涵，发展以麋鹿保护为主题的绿色生态旅游，开展以麋鹿保护为目的物种保护与生物多样性保护的体验教育活动，是践行生态文明建设的重要举措。

目　　录

第一章　麋鹿的起源与发展

第一节　麋鹿的起源、进化与分布

麋鹿是一种大型草食动物，属哺乳纲偶蹄目鹿科麋鹿属。麋鹿又名"大卫神父鹿"，它角似鹿非鹿、脸似马非马、蹄似牛非牛、尾似驴非驴，俗称"四不像"。麋鹿起源于中国，是中国特有的物种，1900 年在中国本土灭绝，1985 年 11 月 24 日从欧洲返回故土。麋鹿的曲折命运使它成为世人关注的对象。

一、麋鹿的起源

麋鹿起源于更新世早期（距今 300 万—200 万年）我国中东部温暖湿润的长江、黄河流域的平原沼泽地区。在更新世中期（距今 73 万—10 万年），野生麋鹿的数量很少。到了更新世晚期，麋鹿家族开始兴盛起来，其数量发展较快，至 3000 多年前的商周时期，麋鹿发展到鼎盛阶段。

关于麋鹿的种源和属源有不同观点。德日进（P. Teilhard de Chardin）等在 1930 年提出，麋鹿属可能起源于西欧上新世的阿的欧斯鹿。而曹克清则认为，麋鹿属与西欧上新世的阿的欧斯鹿在地理分布上相距遥远，且阿的欧斯鹿鹿角前枝分枝的特征介于麋鹿属晋南种和麋鹿属台湾种之间，麋鹿不可能是阿的欧斯鹿的后代。它们或许是真鹿类中各自独立、相互平行发展的支系，或者发源、迁徙、演化的路径正好相反，不是由西欧至东亚，而是由东亚至西欧，即阿的欧斯鹿型式的鹿是由东亚第三纪的麋鹿属晋南种型式的鹿进化而来。根据现有资料，曹克清认为麋鹿属的所有种一直就是东亚所特有的动物，就麋鹿属而言，它可能起源于早更新世以前，在今河北省阳原县、陕西省蓝田县、台湾省台南县和日本的明石县4个地点连线所围成的区域之内或其附近不远。

二、麋鹿的进化

我国共有麋鹿属的5种麋鹿化石。除达氏种外，还有双叉种、晋南种、蓝田种、台湾种。

麋鹿的最特殊之处在于角枝向上、向前生长，从主干上方双分为前后枝，前枝（相当于眉枝）向上一段距离再双分1~2次。在我国同属的4个麋鹿种中，达氏麋鹿的前角枝特化到了极度水平。从蓝田麋鹿经晋南麋鹿、双叉麋鹿到达氏麋鹿，麋鹿的发展似呈逐步演进的趋势。蓝田麋鹿的前枝不分叉。晋南麋鹿角从基部起即分为两个叉。双叉麋鹿角自基部向上一段距离后才分为两个叉。达氏麋鹿角除自基部向上一段距离后前后双分为两个叉外，充分发育的前角枝再双分一次，偶尔也有两个叉再双分的情形。这些至目前为止已知的事实，提示了麋鹿可能的进化路径和相互关系：达氏麋鹿可能是由蓝田麋鹿阶段经晋南麋鹿阶段、双叉麋鹿阶段进化而来。

三、麋鹿的分布

1. 麋鹿的地理分布

在我国发现的5个麋鹿种化石中，双叉种、晋南种和蓝田种只分布在河北、山西、陕西更新世早期的地层中；达氏种则广泛分布于我国东部广大地区的第四纪地层中；台湾种分布在台湾。从更新世早期开始，特别是从更新世晚期到殷周时代，麋鹿在我国东部地区分布广、数量多，国外仅在日本、朝鲜发现过麋鹿化石。麋鹿化石的出土地点遍布我国辽宁以南的广大地区，包括广东、湖南、湖北、江苏、浙江、江西、安徽、河南、河北、上海、天津、北京、辽宁等省市，麋鹿的栖息活动范围则在如今的长江流域一带（表1-1）。从已发现的约300个（截至2010年）麋鹿化石分布点中可以确认古麋鹿的地理分布范围：西达陕西的渭河流域，北达东北大平原，向南到台湾中部一线，向东可达中国东部沿海平原和岛屿。

表1-1　中国麋鹿地史分布（刘睿，等，2011）

时代	产地
第四纪（距今166万年前）	长江下游流域（今江苏无锡、安徽安庆等地）
更新世早期（距今约73万年前）	淮河流域下草湾系（今江苏泗洪附近）
更新世中期（距今约13万年前）	今安徽北部、江苏南部等地
更新世晚期（距今约1万年前）	今辽宁、山西、江苏、安徽等地
全新世（距今约1万年）至商周时期	长江、黄河、淮河流域
距今约3000年	今河北、河南、山东、江苏等地
公元1900年	麋鹿种群在中国境内消失

麋鹿重引入后，先在北京、江苏、湖北建立了保护区，随后开始在其他省市圈养麋鹿。现在，麋鹿在我国的分布点达到81个（表1-2）。

表1-2　我国现生麋鹿种群数量及分布情况

序号	分布点	数量（只）
1	上海动物园	7
2	江苏台州湾野生动物园	1
3	江苏淹城野生动物世界	5
4	济南动物园	36
5	徐州动物园	3
6	宿迁动物园	5
7	盐城市人民公园	4
8	合肥野生动物园	4
9	泰州动物园	15
10	景德镇动物园	4
11	苏州上方山国家森林公园	5
12	厦门中非世野生动物园	40
13	烟台南山公园动物园	2
14	南昌动物园	3
15	安徽颍上八里河动物园	8
16	江苏扬州动物园	4
17	无锡动物园	11

续表

序号	分布点	数量（只）
18	济南跑马岭野生动物世界	21
19	济宁动物园	9
20	青岛动物园	3
21	临沂动植物园	4
22	刘公岛国家森林公园	6
23	德州动物园	4
24	江苏大丰麋鹿自然保护区	5016
25	北京野生动物园	20
26	北京动物园	8
27	天津动物园	22
28	天津福德动物园	4
29	保定市动物园	14
30	沧州狮城动物大世界	6
31	秦皇岛野生动物园	25
32	太原动物园	2
33	北京麋鹿生态实验中心	208
34	东莞香市动物园	7
35	郑州动物园	5
36	洛阳动物园	2
37	新乡市动物园	2
38	濮阳市东北庄野生动物园	6
39	安阳动物园	2
40	武汉动物园	12
41	海南热带野生动植物园	32
42	湖北石首麋鹿国家级自然保护区	1315
43	西宁动物园	2
44	重庆动物园	2
45	昆明动物园	4
46	云南野生动物园	14
47	雅安动物园	10
48	贵州森林野生动物园	5

续表

序号	分布点	数量（只）
49	贵州都匀市西山公园	1
50	鸡西动物园	3
51	齐齐哈尔龙沙动植物园	9
52	大连森林动物园	5
53	佳木斯市水源山公园	7
54	长春动物园	20
55	吉林江南公园	2
56	北方森林动物园	5
57	辽阳动物园	8
58	长春东北虎园	7
59	沈阳森林动物园	17
60	锦州动物园	4
61	天津七里海国家湿地公园	22
62	海南枫木鹿场	4
63	浙江慈溪杭州湾国家湿地公园	28
64	鄱阳湖国家湿地公园	51
65	河北滦河上游国家级自然保护区	21
66	辽阳千山呈龙科技有限公司所在地	56
67	湖南东洞庭湖保护区	164
68	盐城自然保护区	200
69	浙江临安国家濒危野生动植物种质基因保护中心	129
70	昆明野生动物园	14
71	洋沙湖国家湿地公园	8
72	荣成西霞口动物园	3
73	湖北蒲圻林场（陆水湖风景区）	—
74	北京怀柔鹿世界主题公园	10
75	常熟尚湖风景区	3
76	苏州绿光农场	72
77	江苏溱湖国家湿地公园	110
78	泗阳湿地公园	17
79	南通市文峰公园	1
80	蚌埠市张公山公园动物园	1
81	成都市动物园	10
合计		7961

注：本表数据截至 2019 年 8 月。调查结果"—"表示有，但不确定具体数字。

2. 麋鹿的自然分布

麋鹿的分布与气候、环境和人类活动有着直接的关系。麋鹿系温带平原沼泽型野生动物，在自然条件下，它分布在亚热带向暖温带过渡带和暖温带向寒冷带过渡带之间，即东经110°～130°、北纬18°～45°的范围。另外，其分布除了取决于自然气候和海拔高度因素外，还取决于生存环境，只有水草丰盛的沼泽地才能为其提供生存所必需的食物、水和隐蔽场所。

麋鹿是东亚特有的动物，在地质历史上，其存在的时间较短，出现也较晚，是一种仅局限于第四纪中后期的哺乳动物。麋鹿从更新世开始发展，到全新世中期发展到全盛时期。根据相关的记载，商周以后，气温逐渐变冷，沼泽等水域明显减少，再加上人类活动的增加以及捕猎工具的进步，麋鹿种群迅速走向衰落。一方面，野生麋鹿在自然环境中走向灭绝；另一方面，麋鹿开始被人工饲养。汉朝以后，野生麋鹿的数量日益减少。到明清时期，已经很难见到野生麋鹿的种群。1900年，最后的数百只人工饲养的麋鹿于北京南苑皇家猎苑灭绝。

第二节 麋鹿的分类学地位

麋鹿的分类学地位：

脊索动物门

　脊椎动物亚门

　　哺乳纲

　　　偶蹄目

　　　　反刍亚目

　　　　　鹿上科

　　　　　　鹿科

　　　　　　　鹿亚科

　　　　　　　　麋鹿属

　　　　　　　　　达氏种

　　　　　　　　　双叉种

晋南种

蓝田种

台湾种

麋鹿中的达氏种是 1866 年由米尔恩－爱德华（Milne-Edwards A.）根据法国传教士大卫从北京南苑带到法国巴黎博物馆的标本研究建立的。其属名 *Elaphurus* 为长尾之意，指出麋鹿尾长这一鲜明特征；种名"*Davidia-nus*"是纪念第一个发现麋鹿并将其带到国外的大卫神父，因此西方人习惯称麋鹿为"大卫鹿"（David's deer）。中国老百姓称麋鹿为"四不像"。1965 年，道布鲁罗卡（L. J. Dobroruka）在英国自然博物馆研究 1869 年由罗伯特·斯云和（Robert Swinhoe）在海南岛收集到的两种鹿皮，发现皮上的毛有 5 个涡旋，其中 1 个在腰部、2 个在肩胛处，另外 2 个在颈部。在鹿科动物里，毛皮具有这种结构特征的只有麋鹿。于是，道布鲁罗夫提出纠正前人的鉴定，将麋鹿的英文名称改为"MILU"。英国贝福特公爵与中国签订的赠送协议也使用汉语拼音"MILU"作为麋鹿的英文名称，并建议在所有文献中使用"MILU"作为英文正式名称，由第十四世贝福特公爵亲自设计的北京麋鹿苑的标志也是"MILU. PARK"。但不论麋鹿的英文名称是什么，麋鹿的种名"*Davidianus*"是不会变的。

1930 年，德日进和皮韦托（J. Piveleau）在研究中国河北泥河湾拉弗郎期哺乳动物群时，发现一类鹿角的分叉性质与现生麋鹿有显著的区别，认为应该在麋鹿属下建立一个新种，即麋鹿属双叉种。

1933 年，索尔比根据河南安阳殷墟的发现，在真鹿属的名下记述了一个新种，称为真鹿属梅氏种，后修改划入麋鹿属中，称为麋鹿属梅氏种（*E. menziesianus*），与现生种麋鹿相并列。1955 年杨钟健、1956 年裴文中等指出梅氏种与达氏种是同物异名，梅氏种并不能成立。根据国际动物命名法规优先权法则，梅氏种的名称让位于 1866 年爱德华对现生种——达氏种的命名。

1974 年，贾兰坡根据更新世早期山西地区的考古资料提出了古麋鹿新种——晋南种。1975 年，计宏祥根据更新世早期陕西地区的考古资料提出了另一古麋鹿新种——蓝田种。1978 年，日本人大裕之等（Hiroyuki Otsu-ka and Takio Shikama）修订更新世早期的狍属台湾种为麋鹿属台湾种。

2018 年 12 月 12 日，中国科学院古脊椎动物与古人类研究所董为研究员的课题组对产自山西天镇的鹿角标本进行了详细的研究，发现了麋鹿的两个种（其中一个是双叉种，另外一个由于形态不同，成为麋鹿种之下的一个亚种——原达氏鹿），并系统讨论了所有麋鹿化石的分类位置，相关研究结果发表于《国际第四纪》（*Quaternary International*）。这项工作不仅丰富了麋鹿属的物种多样性，对中国的麋鹿化石材料进行了补充，同时也对研究麋鹿属在中国的演化提供了重要证据。至此，中国历史上应有 5 种不同的麋鹿，除达氏种外其余 4 种已经灭绝。

第三节　麋鹿的历史变迁

一、麋鹿曾在中国灭绝

麋鹿在甲骨文、石鼓文中就有记载，这也是与麋鹿有关的最早文字记录。东汉时期的许慎在《说文解字》中说："麇（麋），鹿属。从鹿，米声。麋冬至解其角。"中国许多的地方志均有关于麋鹿的记述。从春秋战国时代至元、明、清，屈原、班固、许慎、苏轼、陆游、李时珍、柳宗元、乾隆皇帝等人均曾记录或描述过麋鹿。战国思想家墨翟在《墨子·公输》中提到，前 400 年左右，墨子到郢（今湖北江陵县西北），在与公输盘的谈话中曾提到："荆（指楚国）有云梦，犀、兕、麋满之（野生的麋鹿、犀牛遍野，无处不见）。"《辞海》解释"云梦"时称"在南郡华荣县"，而石首是西晋太康五年（284）才从华容县分出来的，据此可推断，楚国王室（前 500 年左右）当年置灵囿（圈养麋鹿的区域）的地方，应该在今湖北石首天鹅洲一带（陈礼荣，1997）。《山海经·中山经·中次八经》中曰："荆山（今湖北荆山）……漳水出焉……其兽多闾麋。"唐代柳宗元的《临江之麋》指出，当时临江（今江西清江县）一带有麋鹿（《柳河东集·三戒》）。20 世纪 90 年代，湖北江陵九店的东周墓出土了麋鹿的骨骼和毛发。在英国博物馆保存着两张麋鹿幼崽的毛皮标本，这两张标本是由斯云和于 1869 年在中国海南岛收集到的。

已出土的野生麋鹿化石表明，麋鹿起源于距今 300 万—200 万年前，距今约 1 万年前—3000 年前时最兴盛。在中国境内，麋鹿化石点的数量和化石点标本的数量都极为丰富。考古研究发现，距今 1 万年前—4000 年前人类遗址中出土的麋鹿骨骼数量大致与家猪的骨骼数量相当。早在 3000 多年前的周朝，麋鹿就在皇家猎苑中圈养，在人工驯养状态下一代代地繁衍下来。

在清朝以前，国际动物学界并不知道麋鹿的存在。1865 年，法国传教士大卫在当时的皇家猎苑北京南苑，借助因修建围墙而散乱堆放的砖块，爬到围墙上，看到了被人们称为"四不像"的麋鹿，并在日记本上画下了麋鹿的草图。1866 年 1 月，大卫花费 20 两银子买通了守卫皇家猎苑的官员，拿到了一只成年雌鹿和一只幼年雌鹿的骨骼与毛皮，并通过法国公使馆的一名专员送到法国巴黎自然博物馆。经过馆长爱德华鉴定，确定这不但是一个新的物种，而且是一个单独的属。1867 年之后，英国、法国、德国、比利时等国的公使及教会人士通过明索暗购等手段，从北京南海子猎苑运走几十只麋鹿，饲养在各国的动物园中。1894 年，永定河河水泛滥，冲垮了南苑的围墙，逃散的麋鹿成了饥民的果腹之物。1900 年，八国联军侵入北京，南海子的麋鹿被西方列强劫杀一空，幸存的麋鹿被运往欧洲各地，至此麋鹿在中国灭绝。

随着时间的流逝，圈养于欧洲一些动物园中的麋鹿纷纷死去，麋鹿的种群规模逐渐缩小。1894—1901 年，英国贝福特公爵出重金将饲养在巴黎、柏林、科隆、安特卫普等地动物园中的 18 只（7 雄、9 雌、2 幼）麋鹿悉数买下，放养在伦敦以北占地约 1200 公顷的乌邦寺庄园内。这 18 只麋鹿成为目前地球上所有麋鹿的祖先。在第一次世界大战期间，英国乌邦寺的麋鹿由于饥饿和疾病，种群数量减少了一半，战后恢复到 64 只。1945 年，这个种群达到 255 只，因害怕被战火波及，乌邦寺庄园开始向一些大动物园转让麋鹿。根据 2015 年北京麋鹿苑的调查，除中国外，世界上还有 25 个国家的 56 个地点在饲养麋鹿，它们分布于大洋洲、非洲、欧洲、亚洲、南美洲和北美洲，共有麋鹿 1022 只。种群数量超过 10 只（含）的有 16 处，超过 50 只的有 4 处。截至 2019 年 10 月，全世界的麋鹿共有近 9000 只。

二、麋鹿的驯养历史

由于人类过度猎杀麋鹿并挤占麋鹿的栖息地，麋鹿从兴盛的顶峰逐步走向衰亡，直至野外灭绝。麋鹿的野外灭绝归因于人类的捕杀，但它们能够生存到今天也是因为人类的保护。麋鹿的圈养至少在周朝即已开始，当时只是将一些食用不完的麋鹿圈养起来。而到元、明、清时，大规模地饲养麋鹿是为了供皇室和贵族打猎。在皇家猎苑中饲养麋鹿和乌邦寺对麋鹿的收集，在客观上起到了对麋鹿的保护作用，使麋鹿逃过了战争和自然灾害的侵害，免于彻底灭绝。这也为物种保护提供了思路，即当一个物种的野外种群数量小于一定数量时，必须进行人工繁育和保护。

1. 中国古代苑囿种群

在先秦时代，麋鹿种群十分繁盛，古籍中多有记载（表 1 – 3）。在《诗经》《左传》，以及孔子、孟子、庄子、墨子、屈原等人的著作中都曾提及麋鹿。也正是在这个时期，麋鹿开始进入帝王苑囿，并成为被玩赏的宠物，使其在客观上受到了保护。据《孟子·梁惠王》记载，齐宣王就曾规定在他的苑囿中"杀其麋鹿者如杀人之罪"。

表 1 – 3　古代部分有麋鹿的苑囿（杨戎生，2006）

园囿名	地点	文献
殷鹿台	河南汤阴	《史记·殷本纪》
周灵囿	陕西西安	《诗经·灵台》
梁惠王园囿	河南开封	《孟子·梁惠王上》
齐宣王园囿	山东淄博	《孟子·梁惠王下》
鲁成王鹿囿		《左传·成公十八年》
郑原囿（圃田泽）	河南中牟西	《左传·僖公三十三年》
秦上林苑、具囿	陕西渭南	《史记·司马相如列传》《左传·僖公三十三年》
汉上林苑	陕西渭南	《史记·司马相如列传》
唐辋川别业	陕西蓝田	王维、裴迪《辋川集》
宋艮岳	河南开封	宋徽宗《艮岳记》、祖秀《华阳宫记》
明陈友谅南昌西山麋鹿园	江西南昌	《明通鉴前编卷二》
元、明、清南海子猎苑	北京	《大卫日记》

明朝定都北京后，将城南（今大兴区、朝阳区、丰台区的部分地区）划为皇家猎苑，麋鹿是主要的狩猎动物之一。清朝依旧将城南作为狩猎场，皇家猎苑东西长 16～18 千米、南北长 11～13 千米，总面积约为 210 平方千米。清朝初期（1616），皇家猎苑增设了四面土围墙和九门，并制定了完整的规章制度。清朝嘉庆年间，有记载称我国东南沿海有麋鹿活动，但无具体的数量描述。此时，麋鹿的驯养种群已大于野生种群，驯养种群主要生活在当时的北京南海子皇家猎苑。

2. 海外迁地种群

麋鹿的迁地保护从帝王的苑囿种群到海外种群持续了数千年，使麋鹿数度逃过灭顶之灾，得以生存至今。然而，一个物种要摆脱灭绝的风险，唯一的方法是回归自然，重建野生种群。20 世纪 50 年代，十二世贝福特公爵认为"从所担心的自然原因看，麋鹿的生存已不存在明显的威胁"，但战争的直接和间接后果仍然有可能导致它们灭绝，因此他将一些麋鹿送往美国、澳大利亚和欧洲其他国家的动物园。1985 年，当时的塔维斯托克侯爵与原中国国家环境保护局和北京市政府领导下的麋鹿重引入小组签订协议，合作开展麋鹿重引入项目，开启了麋鹿保护的新篇章。

三、麋鹿的重引入

重引入具有两个层面的含义：一是迁地保护，亦称为易地保护。迁地保护是指为了保护生物多样性，把生存条件不复存在、物种数量极少或难以找到交配对象等生存和繁衍受到严重威胁的物种迁出原地，移入动物园、植物园、水族馆和濒危动物繁殖中心等进行特殊的保护和管理，是对就地保护的补充。二是野化。野化是将圈养条件下繁育的野生动物重新放入野外环境，训练动物恢复行为学和生理学方面某些已丢失的野生特性。这种重引入需要历经圈养—野化—放归的过程，是较为复杂的重引入过程。

麋鹿的重引入分为 3 个阶段。

第一阶段为"麋鹿还家"，也就是迁地保护。新中国成立后，希望麋鹿能重返家园。1956 年北京动物园得到了一对麋鹿，1973 年再次得到两对麋鹿，但因繁殖障碍和环境不适，一直未能复兴种群。1985 年，英国乌邦寺庄园决定向中国无偿提供麋鹿，并将麋鹿的新家选在中国最后的保存地——北京南海子皇家猎苑的遗址，为此北京市政府建立了北京南海子麋鹿苑（北京麋鹿生态实验中心），其主要任务是建立中国自己的迁地保护种群，为麋鹿回归自然做好准备。1985 年 8 月 24 日，22 只麋鹿（5 雄 17 雌，其中 2 只雌鹿送给上海动物园）乘飞机从英国抵达北京，当晚运至南海子麋鹿苑，麋鹿在百年之后重回故土。1987 年，乌邦寺庄园又向中国提供了 18 只雌性麋鹿用于补充奠基群。

在第一阶段，北京麋鹿苑采取的主要生物学措施是应用种群遗传学原理，保持放归麋鹿的遗传多样性。具体做法是选择最优良的麋鹿，在种群数量、质量、年龄结构上尽快产生一个较大的目标种群，以保持丰富的遗传多样性。在迁地种群的管理上，为麋鹿提供接近自然的栖息环境，让它们自由生活，尽量减少人工干扰，避免人工选择。经过 8 年的努力，南海子麋鹿种群达到 200 多只，从 1993 年开始向自然保护区和其他保护地输出奠基种群。

第二阶段为"麋鹿野化锻炼"。通过建立保护区，让麋鹿在保护区内开展野化锻炼，使之恢复野性。为麋鹿在大自然中生存提供优良种源是保护区的重要任务。

1986 年 8 月，英国伦敦动物学会提供的 39 只麋鹿（13 雄 26 雌，其中 6 幼），途经上海运抵江苏省大丰市，在江苏省大丰麋鹿国家级自然保护区放养，麋鹿重新回到野生种群最后栖息的沿海滩涂。

湖北石首麋鹿国家级自然保护区于 1993 年、1994 年和 2002 年从北京麋鹿苑引入 94 只麋鹿进行野外放养，目前野生种群的数量达到 800 多只。

2002 年 12 月，30 只麋鹿从北京运至河南省原阳县麋鹿散养场。2006 年，31 只麋鹿从北京运至浙江临安国家濒危野生动植物种质基因保护中心，建立繁育种群。截至 2019 年 10 月，中国已有北京麋鹿苑、江苏大丰、湖北石首、河北滦河上游国家级自然保护区和浙江临安 5 处麋鹿繁育基地，以及野生动物园、湿地保护区等 81 处麋鹿栖息地。

第三阶段为"麋鹿回归自然"。我国引入的麋鹿圈养在围栏之中，圈养环境限制了麋鹿的迁移。麋鹿生活在人为控制下，会对麋鹿种群形成某种定向的选择压力。同时，麋鹿的种群数量持续增长，种群密度制约了其种群增长率。因此，为了麋鹿种群的可持续发展，麋鹿的野外放归势在必行。

江苏大丰分别于 1998 年、2002 年、2003 年进行了麋鹿野放试验，放归麋鹿 56 只；2018 年又通过保护区的分区调节，在保护区外放归麋鹿近800 只。现在，在黄海滩涂生活的麋鹿有 1000 多只。

1998 年春季，湖北石首的麋鹿通过自然扩散进入新的区域，在保护区外形成了 3 个相对独立的亚种群。1998 年，长江的特大洪水使得石首保护区内的 34 只麋鹿（7 雄 27 雌）脱离石首保护区，渡过长江，扩散到长江南岸东洞庭湖等地的芦苇沼泽区域。这些麋鹿一直在野外生活，成为真正的野生麋鹿。截至 2019 年 10 月，在石首保护区外的杨坡坦、三合垸、湖南东洞庭湖有野生麋鹿 500 多只。

2018 年 4 月 3 日，在国家林草局、江西林业厅、北京市科学技术研究院的支持下，北京麋鹿苑向鄱阳湖输送 47 只麋鹿进行野外放归，麋鹿实现了新的迁地种群保护。江西鄱阳湖国家级自然保护区（以下简称鄱阳湖保护区）位于江西省北部，属内陆型湿地，非常适合麋鹿生存。截至 2019 年 11 月，鄱阳湖区域的麋鹿达到 51 只，其中新生幼鹿有 12 只。

由于坚持迁地保护与就地保护相结合的方针，重建麋鹿野生种群取得了很好的效果。麋鹿能够成功回归自然是因为麋鹿在半散养的保护区内具备了采食、觅水和群居的能力。麋鹿放归后，不再进行人工补饲，完全依靠野生植物为食。麋鹿在放归后对自然环境表现出良好的适应性、体质健壮、繁殖顺利、种群结构合理，并且具备了自由扩散进入新区域的能力。

（本章作者：白加德、温华军、程志斌、胡冀宁、刘佩）

第二章　麋鹿的生物学特性

麋鹿作为鹿科动物的一员，具有许多同其他鹿科动物相同的形态和生理特征，如体型较大，四肢强健，善于奔跑，反应敏捷，具有 4 室胃，食谱广泛，雄麋鹿有角等。但也有不同之处，就是主要生活于沼泽、湿地。

第一节　麋鹿的外形特征

一、外貌特征

麋鹿是一种大型鹿类动物，体长可达 200 厘米，雄性肩高约 120 厘米，雌性约 110 厘米，体型比雄性略小。成年雄麋鹿体重可达 270 千克，雌鹿约 170 千克，初生仔 12 千克左右。

麋鹿头大、脸长且为褐色。眼小，但视觉敏锐。吻部狭长，鼻孔上方有一条白色斜纹。耳长 18 厘米左右，能转动。耳廓内为白色、茂密的被毛。鼻端裸露部分宽大，颜色乌黑发亮且长有稀疏的触毛。眶下腺显著，在眼前下方深陷且能自由开合。

麋鹿的蹄扁平宽阔，趾指间有皮腱膜，适宜于在湿地行走和游泳。麋鹿有很发达的悬蹄，在湿地中具有一定的支撑作用。

麋鹿的尾是鹿科成员中最长的，可达 70 厘米，形状与驴尾很像。尾巴除了末端的丛毛为黑褐色外，其余部分与体背颜色一致。麋鹿的长尾巴可用来驱赶蚊蝇，以适应沼泽环境。

二、鹿角

鹿角是鹿科动物所特有的，是大部分鹿科动物的第二性征，也是区别于其他有蹄类动物的标志之一。麋鹿仅雄鹿有角。麋鹿角既是雄麋鹿保卫领地、在交配期进攻和防御竞争对手的武器，同时也起着向其他雄麋鹿展示力量和战斗力的作用。此外，麋鹿角也是雌麋鹿选择交配对象时衡量雄麋鹿交配能力和遗传质量的依据。

麋鹿角枝的生长过程和其他鹿种一样。幼鹿头骨的生角区雌雄并无差异，随着年龄的增长，雄麋鹿的额骨上形成特殊的骨质生长区并逐渐从皮肤下向上生长，直至长成圆柱形的角柄；角柄的上面形成平台状角盘，角盘周围生成许多珠状结节，因而又称珍珠盘（图2-1）。从角盘上再长出角干（即鹿角）。角柄是鹿角生长的基础，初生角较简单，为单支鹿角。鹿角生长时，角表面包有具茸毛的皮肤，这是为了保护和滋养处于生长期中的鹿角，此时的鹿角称为鹿茸。鹿茸内富含血管和神经末梢，有许多血管分布于正在生长期的软骨中。鹿角不断生长和骨化，到一定阶段，通向鹿茸的血液会在角柄和角盘交会处逐渐中断；茸皮也随之逐渐萎缩、干燥、磨损脱落，最后仅保留骨质角。

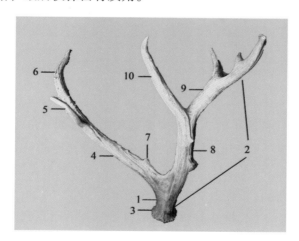

图2-1 麋鹿角各部位名称
1—角柄；2—主干；3—珍珠盘；4—后枝干部；5—后枝前方叉；6—后枝叉；
7—角小瘤；8—前枝干部；9—前枝外叉；10—前枝内叉干部

麋鹿角呈树枝状，主干生长到一定长度后，双分为前枝、后枝。一般前枝再分为两个叉，后枝长且较直，并有向内环抱、向上翘起的趋势。随年龄的增长，角枝在前枝分两叉的基础上再分叉。4～5岁后形状基本固定。麋鹿角的分叉与年龄关系的定形动态模式，通常为独枝（2 岁）→两叉（3 岁）→三叉（4 岁）→四叉（≥5 岁）→五叉（图 2 - 2）。麋鹿角枝每年更换一次，属于临时器官，从茸开始至骨化成角的生长期约 4 个月，成角大约 8 个月后角柄和角盘分离。

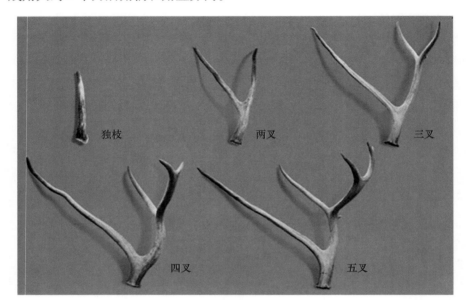

图 2 - 2　麋鹿骨质角（略外视，1/16）

每年的 11 月到次年的 3 月为麋鹿的脱角长茸期，角枝脱落的高峰在 12 月下旬至次年 1 月中旬。麋鹿角脱落的时间和麋鹿的年龄、体况以及光照、气候条件有关。在相同条件下，随着年龄的增长，麋鹿机体发育成熟，其脱角时间会逐渐提前。

结合麋鹿角的生长特性对麋鹿角的密度进行的研究表明，2 岁时基部密度较高；随着年龄增加，基部体积逐渐变大，质量变化慢，密度就变小；到 5 岁时变化达到最大，5 岁以后体积不再变大，这时密度略有升高，基部密度会出现低密度平缓状态。鹿角中部的变化不是很明显，在 3 岁时偏高，但从整体看变化不大。也就是说，在麋鹿生长过程中，鹿角中部的体积和质量变化率趋于一致。鹿角尖部则是从 2 岁起体积变化较小，质量增加较快，密度增加；到 4 岁时，这种变化达到最大，4 岁以后质量增加变得缓慢，体积还在增加，密度变小；5 岁以后，质量和体积变化不明显，此时麋鹿已成年，鹿角密度趋于低密度平缓状态，密度变化不明显。

麋鹿角的生长发育规律（张智等，2010）：当雄性麋鹿长到 12 ~ 13 个月时，麋鹿角基开始萌生茸芽，并缓慢生长为初生角，呈笔杆状，角基无珍珠盘。个体成熟后，随着年龄增加，鹿角重量、角基周长、主干长、后枝长度均呈线性增加，9 岁时鹿角最重可达 4 千克，角基周长最大达 26.4 厘米，主干最长达 79 厘米，后枝最长达 76 厘米。麋鹿角的分枝随麋鹿年龄的增长而趋于复杂，年龄相同时，鹿角分枝数也不尽相同，甚至同一个体左右角枝的分枝数也有差别。此外，随着年龄的增加，鹿角表面的光滑程度开始发生变化，3 ~ 4 岁时鹿角表面光滑，后枝上无瘤突和小枝。5 ~ 9 岁时鹿角主干出现纵沟和瘤突，后枝上生出许多并排的小叉。

三、被毛

麋鹿的被毛密度较高，这与野外生活环境以及生存适应有着密切关系。麋鹿的被毛根据其形态特征可分为长毛、短毛和绒毛。由于被毛的形态特征不同，毛色也有差异。麋鹿的长毛毛干较长，毛干没有弯曲的纹波状。长毛的密度较低，分布于脚部和背部。麋鹿的长毛均为棕黑色；短毛比长毛粗，有弯曲的纹波状，密度较高，遍布全身。绒毛在麋鹿的被毛中最细，生长在短毛的下层，夹杂在短毛中。

麋鹿被毛的最显著特征是腰部与肩肘部有 5 ~ 7 个涡旋，涡旋的分布为颈部 2 个、肩部 2 个、肘部 2 个（肘部的不一定出现）和腰部 1 个（图 2 – 3、图 2 – 4）。在其腹股沟部还有 1 ~ 2 个涡旋。鹿科里有这种被毛结构的仅有麋鹿，与其他鹿科动物完全不同，这一特性是现代动物学家鉴别麋鹿的主要依据之一。

新生幼鹿被毛纤细，远看似梅花鹿，仔细分辨可发现其被毛主色为橘红色，白色点缀其中。这种似梅花鹿的外观在其出生 6 周以后会慢慢消失。随着幼鹿的生长发育，其被毛会变得更粗、更厚。不同性别之间，被毛也存在一些差异，雄性麋鹿在成年以后其颈下生有长毛，躯干部的被毛也比雌性麋鹿浓密。

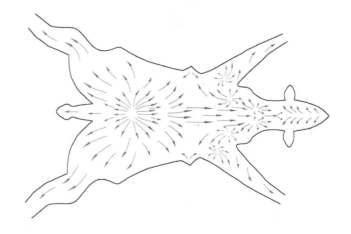

图 2 - 3　麋鹿毛的生长方向以及涡旋示意图（丁玉华，2017）

图 2 - 4　麋鹿右侧颈部、肩部和肘部的涡旋

　　麋鹿的被毛到一定季节会进行生理性脱换。成年麋鹿每年经历两次脱毛，脱毛时间受纬度、气候以及个体的营养、生育状况影响。春季脱毛期开始于 3 月中旬，麋鹿大多会在 5 月下旬到 6 月初换成夏毛。

　　妊娠期麋鹿的脱毛一般会推迟到产仔后，其他健康的雌麋鹿通常在早春换毛。贝福特公爵曾经（1951 年）记录了雌麋鹿的早春换毛现象：虽然雌麋鹿夏初产仔，但并未表现出换毛推迟，因为在怀孕产子后的特定时间段会发生明显的换毛加速。

　　秋季换毛开始的时间很难准确判定，因为毛的脱换是逐渐扩散的。雄麋鹿颈部鬃毛于 8 月中旬开始脱落。雄麋鹿开始换毛的时间与个体年周期的速度有关，成年个体会先于年轻的和年老的个体。1 岁的个体将保留颈毛直到第二年冬天。雌麋鹿开始秋季换毛的标志是腹部两侧出现轻微的褐色阴影。幼鹿夏毛的脱换开始于出生后近 3 个月，冬毛是第一次换上成体的被毛。

有些雄麋鹿夏毛的脱换始于 8 月初，脱毛开始于背部或胁腹两侧上部的一个小的秃斑，然后迅速扩散到各个部位。1～2 周内身体就会变秃，然后长出灰毛；但是头部会经历一个正常的脱毛扩散模式，在一周之内会长出黄褐色的绒毛，不久就会长成长而密的冬毛。

第二节　麋鹿的骨骼

骨骼是支撑动物有机体的框架。不同种类的动物，其骨骼的形态、数量、尺寸也不尽相同。麋鹿的骨骼可分为中轴骨和四肢骨，其中中轴骨包括头骨和躯干骨，四肢骨包括前肢骨和后肢骨，如图 2-5 所示。

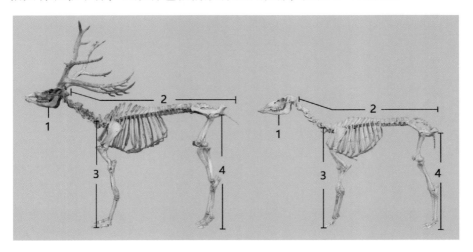

图 2-5　雄性麋鹿（左）和雌性麋鹿（右）的骨骼（钟震宇，白加德，2019）
1—头骨；2—躯干骨；3—前肢骨；4—后肢骨

一、头骨

麋鹿的头骨与其他鹿科动物相比没有明显差别,头骨狭长,吻部狭窄,鼻骨也较狭窄,前颌骨和鼻骨前半部分完全相连,后面则相通,后鼻孔开口深窄,两边侧扁(图2-6)。麋鹿头骨眶窝前方,上颌骨、鼻骨、额骨与泪骨之间没有骨质,只有结缔组织膜,有较大的泪孔和相对较小的枕踝。

麋鹿的头骨主要由扁骨和不规则骨构成,分为颅骨和面骨两部分,颅骨由7种骨构成,面骨由11种骨构成。

图2-6 雄性麋鹿的头骨(正面)

(钟震宇,白加德,2019)

1. 颅骨

麋鹿的颅骨位于头的后上方,构成颅腔、感官器官和嗅觉器官的保护壁。麋鹿的颅骨包括位于正中线上的单骨:枕骨、顶间骨、蝶骨和筛骨;位于正中线两侧的对骨:顶骨、额骨和颞骨(图2-7、图2-8)。

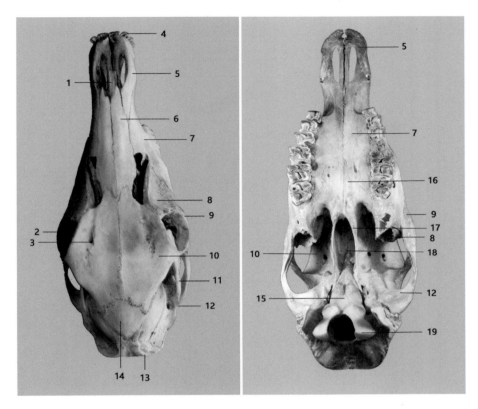

图2-7 麋鹿头骨的顶侧（左）和腹侧（右）

（钟震宇，白加德，2019）

1—梨骨；2—眶窝；3—眶上孔；4—切齿；5—颌前骨；6—鼻骨；

7—上颌骨；8—泪骨；9—颧骨；10—额骨；11—冠状窦；12—颞骨；13—枕骨；

14—顶骨；15—枕骨；16—腭骨；17—翼骨；18—蝶骨；19—枕骨踝

枕骨 麋鹿的枕骨构成颅腔的后壁和底壁，分为4个部分：一对侧部、一个鳞部和一个基部。侧部有一对枕骨踝，与寰椎形成关节，踝的外侧有髁旁突。枕骨基部比较发达，呈楔形，项嵴粗厚，有明显的枕外隆突。

顶骨 顶骨位于颅腔上方，构成颅腔的顶壁。成年麋鹿两侧的顶骨愈合，看不到任何界限，即无顶间缝，背面呈"山"字形或"皇冠"形，中间部扁平，位于两角突之间，面朝向上方。

顶间骨 顶间骨很小，与顶骨完全愈合，脑面有枕内结节，隔开大脑和小脑。

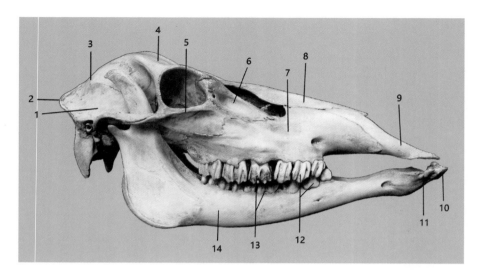

图2-8 麋鹿的头骨（侧面）（钟震宇，白加德，2019）

1—颞骨；2—枕骨；3—顶骨；4—额骨；5—颧骨；6—泪骨；7—上颌骨；

8—鼻骨；9—颌前骨；10—切齿；11—下犬齿；12—前臼齿；

13—臼齿；14—下颌骨

额骨 额骨外面扁平，构成颅腔前半部分的顶壁和鼻腔后半部分的顶壁，两侧伸出形成眼眶上界。外表面凹陷，雄性个体额骨上面有一对角突，麋鹿额骨内无额窦。

颞骨 颞骨位于颅骨的两侧，构成颅腔的侧壁，并延至颅底，可分为鳞部和岩部，周围与顶骨、枕骨及蝶骨相接。在外面有颧突伸出，并转而向前与颧骨颞突相结合形成颧弓。

蝶骨 蝶骨由蝶骨体和两对翼以及一对翼突组成，在眶翼的中央有一个大的卵圆孔，翼突较窄小。前蝶骨骨体部分被犁骨所掩盖。两翼之间形成眶裂。

筛骨 由一垂直板、一筛板和一对筛骨侧块构成，位于颅腔和鼻腔之间。筛骨窝比较浅而扁，呈椭圆形，前接筛骨侧块，鸡冠为左右压扁的小突起，与马、牛都不同。筛骨侧块向前突入鼻腔后部，侧块内由筛板迷路组成，筛板迷路位于垂直板两侧，由许多卷曲的薄片构成。

2. 面骨

麋鹿的面骨包括位于正中线两侧的对骨：鼻骨、上颌骨、泪骨、颧骨、颌前骨、腭骨、翼骨、鼻甲骨、下颌骨；位于正中线上的单骨：犁骨和舌骨。

上颌骨 麋鹿的上颌骨最大，构成鼻腔的侧壁、底壁和口腔的上壁，几乎和所有的面骨相连接。它向外侧伸出水平的腭突，将鼻腔和口腔分开，上颌骨外侧面宽大，有面嵴和眶下孔。

颌前骨 颌前骨狭长，位于上颌骨前方，分为骨体腭突和鼻突部前端。骨体前端无切齿槽，形成扁平状小骨板，腭突水平伸出，向后接上颌骨腭突，共同构成口腔顶壁。

鼻骨 鼻骨位于额骨前方，上颌骨背侧，呈长条状。前部窄而平直，几乎与颌前骨平行，没有形成鼻颌切迹，后部向外侧突出，并向下弯曲呈拱状。

泪骨 泪骨位于额骨、颧骨、上颌骨之间，不与鼻骨相连，构成眼眶的前部。泪骨的形态特殊，形成狭长纵形深窝，有泪囊窝，眶缘微向外凸，上有两骨质泪孔，两孔之间有尖状的泪突，眶缘在与颧骨交界处形成一个切迹。泪孔大小与年龄、性别有关系，老年麋鹿大于幼年麋鹿，雄性麋鹿大于雌性麋鹿。

颧骨 颧骨位于额骨眶上突、颞骨颧突、泪骨与上颌骨之间，其形态不规则，前后方向较狭长。颧骨后端形成尖细的颧突，与颞骨颧突相连构成颧弓，其后部向背侧突出形成眶突，与额骨眶上突相连，前半部构成眼眶的前下部外侧界。颧骨前端向前下伸出，嵌于泪骨和上颌骨之间。

腭骨 腭骨分为水平部和垂直部。水平部在上颌骨腭突的后方，宽大，扁而薄，后缘两侧很锐利，参与构成鼻后孔的前界；垂直部位于水平部后上方，呈薄片状，上下走向，与水平部呈直角，且与翼骨突相连接，构成鼻后孔的外侧壁。麋鹿的腭骨垂直部比较狭长。

翼骨 翼骨位于腭骨垂直部后方、鼻后孔的两侧，是狭窄的薄骨板，构成鼻腔后部侧壁的一部分，其腹侧有钩突形成，背侧与犁骨、蝶骨、腭骨相连。

犁骨 犁骨位于鼻腔底壁和鼻后孔的正中线上，沿鼻腔底壁中线向前延伸。麋鹿犁骨背侧缘形成宽阔的犁骨沟，后下缘薄锐游离，将鼻腔及鼻后孔分为互不相通的左右两边。

鼻甲骨　鼻甲骨是两对卷曲的薄骨片，附着在鼻腔的两个侧壁上，前端尖而呈薄骨片，后端宽而卷曲，上面的称为背鼻甲骨，下面的称为腹鼻甲骨，将鼻腔分为上、中、下3个鼻道。

下颌骨　麋鹿的下颌骨相对窄而长。下颌孔后骨体最细，分为左右两半，齿骨臼齿部宽，腹侧缘后部有较明显的下颌血管压迹，中部微靠前方有卵圆形的颏孔，下颌支位于后方，呈垂直状态，下颌角钝圆。麋鹿的下颌角呈现外凸状。麋鹿冠状突薄且最狭长。

舌骨　舌骨位于下颌间隙后部，由2个茎突舌骨、2个上舌骨、2个角舌骨和1个舌骨体组成。

3. 头骨的连接

麋鹿头骨大部分为不动连接，主要形成缝隙连接；有的形成软骨连接，如枕骨和蝶骨的连接。只有下颌关节具有活动性。此外，舌骨也具有一定的活动性。

4. 头骨的生长发育

麋鹿颅骨的生长发育规律（李坤，等，2011）：反映麋鹿颅骨生长发育的4项指标即颅全长、颧宽、眶间距和后头宽，在4岁之前均迅速增长，4岁之后生长速率趋缓（表2-1）。哺乳动物颅骨的发育可以反映动物大脑的发育水平。

二、躯干骨

躯干骨具有支持头部和传递推动力的作用，是形成麋鹿身体的框架，并作为胸腔、腹腔、骨盆腔的支架，容纳和保护内脏器官。躯干骨包括脊柱、肋和胸骨。

1. 脊柱

麋鹿的脊柱由颈椎、胸椎、腰椎、荐椎和尾椎组成（图2-9）。

表 2-1　麋鹿头骨形态度量表（李坤，等，2011）

年龄指标	性别	1岁 测量值(毫米)	1岁 样本(只)	2岁 测量值(毫米)	2岁 样本(只)	3岁 测量值(毫米)	3岁 样本(只)	4岁 测量值(毫米)	4岁 样本(只)	成年 测量值(毫米)	成年 样本(只)
颅全长	雄	327.5±81.3	2	398.0±2.8	2	404.5±38.2	2	430.0±0	1	420.0±15.1	10
颅全长	雌	263.0±0	1	320.2±41.5	5	413.0±0	1	398.8±22.3	4	398.9±15.3	12
颅基长	雄	320.0±77.8	2	364.5±3.5	2	381.3±32.0	2	412.0±0	1	406.7±7.76	10
颅基长	雌	—	—	295.6±34.8	5	380.0±0	1	371.3±15.7	4	366.8±32.8	12
基长	雄	300.0±70.7	2	337.5±2.1	2	351.8±23.2	2	387.0±0	1	383.4±7.7	10
基长	雌	—	—	283.3±41.3	6	349.0±0	1	344.0±14.7	4	348.5±15.2	12
颧宽	雄	120.5±31.8	2	137.7±3.4	2	147.3±7.6	2	162.0±0	1	162.9±4.2	10
颧宽	雌	106.5±2.1	2	123.1±9.0	6	141.7±0	1	141.1±2.2	4	145.4±8.2	13
眶间宽	雄	82.0±24.0	2	87.9±0.1	2	106.6±24.7	2	101.0±0	1	106.4±3.1	10
眶间宽	雌	67.5±3.5	2	74.9±5.0	6	87.9±0	1	89.8±57.2	4	94.1±10.3	13
鼻骨长	雄	111.5±34.6	2	134.2±0	2	147.3±18.6	2	154.0±0	1	155.6±7.1	9
鼻骨长	雌	81.5±4.9	2	106.6±14.2	6	137.8±0	1	140.7±8.1	4	141.6±15.9	13
后头宽	雄	81.5±9.2	2	—	2	88.5±3.5	2	95.0±0	1	94.4±2.8	10
后头宽	雌	92.5±24.7	2	79.3±1.0	4	—	—	87.0±0	1	88.0±3.1	10
上颊齿列基长	雄	104.0±31.1	2	103.9±3.5	2	107.7±4.8	2	122.0±0	1	120.0±6.8	10
上颊齿列基长	雌	70.5±13.4	2	88.6667	6	125.9±0	1	118.2±10.3	4	113.9±9.3	13
前颌长	雄	42.0±5.7	2	46.0±0	2	54.4±13.4	2	63.0±0	1	62.4±3.0	9
前颌长	雌	30.0±1.4	2	38.4±5.5	6	49.6±0	1	49.7±4.4	3	54.8±6.8	13
下齿列长	雄	191.0±62.2	2	97.9±9.8	2	156.8±41.8	2	255.0±0	1	245.7±11.3	7
下齿列长	雌	122.0±0	1	117.4±37.8	3	128.9±0	1	146.6±39.0	4	197.8±53.8	12
下颊齿列基长	雄	106.0±41.0	2	80.2±1.7	2	97.7±8.7	2	122.0±0	1	128.4±5.2	7
下颊齿列基长	雌	69.0±9.9	2	76.5±5.6	3	94.0±0	1	90.1±10.7	4	109.8±18.2	12

注：表中"—"表示未测量。

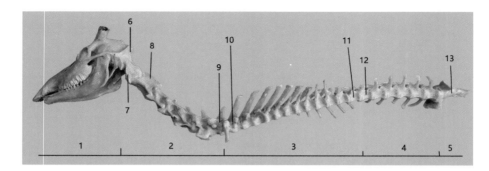

图 2-9 麋鹿的脊柱（钟震宇，白加德，2019）

1—头部；2—颈椎；3—胸椎；4—腰椎；5—荐椎；6—枕骨；

7—寰椎；8—枢椎；9—第 7 颈椎；10—第 1 胸椎；

11—第 13 胸椎；12—第 1 腰椎；13—荐骨

麋鹿的颈椎由 7 节颈椎骨组成，是连接头和胸椎的椎骨。颈椎的长度与颈部长度相同。每节颈椎骨之间形成关节，颈椎的棘突不大（图 2-10）。

图 2-10 麋鹿的颈椎（钟震宇，白加德，2019）

1—寰椎；2—枢椎；3—第 4 颈椎；4—第 7 颈椎；5—第 1 胸椎

麋鹿的胸椎为 13 块。胸椎的棘突特别发达，最长的棘突是横突的 2 倍左右，较高的棘突是构成鬐甲的基础。椎头与椎窝的两侧均有与肋骨头形成关节的关节小面。横突短，游离端有小关节面，与肋结节形成关节。

麋鹿的腰椎共有 6 块。腰椎是构成腰部的基础，形成腹腔的支架。麋鹿腰椎的椎体棘突比较发达，棘突的高度与后位胸椎棘突的高度相等。腰椎横突最长，以扩大腹腔的横径。横突是棘突的 3 倍左右。

麋鹿有荐椎 4 块，愈合形成一个整体，以增加荐部的牢固性。荐骨的横突不发达，横突相互愈合，前部宽，称荐内翼。翼的背外侧粗糙的耳状关节面与髂骨形成关节。荐骨构成荐部的基础，并连接后肢骨。

麋鹿的尾椎通常有 12 ~ 14 块，前 3 块尾椎骨有椎弓、棘突和横突，向后逐渐退化，只保留棒状椎体并逐渐变细。麋鹿的尾椎数目是鹿科动物中最多的，因此麋鹿的尾巴特别长，是体长的 1/3 左右。

2. 肋

麋鹿的肋骨有 13 对，与胸椎的数目相等，其中真肋 7 对、假肋 6 对。麋鹿的肋左右成对，构成胸廓的侧壁。麋鹿的肋是呼吸运动的杠杆。肋包括肋骨和肋软骨两部分。肋位于背的两侧。近端前方有肋骨小头，与胸椎的肋窝形成关节，肋骨小头的后方有肋结节，与胸椎横突形成关节。肋骨的远端与肋软骨相连（图 2 – 11）。

3. 胸骨

麋鹿的胸骨位于胸廓底壁的正中，由 7 枚胸骨片借软骨连接而成。胸骨的前端有胸骨柄，中部为胸骨体（图 2 – 11），后端有弧形的剑状软骨。在胸骨片间有与胸骨肋形成关节的肋窝。

4. 躯干骨的连接

麋鹿躯干骨的连接分为脊柱连接和胸廓连接。脊柱的连接可分为椎体间连接、椎弓间连接和脊柱总韧带。胸廓的关节包括肋椎关节和肋胸关节。脊柱总韧带包括棘上韧带和棘间韧带。麋鹿的棘上韧带在项部很发达，称项韧带，可使其头颈伸直。

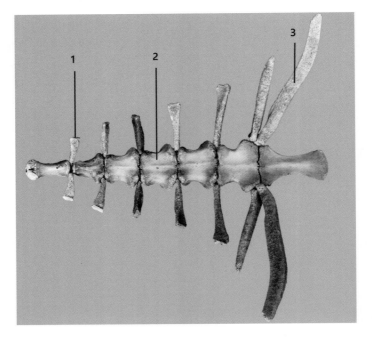

图 2 – 11 麋鹿的肋软骨和胸骨体（钟震宇，白加德，2019）

1—第 2 肋软骨；2—胸骨体；3—第 8 肋软骨

三、四肢骨

四肢骨包括前肢骨和后肢骨。四肢骨又可分为带部骨（如肩胛骨、乌喙骨、锁骨和髋骨）和游离骨（如肱骨、股骨等）。带部骨就是四肢与脊柱相连接的骨，游离骨则是四肢与脊柱不相连的骨。麋鹿带部骨分为肩带骨和腰带骨两部分。肩带由肩胛骨、乌喙骨和锁骨 3 对骨愈合组成，而腰带骨则由髂骨、坐骨和耻骨 3 骨相互愈合成为髋骨，并与荐椎组成骨盆。四肢骨是支撑麋鹿躯体、实施躯体运动的杠杆骨骼。如果四肢及四肢关节发生障碍，就会导致麋鹿的个体活动受阻。

1. 前肢骨

麋鹿的前肢骨由 1 块肩胛骨、1 块肱骨、2 块前臂骨、6 块腕骨、2 块掌骨、12 块指骨和 6 块籽骨组成（图 2 – 5）。前肢骨每侧共 30 块。

麋鹿的肩胛骨是三角形扁骨（图 2 – 12），背缘附有肩胛软骨，外侧面有一条纵向的隆起，称肩胛冈。锁骨完全退化，乌喙骨退化成为肩胛骨远端内侧的小突起。肩胛较狭长，冈结节不发达，肩峰明显，基部血管切迹深。

肱骨为长骨（图2-12），呈扭曲圆柱状。肱骨近端结节间沟深，但无沟间结节，远端矢状沟亦较深。肱骨头与肩臼形成关节，称为肩关节。

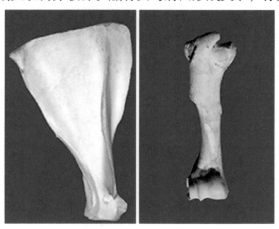

图2-12 麋鹿的肩胛骨（左）和肱骨（右）

前臂骨为长骨，由发达的桡骨和较细的尺骨组成，两者结合紧密。桡骨位于前内侧，主要起支撑作用，近端与肱骨形成关节，远端与近列腕骨形成关节。尺骨位于后外侧，近端特别发达，向后上方突出形成肘突。桡尺骨远侧骨间隙较小，形成一个小孔；近侧骨间隙稍大，有一较大的孔，血管沟较深。

腕骨位于前臂骨和掌骨之间，由两列短骨组成。近列腕骨共有4块，从内侧向外侧依次类推为桡腕骨、中间腕骨、尺腕骨和副腕骨。远列腕骨由第二、三腕骨愈结合而成。近列腕骨的近侧面为凹凸不平的关节面，与桡骨远端形成关节；近端与腕骨之间形成关节。远列腕骨的远端与掌骨形成关节。

掌骨由第三、四掌骨结合在一起，远端分开（图2-13）。掌骨近端与腕骨形成关节，远端连接指骨。

麋鹿指骨的第三、四指骨有3节，第一指节骨称为系骨，第二指节骨称为冠骨，第三指节骨称为蹄骨。每一指还有2块近籽骨和1块远籽骨。

第二、第五指骨各由 3 块指节骨组成，其远
端指节骨与悬蹄形态相似，形态差异较大，
这与麋鹿第二、五指着地形成侧蹄有关。籽
骨近列共 4 块，远列共 2 块（图 2－14）。

　　前肢骨的连接。前肢的肩胛骨与躯干骨
间不形成关节，以肩带肌连接。其余各骨间
均形成关节，由上而下依次为肩关节、肘关
节、腕关节和指关节；指关节又分为系关节、
冠关节和蹄关节。肩关节为多轴关节，其余
均为单轴关节，主要进行屈伸运动。

　　2. 后肢骨

　　麋鹿的后肢骨每侧有 30 块，包括后肢带
骨、股骨、小腿骨和后脚骨（图 2－5）。后
肢骨支撑麋鹿的后躯。

　　后肢带骨又称腰带骨。腰带骨是由髂骨、
坐骨和耻骨 3 骨结合而成的髋骨。髋骨是麋
鹿体内最大的不规则骨。两侧髋骨组成骨盆

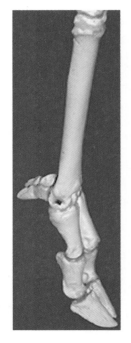

图 2－13　麋鹿的掌骨和指骨

带，连接躯干的荐部。髋骨在 3 骨愈合处形成深的关节窝，称为髋臼，与
股骨头形成关节。髂骨内侧角的荐结节与荐骨翼的耳状面形成关节，连接
躯干。耻骨较小，构成骨盆底的前部，并构成闭孔的前缘。坐骨后外侧角
粗大，称为坐骨结节。坐骨前缘与耻骨围成闭孔。骨盆由左右髋骨、荐骨
和前几块尾椎构成。

　　股部骨由股骨、膝盖骨组成。股骨为一块长骨，近端粗大，内侧有球
形的股骨头，与髋臼形成关节，骨干呈圆柱形（图 2－15）。远端粗大，前
方为滑车关节面，与膝盖骨形成关节，后方与胫骨形成关节。膝盖骨为一
块大籽骨，位于股骨远端的前方，与股骨的滑车关节面构成关节，称膝
关节。

　　小腿骨包括胫骨 1 块、腓骨 1 块。胫骨是一块发达的长骨，它的长度
稍大于股骨，但重量轻于股骨。腓骨位于胫骨外侧，已极度退化为极小的
锥形短突。

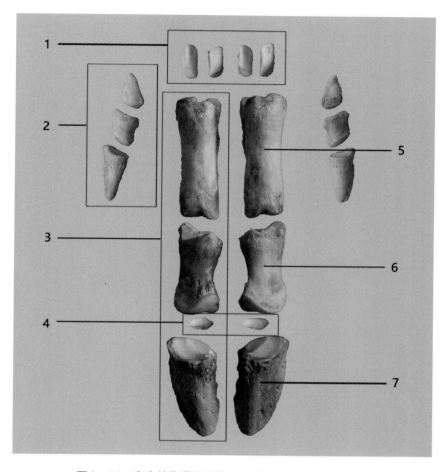

图2-14 麋鹿的指骨和籽骨（钟震宇，白加德，2019）
1—近籽骨；2—悬指骨；3—主指骨；4—远籽骨；5—近指节骨；
6—中指节骨；7. 远指节骨

后脚骨包括跗骨、跖骨和趾骨。跗骨有5块：近列2块为腓跗骨和胫跗骨；中列1块为中央跗骨，并与第四跗骨结合；远列2块为第一跗骨及结合的第二和第三跗骨。跖骨有2块，为第三和第四跖骨，二骨结合形成大跖骨，仅远端分开。趾骨有4块（4块蹄骨），第二趾和第五趾称为悬趾（蹄），不发达，每趾有3块趾节骨。第三趾和第四趾为主趾，很发达（图2-15），每趾有3块趾节骨和3块籽骨。近籽骨近端与大跖骨远端形成关节。

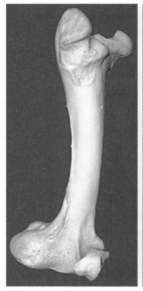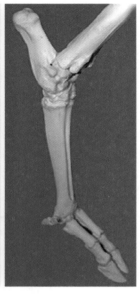

图 2-15　麋鹿的股骨和后脚骨

麋鹿后肢骨的连接包括荐髂关节、髋关节、膝关节、跗关节和趾关节。后肢游离部各关节与前肢各关节相对应，除趾关节外，各关节角的方向相反；除髋关节外，各关节均有侧副韧带，为单轴关节。

第三节　麋鹿的消化系统

一、口腔

口腔是麋鹿消化管的起始部，其组成包括口的上唇、下唇，口腔两侧的颊，口腔顶壁的硬腭、软腭，口腔底和舌，唾液腺，牙齿和齿龈等。

1. 唇

唇是鹿的主要采食器官，唇部皮肤除有被毛外，还生有长触毛，下唇触毛较多。上唇中部无被毛，形成暗褐色、表面湿润光滑的鼻唇镜，内有鼻唇腺。在口角附近的黏膜上有许多尖端向后的角质乳头。

黄修齐等（2011）的研究表明，麋鹿的唇由结缔组织、横纹肌和大量的腺体群组成。唇外被皮肤、内衬黏膜，在唇的内外均可看到高低不等的乳头，内部乳头主要由固有层伸入黏膜上皮形成，皮层的乳头主要由真皮的乳头层伸入表皮形成，而且在大的乳头中有血管和淋巴管存在。唇缘附近的皮层转为黏膜，并且皮肤的角化层和黏膜上皮相连、真皮和固有膜相连，同时毛和皮肤腺也变少、变小，最后完全消失。深部的结缔组织中有大量的横纹肌。部分表皮下陷形成毛囊，有的毛囊可延伸至真皮层，毛囊可处于不同的发育阶段，在毛囊尤其是初级毛囊的周围分布着丰富的皮脂腺、汗腺、血管和神经纤维束，次级毛囊周围无汗腺。毛球细胞排列致密，与毛囊紧密接触。皮脂腺多位于毛囊附近，其导管大多开口于毛囊上段，也有一部分直接开口于皮肤表面，细胞排列紧密但界限分明。汗腺的各切面也排列紧密，其中有大小不等的排泄管。

2. 颊

颊构成了口腔的侧壁，颊黏膜淡红，常呈暗褐色。颊黏膜上有许多角质锥状乳头（图2-16）。在第4、5臼齿相对处的黏膜面上有腮腺管开口。颊肌内还有颊腺，开口位于颊前庭黏膜。

3. 硬腭和软腭

硬腭由角质化黏膜构成，位于口腔的顶壁，上有14~16对隆起的横脊即皱褶，相邻腭褶间有角质小乳头（图2-16）。软腭很发达，咽狭小呈裂缝状。腭扁桃体位于软腭口腔面两侧的黏膜下。

4. 口腔底

在舌的两侧与臼齿齿龈之间的皱褶上有锥状乳头，乳头之间有舌下腺管开口。舌尖腹侧有舌下肉阜，舌下腺和颌下腺于此处开口。

5. 舌

麋鹿的舌体较大，能灵活转动，咀嚼时可将食物推送至齿间。舌分为舌尖、舌体和舌根3部分。舌根位于最后臼齿的后部，舌体位于两侧臼齿之间。舌体背侧面有舌圆枕。舌根部黏膜较光滑，舌根与舌体交界处两侧黏膜下有小的舌扁桃体。舌黏膜表面有明显的角质化突起，多为丝状乳头，之外还有锥状乳头、菌状乳头和轮廓状乳头（图2-17），后两种乳头

内含有味蕾。这些乳头质地坚硬，犹如角质，适于舐食粉类饲料和食
盐等。

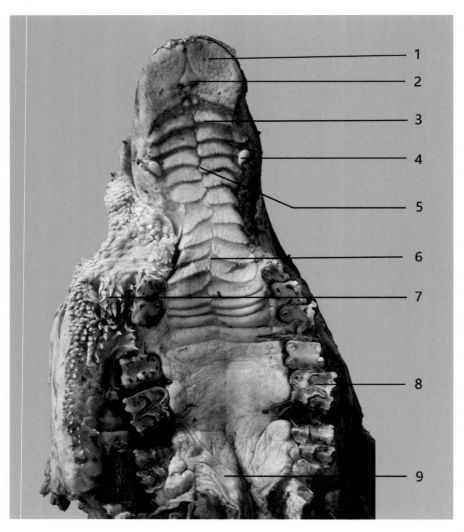

图 2-16　麋鹿的颊、硬腭及软腭（正面）（钟震宇，白加德，2019）

1—齿枕；2—切齿乳头；3—硬腭及腭褶；4—犬齿；5—腭缝；6—硬腭；

7—颊及锥状乳头；8—臼齿；9—软腭

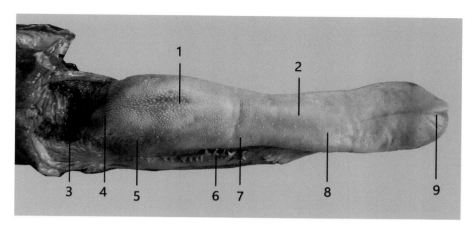

图 2–17　麋鹿的颊、硬腭及软腭（侧面）（钟震宇，白加德，2019）

1—舌圆枕；2—舌体；3—咽；4—舌根；5—轮廓状乳头；6—锥状乳头；

7—菌状乳头；8—丝状乳头；9—舌尖

6. 唾液腺

麋鹿的唾液腺非常发达，主要包括颊腺、腮腺、颌下腺等（图 2–18）。唾液腺在前胃发酵中起着至关重要的作用，腺体能分泌大量唾液，内含有溶菌酶和黏蛋白，呈碱性反应，具有中和胃酸、杀菌和浸软饲料的作用。

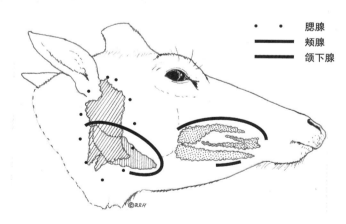

图 2–18　麋鹿的唾液腺

7. 齿

齿是类似骨质的坚硬组织，可分为切齿（I.）、犬齿（C.）、前臼齿（P.）、后臼齿（M.）（图2-19）。麋鹿的牙齿为两出齿，有固定脱换期，先有乳齿，后替换为永久齿，永久齿脱落后不能再生。麋鹿共有34枚牙齿，永久齿式为：2（I. C. P. M./I. C. P. M.）=2×（0. 1. 3. 3/4. 0. 3. 3）=34。牙齿咀嚼时多横向运动，以锉碎饲料中的粗纤维和木质纤维。鹿齿起初为纯白色，以后逐渐变成褐色。随着年龄的增加，齿面逐渐变光滑，并降低高度，门齿则磨成扁平。齿的发育顺序、齿的脱换和磨损情况是判断麋鹿年龄的根据之一。

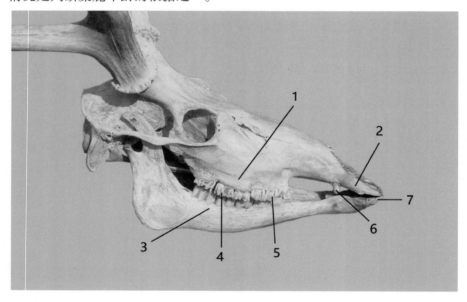

图2-19　麋鹿的齿（钟震宇，白加德，2019）

1—上颌骨齿槽；2—颌前骨；3—下颌骨齿槽；4—臼齿；
5—前臼齿；6—上犬齿；7—下切齿

二、食管

麋鹿的食管为从咽到胃的肌质管。食管在颈前部，位于气管的背侧，到颈中部逐渐移向气管的左侧，至颈后部则稍下垂于气管的左侧，经胸前口进入胸腔。胸部食管位于胸纵膈内，然后转至气管背侧，到气管分叉处，位于两肺背缘之间，穿过膈的食管孔进入腹部。腹部食管很短，经过肝的食管切迹，向后连接于胃的贲门。成年麋鹿食管长 62～68 厘米。食管与贲门相接后，分一岔道沿瘤胃和网胃右侧面胃壁向下伸延到网瓣口，形成一条既是开放性的又是闭合性的食管沟。一般情况下，成年麋鹿食管沟闭合不严。幼鹿的食管沟闭合功能完善，吮乳时可严密闭合成管，乳汁和水直接由食管沟和瓣胃沟到达皱胃。

　　麋鹿的食管连接了咽和胃，并拥有作为消化系统的一个典型管腔器官的全部分层。黏膜由 3 层组成：上皮、固有层、黏膜肌层。上皮为复层扁平上皮，可以再细分为角质层、颗粒层、副底层、基底层（图 2－20）。麋鹿复层扁平上皮总厚度平均约为 270 微米，为黏膜中最厚的部分。角质层由八九层扁平细胞构成，排列紧密，此层细胞仍有浓缩的核，核呈椭圆形，角化程度较高但并没有完全角化，厚可达 40～80 微米。颗粒层的细胞呈扁平或梭形，是食管黏膜上皮中最大的细胞，其胞核为圆形或椭圆形。颗粒层由 10 多层细胞构成，是食管黏膜上皮中最厚的细胞层，但其厚度不均。副底层与颗粒层的界限不太清楚，由 3～8 层多边形细胞构成。基底层由单层立方或矮柱状细胞构成，与基膜相邻，细胞之间相当密集，其胞核为圆形或椭圆形，核仁明显。基膜为黏膜上皮与黏膜固有层共同形成的一层薄膜，是由不同的蛋白纤维组成的网状结构。黏膜固有层由疏松结缔组织构成，麋鹿食管上段黏膜固有层（咽与食管连接处）有食管腺分布。固有层是由细胶原结缔组织乳头突向黏膜上皮形成乳头状体，有较发达的黏膜肌层且只含纵向平滑肌束。黏膜下层主要为结缔组织，有少量食管腺分布。肌层相当发达，全部由骨骼肌组成，大体分为两层，有神经丛的分布。肌层被外膜包围，为纤维膜，包含血管淋巴管及神经组织的疏松结缔组织。

三、胃

　　麋鹿的胃位于腹腔内，在膈和肝的后方，前端以贲门与食管连接，后端以幽门与十二指肠相通。麋鹿为多室胃，共分 4 个室，由前至后依次为瘤胃、网胃、瓣胃和皱胃（图 2－21）。前 3 个胃为无腺胃，合称前胃；皱胃黏膜含有消化腺，称为腺胃或真胃。

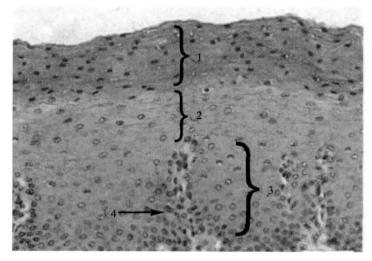

图2-20 麋鹿食管的黏膜上皮（HE染色，40×10）（陈森，2012）
1—角质层；2—颗粒层；3—副底层；4—基底层

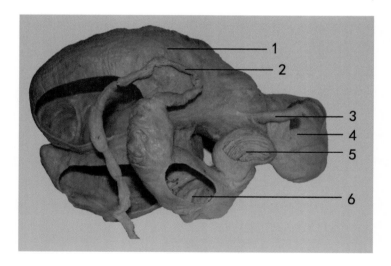

图2-21 麋鹿的胃（钟震宇，白加德，2019）
1—瘤胃；2—十二指肠；3—食管；4—网胃；5—瓣胃；6—皱胃

1. 瘤胃

麋鹿的瘤胃体积较大，呈前后隆突、左右稍扁的椭圆形，占据整个腹腔的左半部和右半部的大部分区域。成年麋鹿的瘤胃总长度约为70厘米，高度约为 56 厘米，宽度为 18～19 厘米。瘤胃表面有纵沟和横沟，在前端偏腹侧有左右延伸的横沟为前沟，后端中部也有左右延伸的横沟为后沟。瘤胃左右面上各有一条前后走向的纵沟，叫左纵沟、右纵沟。以上 4 条沟将瘤胃分为背囊和腹囊。背囊和腹囊的后部有上下两条冠状沟把背囊和腹囊的后部又分出后背盲囊和后腹盲囊。后腹盲囊又以后端的副沟分出一个较小的后腹侧副囊。背囊前部左侧以浅而短的前背冠状沟分出前背盲囊，此囊在食管开口处称为瘤胃前庭。瘤胃以瘤网口与网胃相通。

瘤胃壁由外向内分别为浆膜、肌层、黏膜下层和黏膜层（图 2–22）。瘤胃有非常厚的肌肉壁，其内面与各沟的相对处均形成肉柱，其中前后肉柱最发达，冠状沟部的肉柱不明显。瘤胃黏膜表面生有长短和数目不同的小乳头，其他部分黏膜乳头呈绒毛状（图 2–23）；瘤胃外膜为浆膜，但在瘤胃与肝、脾和皱胃相接处没有浆膜覆盖。浆膜不进入前后沟内，浆膜在左右纵沟及前后横沟处移行为大网膜。

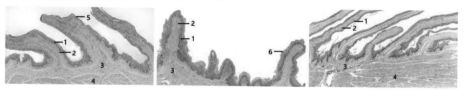

图 2–22　麋鹿瘤胃（左）、网胃（中）和瓣胃（右）的胃壁（HE 染色，2.5×）

1—复层扁平上皮；2—固有层；3—黏膜下层；

4—肌层；5—瘤胃乳头；6—皱襞

麋鹿的瘤胃黏膜层包括黏膜上皮和固有层、无肌层。瘤胃的黏膜上皮为复层扁平上皮，由 C 型角细胞、颗粒层细胞、副底层细胞、基底层细胞构成。黏膜层厚度为 98 微米。黏膜固有层为薄层疏松结缔组织，有许多结缔组织乳头突向黏膜上皮形成乳头状体。黏膜上皮和黏膜固有层向胃突出形成菌状或叶片状的乳头，称瘤胃乳头。黏膜下层和固有层都为结缔组织，界限不清，其结缔组织带酷似黏膜肌层，伸入长乳头中。肌层相当发达，分内环、外纵两个平滑肌肌层，两肌层大部分厚度相差不大，内外两层间有结缔组织相连接，分界很明显。

麋鹿瘤胃贲门部是食管与瘤胃的过渡区，可见低矮的瘤胃乳头。黏膜上皮也为复层扁平上皮，分角化层、颗粒层、副底层、基底层。复层扁平

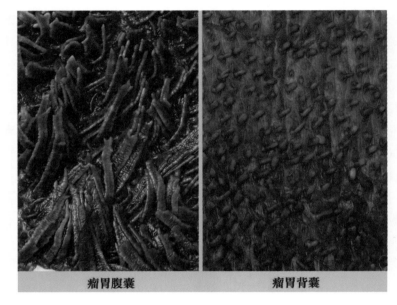

瘤胃腹囊　　　　　　　　　　瘤胃背囊

图 2 - 23　麋鹿瘤胃黏膜乳头（钟震宇，白加德，2019）

上皮厚约为 70.7 微米，不同地方相差很大。角化层可见两种细胞——C 型角细胞和颜色深染的角化细胞，两种均为未完全角化细胞，都有深染的核。未见黏膜肌层。黏膜下层结缔组织分布多量血管。肌层很发达，为平滑肌，也分内环、外纵两层，两肌层被结缔组织分界得相当明显。

2. 网胃

麋鹿的网胃为长椭圆形，位于季肋部、膈与肝的后面，由左上方斜向右下方，与第六、七肋骨的中下部相对，以瘤网口、网瓣口与瘤胃和瓣胃相通，网胃壁上有食管沟。网胃黏膜形成许许多多角形排列的皱褶。

网胃胃壁也由浆膜、肌层、黏膜下层和黏膜层构成。网胃黏膜向胃内突出形成很多皱襞，即网胃嵴，其表面高低起伏，形成很多浅沟和顶端角化的锥状或冠状乳头（图 2 - 24）。黏膜上皮也为复层扁平上皮，分角化层、颗粒层、副底层、基底层。黏膜上皮角化层完全角化，无核，结构均一，颜色深染。颗粒层、副底层、基底层之间区分不太明显。固有层伸入上皮形成乳头状体。仅在网胃长褶的上部才有黏膜肌层分布，这也是网胃的一大特点。固有层和黏膜下层都为疏松结缔组织，固有层和黏膜下层界限不清。固有层和黏膜下层血管和毛细淋巴管丰富。肌层为分界明显的内环、外纵两个平滑肌肌层，两肌层相差不大。外膜为浆膜，成分为间皮和结缔组织。

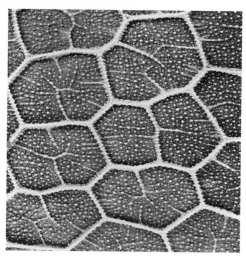

图2-24　麋鹿网胃的黏膜形态

3. 瓣胃

与其他种类的鹿相比，麋鹿有一个较大的瓣胃，甚至比相同体重的驼鹿的瓣胃还大。麋鹿瓣胃的曲率长为29~45厘米，线性长为14~18厘米，高度为7.5~11厘米。瓣胃是4个胃中最小的，呈椭圆形，位于右季肋部，与第5~9肋的中下部相对。前面与网胃相邻，外侧与肝相邻，内侧与瘤胃相邻。瓣胃的背侧缘隆起，称大弯。前腹侧位于网胃和皱胃之间，称小弯。瓣胃后方通过瓣皱口与皱胃相通。瓣胃内有许多叶片。瓣胃底部有一条瓣胃沟，连接网瓣口与瓣皱口。沟底无黏膜褶。液体和饲料可由网胃经瓣胃沟直接进入皱胃。

瓣胃黏膜上皮也为复层扁平上皮（图2-22），由C型角细胞、颗粒层细胞、副底层细胞、基底层细胞构成。复层扁平上皮厚35（±12）微米。黏膜肌层很厚，为平滑肌，厚度约37微米。黏膜下层由胶原纤维和弹性纤维组成，有血管和淋巴管分布。瓣胃体连接着很多瓣叶，瓣叶厚为333（±127）微米。瓣叶两侧有许多大乳头，瓣叶中两黏膜肌层夹着一层与其垂直的平滑肌肌层，称为中央肌层，它来源于瓣胃内肌层，切片观察发现两黏膜肌层与中央肌层似3层肌层。瓣胃内肌层由平滑肌构成，分为内环、外纵两层。外膜为浆膜，其成分为间皮和结缔组织。

4. 皱胃

皱胃也叫真胃，位于瘤胃前端右侧，呈前粗后细的弯曲囊状，前端以瓣皱口与瓣胃相通，后端以幽门与十二指肠相连。麋鹿刚出生时吃乳，故皱胃特别发达；随着幼鹿由吃乳转为采食草料，前胃快速发育，皱胃成为麋鹿的第二大胃，也是唯一与腺体黏膜形成一体的胃室。胃大弯为64～80厘米，胃小弯为36～44厘米，容量为1.8～2.6升。皱胃黏膜平滑，形成前后纵向的黏膜皱褶，黏膜内含有腺体，分泌胃液。

皱胃胃底腺部黏膜上皮为单层柱状上皮，黏膜上皮向固有层内陷形成胃小凹（图2-25）。黏膜层的细胞主要有上皮细胞、壁细胞、主细胞和淋巴细胞等。壁细胞是带着中央核和嗜酸性细胞质的巨大多面形细胞，核小而圆，有的为双核。主细胞也叫胃酶原细胞，呈柱形或锥形，体积小，圆形的基底核包绕着嗜碱性的细胞质，尖端的细胞质却是嗜酸性。固有层发达，由疏松的蜂窝状结缔组织构成，含有大量胃底腺、毛细血管和孤立淋巴组织等。在胃底腺基部可见淋巴组织分布。黏膜肌层为连续的多层平滑肌，少量伸入固有层中。黏膜下层发达，主要为结缔组织，血管丰富。肌层为平滑肌，分内环、外纵两层。外膜为浆膜，其成分为间皮和结缔组织。

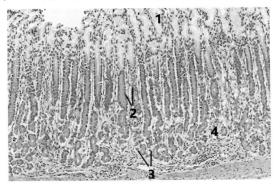

图2-25 麋鹿皱胃黏膜（HE 染色，40×）

1—胃小凹；2—主细胞；3—壁细胞；4—固有层

皱胃幽门腺部黏膜层的厚度为 200～650 微米。固有层分布大量幽门腺，固有层腺体的厚度为 400～1200 微米。幽门腺由立方上皮细胞构成，核为圆形或椭圆，核仁明显。腺体之间有少量平滑肌，该平滑肌来自于黏膜肌层。黏膜肌层很薄。肌层由平滑肌构成，分为内环、外纵两层。外膜为浆膜，其成分为间皮和结缔组织。

5. 网膜

网膜是胃与其他器官相连接的大浆膜褶，可分为大网膜和小网膜。

大网膜分为外（浅）层和内（深）层。外层起于瘤胃左纵沟的后沟，经瘤胃腹侧下走，又转向右侧，与从瘤胃右纵沟起始的内层相接触，连于十二指肠、结肠等处，在延伸过程中形成了瘤胃十二指肠韧带。两层大网膜在延伸途中紧密相邻，并包着大部分肠管。

小网膜从十二指肠乙状弯曲及皱胃小弯起，伸向瓣胃及肛门。

四、小肠

麋鹿的小肠分为 3 段，即十二指肠、空肠和回肠。

1. 十二指肠

十二指肠长约 45 厘米，粗约 1.5 厘米，以短的系膜与其他器官相连，因此位置比较固定。十二指肠在右侧第 10 肋骨中下部距肋弓约 80 厘米处起于皱胃的幽门，然后沿肝的脏面向内前方延伸，达第 8 肋骨中下部后转向背侧，在第 10 肋骨中部形成"乙"状弯曲。然后沿右肾外侧及结肠初段的背侧后行，达第 3 腰椎肋膜横突处，再向内侧急转向前，在前肠系膜根的左下部移行为空肠。左距十二指肠起始部约 13 厘米处有肝管和胰管的开口，开口处的黏膜不形成乳头。

2. 空肠

空肠为小肠中最长的一段，全长为 11 米左右、粗为 1～3 厘米，位于右季肋部、右髋部和右腹股沟部，肠管形成许多迂回的肠袢，以较短的系膜连于结肠袢的周围。

3. 回肠

小肠在右髋部起始于空肠，移行为回肠，后接盲肠。回肠长约 50 厘米。回肠较直、壁厚，以回盲韧带与盲肠相连。在与盲肠交汇处有回、盲括约肌。黏膜形成小圆筒状隆起突入盲肠。

麋鹿的十二指肠、空肠和回肠的肠壁由内向外分为黏膜层、黏膜下层、肌层和浆膜层。黏膜层由内向外依次为黏膜上皮、固有层和黏膜肌层，黏膜上皮和固有层向肠腔内突起形成明显的肠绒毛，上皮下陷至固有层形成肠隐窝（肠腺）（图2-26）。麋鹿的十二指肠黏膜和黏膜下层向肠腔内隆起形成发达的环形皱襞，绒毛密集，呈短而宽的叶状，上皮中杯状细胞较少；空肠绒毛密集，细而长，呈指状，杯状细胞增多；回肠绒毛呈杆状，较低，上皮中杯状细胞更少。此外，在上皮细胞基侧膜附近还分布着以小型细胞为主的肠上皮内淋巴细胞，在黏膜层和黏膜下层还有肥大细胞，尤其是在固有层和肠腺周围。黏膜下层由疏松结缔组织构成，内含血管、神经、淋巴小结等。肌层分为内环、外纵两层平滑肌，两肌层间由结缔组织连接，含血管、神经。外膜为浆膜。

图2-26　麋鹿的十二指肠（左）、空肠（中）和回肠（右）（HE染色，4×）

1—肠绒毛；2—固有层；3—肠隐窝；4—黏膜下层；5—内层环行肌；

6—外层纵行肌；7—浆膜；8—皱襞

五、大肠

麋鹿的大肠由盲肠、结肠和直肠组成。

1. 盲肠

盲肠位于右髋部，呈长条形的盲囊状，全长为45～60厘米，管径最粗可达10厘米。盲肠沿结肠近袢腹侧后行，其尖端可达腹股沟部。盲肠管较粗，起止部有两个开口，一个与回肠末端相连而形成回盲口（在第 11 肋骨中下 1/3 交界处），另一个与结肠始端相通形成盲结口。

2. 结肠

麋鹿的结肠较长，是大肠中最长的，长 4~5 米。结肠位于右季肋部与右髋部，前端起于盲结口，后端与直肠连接。结肠形成结肠袢，与牛、羊的结肠圆盘相似，但是具有向内后下方突出的顶端，故略呈圆锥状，称为结肠圆锥。结肠圆锥的顶端向后内方伸至瘤胃后背盲囊下部，基部向上，位于右肾的下方，连于肠系膜之下。结肠还可分为初袢、旋袢和终袢。终袢移行为直肠。

初袢起于回盲口，直径为 1.5~3 厘米，向前行在肝的后方再向上转向后方，沿盲肠背侧后行，到第 4 腰椎肋横突腹侧，再转向左前方，在十二指肠腹侧前行，在前肠系膜根部移行为旋袢。

旋袢分向心回、中曲、离心回 3 段。向心回由结肠圆锥外围向中心卷曲 4 圈半，在圆锥中心部向相反方向折转，此段为中曲，以后移行为离心回，沿向心回相反方向旋转 4 圈半，由结肠圆锥底出来，形成"乙"状弯曲，移行为终袢。

终袢连于旋袢的"乙"状弯曲，管径比较粗，上行到前肠系膜动脉根部的左侧，再向后方延伸，之后又折转向前，在前肠系膜根部由右侧转向左后方，沿腰椎腹侧延伸至盆腔，移行为直肠。

3. 直肠

直肠位于骨盆腔内，子宫、阴道的背侧，长 40~45 厘米。其中，前半部的直肠系膜连于骨盆顶壁；后半部管腔较粗大，称为直肠壶腹，最后开口于肛门。

麋鹿盲肠、结肠和直肠的肠壁结构与小肠基本相似，也由黏膜层、黏膜下层、肌层和浆膜构成。大肠黏膜表面光滑，不形成环形皱襞，无肠绒毛结构，上皮细胞为高柱状，其中夹有大量杯状细胞。固有层非常发达，内有排列整齐的大肠腺，并有淋巴孤结。大肠腺中杯状细胞特别多。黏膜肌层由平滑肌构成。黏膜下层疏松结缔组织间血管丰富，还有血管、神经、淋巴管等。肌层非常发达，分内环、外纵两层平滑肌，肌间分布结缔组织。外膜为浆膜，血管丰富，有神经节分布。

六、肝脏

麋鹿的肝呈紫红色，分为右叶、左叶、中间叶和尾叶。膈面隆实，在膈面的左侧有后腔静脉沟，容纳后腔静脉；肝静脉以3~4个开口入后腔静脉。肝的脏面下凹，中部为肝门。肝管长约4厘米，经肝门出肝后在距幽门约13厘米处进入十二指肠。肝的背缘厚，在背缘的右上部有较深的肾压迹，与右肾相邻。左缘中下部有食管切迹。腹缘锐薄，右侧具有深切迹，将肝分为右上方的右叶及左下方的左叶。肝门位于中间叶。肝门背侧为尾叶，尾叶上有尾状突。尾叶中部有突向肝门的乳头突。鹿肝全部位于右季肋部，背缘与第一腰椎肋横突相邻，腹缘达第六肋软骨与肋骨交界处水平部；左侧接后腔静脉，右缘距右侧肋弓4~5厘米，膈面与膈相邻，肝脏与网胃、瓣胃、皱胃、十二指肠及胰相邻。肝脏无胆囊，分泌的胆汁经胆管直接进入十二指肠。

麋鹿肝脏表面为被膜，分为3层。最外层为浆膜，中间层为致密的结缔组织，内层为疏松结缔组织，在肝门部被膜的结缔组织伸入肝实质内反复分支，构成肝的支架，将肝实质分隔成许多小区域即肝小叶。位于肝小叶间的结缔组织很薄，故小叶分界不明显。肝小叶呈不规则的多边棱柱形，横断面呈六边形。小叶的中央为中央静脉，是肝静脉的最小分支，肝细胞单行排列成肝细胞索（又称肝板），以中央静脉为中心呈放射状排列，肝细胞索有分支，彼此吻合成网状。中央静脉管壁不明显，无平滑肌，只由一层内皮和少量的结缔组织构成。肝细胞索之间不规则的腔隙为肝血窦（图2-27），大小不等，它们通过肝板上的孔而互相连通成网，窦壁由单层扁平上皮细胞组成，窦腔内有红细胞和淋巴细胞。窦壁由内皮细胞构成，内皮细胞呈扁平状，胞核也呈扁平状，形成连续的内皮，有基膜，细胞间隙较大，分布于肝细胞之间。枯否氏细胞位于血窦内，胞体较大，呈星形，胞核大而圆，染色质丰富，呈嗜酸性。肝细胞呈多边形，体积较大，细胞核大、呈圆形、位于细胞中央或偏一侧，多见一个核，但双核肝细胞也较常见，核膜清楚，染色质松散，着色浅，常见1~2个核仁，偶见4~5个核仁的肝细胞，核仁清晰。胞质丰富，呈嗜酸性，细粒状红染。小叶间结缔组织中有小叶间静脉、小叶间动脉和小叶间胆管，它们分别由门静脉、肝动脉和胆管分支而来，这3个管道所在区域即为门管区或汇管区。小叶间静脉管腔大而不规则，管壁薄，仅有一层内皮和一薄层结缔组织构成。小叶间动脉管腔小而圆，管壁略厚，内皮外有2～3层环状平滑肌及少量的结缔组织。小叶间胆管比小叶间动脉管径更细小，管壁由单层立方上皮构成，管腔内可见到弱嗜酸性物质。

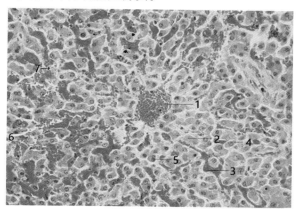

图 2 – 27　麋鹿的肝脏（HE 染色，40×）

1—中央静脉；2—肝细胞索；3—肝血窦；4—单核肝细胞；
5—双核肝细胞；6—内皮细胞；7—枯否细胞

七、胰脏

麋鹿的胰脏位于右季肋部，灰黄色，前端可达肝门附近，后端位于第2腰椎横突的下方，内侧与瘤胃相邻，腹侧是结肠，有胰管入十二指肠。

第四节　麋鹿的发育过程

一、麋鹿的生长发育

麋鹿生长发育的全过程与其他鹿科动物一样，一般可分为胚胎期、哺乳期、幼年期、青年期、成年期及老年期（衰老期）。

（一）胚胎期

从受精卵开始到出生为胚胎期。胚胎期又分为胚期、胎前期和胎儿期。胚期形成早期的胚胎原基，并且器官原基开始分化；胎前期时各种器官迅速形成，逐渐出现物种特征，此时处在各器官强烈分化的阶段，胚胎增重较慢；进入胎儿期，个体特点开始出现，胎儿的生长发育较快，胎儿后期生长发育迅速。

（二）哺乳期

由初生到 3 个月左右为哺乳期，是幼鹿逐渐适应外界环境的时期，各种组织器官的构造和机能都发生了很大变化，许多组织器官由完全依靠母体转向独立地进行机能活动。哺乳期幼鹿的生长发育迅速。

（三）幼年期

由断奶到 1 岁龄为幼年期。此阶段的麋鹿生长发育旺盛，处于长骨架及各器官发育阶段。

（四）青年期

雄鹿从 1 岁龄到 4 岁，雌鹿从 1 岁到 3 岁为青年期。这时期机体生长发育较完善。组织器官的结构和机能逐渐完善，体型基本定型。

（五）成年期

从体成熟到开始衰老为成年期。麋鹿的成年期一般是雌鹿 3～10 岁、雄鹿 4～10 岁，部分体质强健的麋鹿成年期相应延长。这个时期麋鹿的各种组织器官发育完全成熟，生理机能也完全成熟，体质外形已经定型，生育能力也达到高峰，性机能旺盛。

（六）老年期

麋鹿在 10 岁左右新陈代谢水平开始下降，各种器官机能逐渐衰退，生育能力下降。

二、影响麋鹿生长发育的因素

麋鹿的生长发育取决于自身演化所形成的遗传特质、生理特征，这是其内在因素。而外部环境、食物等是影响麋鹿生长发育的外部因素。内、外因素相互促进而又相互影响，外界环境条件对麋鹿的生长起着重要作用，如麋鹿在生长发育过程中所需营养不足或缺少某些重要的生长必需条件，则其生长发育将受阻。

（一）遗传因素

麋鹿自身的生长发育，无论是胎儿期还是出生后都受其亲代遗传的影响。

（二）营养条件

在麋鹿生长发育的全过程中，不论是处在胚胎时期还是处在出生后各阶段，营养条件都对其生长有重要影响。若妊娠期营养不良，尤其是妊娠后期营养不良，则胎儿生长发育受阻。例如，如果食物丰富、营养价值高、消化率高，麋鹿寻觅食物的时间短、觅食压力小、外界应激压力小反刍时间与次数降低、牙齿磨损少，相对来说体质就好，成年期就会延长。根据近几年对北京麋鹿苑半散放麋鹿的观察，一头12周岁的雄鹿在繁殖季依然是领头鹿，一些年龄较大的雌鹿继续怀孕生仔，这与北京麋鹿苑春、夏、秋季能够为麋鹿提供6个月优质的青苜蓿，枯草期又能提供青贮加干苜蓿、精饲料等有较大关系。

（三）环境因素

外界环境的各种因素，如温度、湿度、光照时间、光线种类、风速和空气组成、海拔高度、种群密度和运动条件等，都对麋鹿的生长发育有一定的影响。环境温度过低不仅会影响到妊娠麋鹿的健康，而且会导致胎儿生长发育不良。幼鹿在出生初期体温调节机能较差，胃肠发育不完全，消化机能很弱，若外界环境条件不适宜，则其生长发育会受影响甚至于病死。

光照对发育中的麋鹿有直接作用，可引起其皮肤上组织层的变化，增加其体内的维生素 D，促进其新陈代谢；光通过视觉神经等传到下丘脑及垂体前叶，引起垂体分泌机能活动，分泌的激素刺激生殖器官发育和提高性机能。

环境因素对麋鹿生长发育的影响是综合性的，途径是多方面的，引起的变化也是多种多样的。

三、不同生长阶段的体尺变化

麋鹿的体尺变化是对麋鹿体型的描述。通过麋鹿的不同生长期体尺的变化，可估计出麋鹿在各个阶段的形体发育状况、生长速度、体型的大小及雌雄个体间的体型差异等生长规律。

1995—2005 年，北京麋鹿苑、江苏大丰保护区结合麋鹿输出、免疫注射等工作，在用药物麻醉后对麋鹿的体重和体尺进行测量。其中，体尺测量参照"兽类外形测量方法"（盛和林，1992）。

（一）初生幼鹿的体尺

出生后一周内所测得的幼鹿的体尺数据为初生幼鹿体尺。在测量过程中，数据都是在出生后 1~3 天内测得的体尺和体重。幼鹿平均初生体重为12.6 千克：雄幼鹿为 12.2~13.7 千克，最大体重达 14 千克；雌幼鹿为11.5~12.7 千克，最大体重为 14.3 千克。幼鹿平均体长为 66.4 厘米，胸围为 53.1 厘米。初生幼鹿的颅宽为 9.01 厘米，颅长为 17.33 厘米，眼间距（眼内角）为 7.23 厘米，眶下腺长为 1.99 厘米，前悬蹄长为 2.73 厘米，后悬蹄长为 2.94 厘米，前蹄叉深为 5.7 厘米，后蹄叉深为 6.19 厘米，前蹄壳长为 4.3 厘米，后蹄壳长为 4.2 厘米。初生麋鹿前后蹄的外缘长有长为 0.6~0.9 厘米的淡黄色肉蹄冠。由于幼鹿出生不久就开始站立，并尝试用前后蹄行走，肉蹄冠经过 1~2 天被磨损掉。

（二）幼年、青年期麋鹿的体尺

参照邝国良（2002）的年龄阶段划分方法，断奶至 1 岁为麋鹿的幼年期，1.5~3.5 岁为麋鹿的青年期，大于 4 岁为麋鹿的成年期。幼年期的麋鹿生长发育旺盛，处于长骨架及各器官发育阶段。在这个阶段，不同时期所测得的相关数据不同，变化较大。幼年和青年期麋鹿的体重、体尺测量数据如表 2-2、表 2-3 所示。

表 2-2　幼年期麋鹿的体重、体尺统计（平均值 ± 标准误差）

性别	体重/千克	体长/厘米	肩高/厘米	头长/厘米	耳长/厘米	胸围/厘米	腹围/厘米	尾长/厘米	后足长/厘米
雌性	84.2±27.3	138.8±13.6	98.7±11.7	30.6±4.8	16.0±2.2	109.6±9.5	109.0±12.7	26.4±5.3	41.8±4.4
雄性	91.3±29.7	139.8±14.4	98.8±14.6	31.4±3.4	15.7±2.7	103.9±15.9	103.3±16.9	27.0±4.3	42.4±5.9

表2-3　青年期麋鹿的体重、体尺统计（平均值±标准误差）

性别	体重/千克	体长/厘米	肩高/厘米	头长/厘米	耳长/厘米	胸围/厘米	腹围/厘米	尾长/厘米	后足长/厘米
雌性	133.0±26.0	161.7±11.4	109.0±6.7	36.9±3.0	21.0±24.7	125.1±10.1	135.7±9.7	29.7±4.3	47.2±3.0
雄性	164.2±51.2	164.8±19.2	117.0±8.6	38.2±3.0	17.5±2.0	135.7±13.0	142.6±14.0	31.1±4.1	49.4±3.0

（三）成年麋鹿的体尺

成年麋鹿指能交配、有繁殖能力且体型已定型的个体。雄麋鹿4岁以后，每年只有角形分叉发生变化，角分叉随着年龄的增加而增多。成年麋鹿的体重因身体膘度的变化而有差异。成年雄麋鹿体型大于成年雌麋鹿。

麋鹿和鹿科的其他鹿种一样，四肢较长。较长的四肢使麋鹿能快速奔跑，这是对逃避侵害的一种适应，也是麋鹿物种的形成与环境适应的进化结果。成年麋鹿一般体长170～200厘米，肩高110～120厘米，体重130～220千克。麋鹿体型具有性二型差异，雄性体型较大，成年雄麋鹿体重可达270千克左右；雌麋鹿体型较小，体重可达170千克左右。初生幼鹿为12千克左右。

成年麋鹿蹄的周长为26～28厘米，掌、跖的周长为40～51厘米，麋鹿第三、四蹄掌面积可达335～365平方厘米。麋鹿的蹄第三、四蹄指（趾）裂隙长为14～15厘米，张开度可达36°，皮腱膜厚度为0.5～1.3厘米，前指间皮腱膜面积为10.5～16.9平方厘米，后趾间皮腱膜面积为16～21平方厘米。由于第三、四蹄间生长的特殊皮腱膜增加了蹄掌的触地面积，麋鹿在泥泞中行走不致于下陷，使麋鹿成为湿地沼泽型动物。

麋鹿的尾体特别长，由长35厘米左右的12～14节尾椎骨支撑，在鹿科动物中是最长的。尾尖毛的长度为21厘米。雄麋鹿的末端生有丛毛的尾总长度可达70厘米左右，雌麋鹿可达60厘米左右，将近是躯干长的1/3。尾体和尾尖毛的长度之和超过了踝关节。长尾巴可使麋鹿驱赶蚊蝇等发挥了很好的作用。

北京麋鹿苑于2005年对107只成年麋鹿（68雄39雌）的体重、体尺进行了比较（表2-4），发现雄性麋鹿的体重、体尺指标均大于雌性麋鹿，尤其是体重和胸围。江苏大丰成年麋鹿的体重、体尺指标也是雄性大于雌性，特别是体重和胸围，其成年麋鹿的体重、体尺指标均略小于北京麋鹿苑的成年麋鹿。

表 2-4　成年麋鹿体重体尺（平均值±标准误差）

地点		体重/千克	体长/厘米	肩高/厘米	头长/厘米	耳长/厘米	胸围/厘米	腹围/厘米	尾长/厘米	后足长/厘米
北京麋鹿苑	雌	154.0±18.4	171.0±15.8	113.0±5.2	38.0±2.2	18.0±1.6	129.2±7.0	144.0±12.9	30.4±3.9	46.3±2.6
	雄	189.2±38.3	177.0±13.2	118.3±8.1	38.2±7.0	18.6±2.6	143.3±16.1	157.2±15.8	33.1±3.2	47.6±3.3
江苏大丰	雌	139	—	112.7	15.1	124	—	27.9	46.7	—
	雄	184.2	—	121	—	15.7	139.4	—	30.6	49.3

注：江苏大丰成年麋鹿体重、体尺来源于丁玉华所著《中国麋鹿研究》（2004）。表中"—"表示未测量。

（本章作者：钟震宇、白加德、郭青云、孟庆辉、刘田）

第三章　麋鹿的行为特征

1983 年，贝克（B. B. Beck）和威默尔（C. Wemmer）编著的《麋鹿：一种灭绝物种的生物学及管理》一书对麋鹿的行为进行了描述，这是世界科学界首次对人工圈养和半散养麋鹿的行为进行全面而系统的描述，书中描述的麋鹿行为共有 83 种。2000 年，蒋志刚根据行为的适应和社群机能，将观察到的 134 种麋鹿行为归纳为摄食、排遗、调温、发情、交配、分娩、育幼、冲突、通信、聚群、休息、运动和杂类十三大类，建立了以"姿势（posture）—动作（act）—环境（environment）"为轴心的、以生态功能为分类依据的动物行为分类编码系统（PAE 编码分类系统）。本章主要对大范围半散养及完全恢复自然种群的麋鹿行为进行描述。

第一节　麋鹿的姿势

动物行为指动物在一定环境条件下，为了完成摄食排遗、体温调节、生存繁殖以及其他个体生理需求而以一定的姿势完成的一系列动作。

动物行为有 3 个要素：姿势、动作和环境。动物姿势指动物在一定的时间中，身体的主要结构部分保持一定的形状和位置。动物动作指在较短的时间内，动物机体部分骨骼肌群运动，使得机体的部分结构运动、收缩、舒张、弯曲和位移。环境包括生物环境和非生物环境。

据蒋志刚建立的麋鹿行为谱及 PAE 编码分类系统，麋鹿的姿势有站、立、跪、卧、行、跑、跳、游、顶、哺和爬跨。

站是脊椎动物的基本行为之一。对于麋鹿来说，站是指麋鹿的四肢直立承重。麋鹿的站姿有直立、前肢开叉站立、后肢开叉站立 3 种。麋鹿站

的环境有陆地、水中等。

立指麋鹿的两条后肢直立承重，两条前肢不支撑于任何物体之上。立姿大多发生在雌麋鹿群体中，当两只麋鹿因为争食、占位或身体挤压等发怒时，两侧眶下腺张开，身体突然站立，前蹄相互拍打，就像拳击运动一样。雄麋鹿也有这种情况，但主要发生在茸角生长阶段。麋鹿有时会立起来采食树叶。

跪是指麋鹿的两条前肢先弯曲，膝关节着地。麋鹿有 4 种跪姿：一是起立前的过渡状态；二是准备卧下休息时，先前肢弯曲呈跪姿，然后后肢弯曲直至卧地；三是在卧地休息中呈跪姿，也称为犬坐式；四是麋鹿在生病时因不能够站立而挣扎的状态。麋鹿的跪姿除犬坐式是相对静止的状态外，其他情况都是运动中的行为。平时最常见的是跪式采食与跪式休息。

卧是麋鹿的四肢与腹部同时着地。麋鹿是大型草食性动物，为了生存，它需要在很短的时间内进食。麋鹿的食物大部分是植物的茎与叶，需要在麋鹿的胃中进行很长时间的软化处理，有时还需要通过反刍再细细咀嚼，混入唾液与微生物，使食物与消化物质充分混合，营养才能得以吸收。麋鹿需要很长时间的静卧休息来消化食物。麋鹿在休息时会调整体位，因为长时间用一种姿态静卧会把腿脚压麻木了，当遇有危险时难以起身逃走。

行是前、后肢左右交错着地，身体向前发生位移。行走是生活中最重要的行为。如果说站是麋鹿出生后的第一个行为动作，行走则是其第二个动作。刚出生的幼鹿半小时后就能够站起来，紧接着就能蹒跚行走，不断地靠近母鹿去享用出生后的第一口乳汁；吮乳后，幼鹿卧下休息几分钟，再站起来，在母鹿的带领下，离开出生地，寻找一个更加隐蔽的地方藏起来，做较长时间的休息。对于成年麋鹿来说，行走是健康的标志，也是其得以生存的根本。

跑是前、后肢快速左右交错着地，身体向前发生位移。麋鹿奔跑的速度能达到 60 千米/小时，但在一般情况下持续时间较短，能够持续奔跑的距离也不长，与马无法相比。跑是麋鹿的生存行为，是按一定的顺序进行的肌肉收缩活动。麋鹿跑的行为来自于自身的欲求与外部的刺激。自身欲求是指公鹿为了达到繁育后代的目的，需要通过跑动去驱赶其他公鹿，将母鹿聚在一起成为自己的交配对象。来自外部的刺激也会引起麋鹿的跑动。例如，大型食肉动物靠近，麋鹿感到了威胁，为逃生而跑动；麋鹿因受到惊吓（如打雷）而跑动；鹿群在其他鹿的干扰下像联欢一样群体跑动；麋鹿在集中喂食前争先恐后地奔向草料车。

跳是麋鹿的两条前肢或两条后肢同时撑地、同时着地，身体向前、向两侧发生位移。在遇到小沟坎或小的障碍物如倒地的树干等时，麋鹿往往用跳跃的方式跨过。

游是麋鹿的四肢在水中交替划动。在鹿科动物中麋鹿是最善于游泳的。在 1998 年，长江发生特大洪涝灾害，冲垮了湖北石首保护区的围栏，一部分麋鹿表现出超强的游泳能力，顺着洪水，由湖北横渡长江，来到位于湖南岳阳的东洞庭湖"安家落户"。

在每年炎热的夏季，麋鹿群为了避暑，纷纷躲进水中，只露出脑袋，就像泡澡一样，有时能泡一天。偶尔站起身来换个姿势，再接着泡。麋鹿的游泳能力是天生的，刚出生的幼鹿就能够跟着母鹿游泳过河了，幼鹿在水中，动作娴熟，而且速度惊人，一步不落地跟在母鹿的身边。上岸后，身体一抖，身上的水珠像天女散花一样撒向四周，形成水雾。

顶是麋鹿个体以头、角相抵。争顶是雄鹿的重要行为。在繁殖季节，为了拥有繁殖权，雄鹿通过争顶争夺"鹿王"；非繁殖季节，雄鹿用争顶显示力量，获得较好的进食序位，为繁殖季节赢得雌鹿青睐打下基础。幼鹿之间表示亲昵或是发生争斗时，也会以头、角相抵。

麋鹿属于季节性交配的动物，每年 6—8 月为雌鹿发情期。每到雌鹿发情期，鹿群中就会上演一场又一场的"鹿王争夺战"。最激烈的是角斗，在水中、在陆地，或是从水中斗到陆地再斗到水中。争斗激烈时伤亡在所难免，在北京麋鹿苑，每年都有麋鹿因争斗而死伤的情况。2016 年，为争得与"鹿王"决战的资格，一对雄鹿打得难解难分，最后一同战死在水中，死后双方的角依然顶在一起。2018 年，一只雄鹿在水中将对手置于死地，但对手在临死前将这只雄鹿困在水中，工作人员通过监控视频中发现情况后，将雄鹿解救出来，才避免了同归于尽的结局。在争斗中，麋鹿被顶断角、顶穿肚子、顶破皮等现象时有发生。

哺是雌性麋鹿后肢分开，站立为仔鹿哺乳的姿势。

爬跨是个体的前肢或胸部、腹部搭在另一个体的背上。麋鹿爬的行为的主要表现是交配时的爬跨。除此之外，两只幼鹿相互之间有爬在对方身上的行为；有人将雄鹿与雄鹿之间、雌鹿与雌鹿之间的爬跨行为称为"同性恋"现象；也有雌鹿爬雄鹿的现象。

动物的形态结构决定其姿势和动作。动物行为是姿势和动作的组合，具有明显的环境适应机能，是动物与生态环境相互作用的结果。姿势决定行为的体位、指向和目的，动作除决定行为的指向和目的外，还决定行为的强度。姿势、动作与环境因素相组合，形成了我们所见到的各种各样的动物行为。

第二节　麋鹿的摄食及排泄行为

动物为摄取蛋白质和能量而进食，动物的摄食行为包括采食和饮水两个基本的维持生命的行为。

一、采食

采食是麋鹿生存的基本行为。采食的生物学意义是将机体所需的各种营养物质摄入体内，以满足生存和繁衍的需要。动物的觅食行为包括对食物的搜寻、摄取和处理等几方面。当饥饿感通过神经传导至大脑时，在大脑中枢神经系统的支配下，麋鹿开始觅食、吞咽、反刍、咀嚼。在自然状态下，麋鹿的觅食技能有拽、扯、拉、刨、嚼、啃等，觅食技能因食物的特性差异而有所不同。麋鹿在春夏季喜食植物的叶茎，秋季常采食植物的花穗籽粒，冬季喜采食植物的根。

1. 采食姿态

麋鹿在取食时，头部做出短促后缩或前伸的动作，取食嘴边的植物。植物有些部分直接被切碎，根部和那些不易被消化的部分则被甩送或者被转送到嘴的一边，用前臼齿咀嚼。那些进入口中的不易消化的植物部分，通常在几次快速的咀嚼后被吐出。落叶和其他整块的食物在嘴唇和舌尖的帮助下被摄取，并被送入口中。麋鹿通常根据采食环境、食源的丰富程度、体质状况及生理需要采取相应的采食姿态。丁玉华等（2004）观察发现，麋鹿的采食姿态主要有站立采食、犬坐式采食、运步采食 3 种。根据观察，还发现了仰头或立式采食方式。

站立采食：当可食植物较多时，麋鹿四肢立地，无须走动就可采食到大量的食物。麋鹿处于微饱、休闲状态时也会就地站立采食植物。在采食时，麋鹿四肢站立不动，仅头颈部前后、左右移动取食。

犬坐式采食：麋鹿呈犬坐式姿势，采食头颈部周围的可食草。犬坐式采食常见于麋鹿卧地休息初期和卧地休息初醒期，也偶见于麋鹿后肢轻瘫或一些疫病发生时。

运步采食：在行走时，边走边采食。此种采食方式为正常采食行为，在可食植物分布比较均匀的草地上，鹿群常排成"一"字形运步采食。

仰头采食：麋鹿四肢站立，仰头采食高处的食物，如树叶。在麋鹿栖息地有柳树的地方可以看到垂下来的树枝像是修剪过一样齐整，这就是麋鹿仰头采食造成的。

立式采食：麋鹿后肢直立，前肢离地，立起身摄取树叶或长在高处的食物。

动物采食不仅涉及食物的大小，有时还会根据食物的营养价值来选择食物。对植食性动物来说，食物的营养价值更重要，因为各种植物所含的营养成分不同，植食动物只有严格选择所食植物的种类才能达到各种营养物质摄入量的平衡。麋鹿通过视觉器官、嗅觉器官寻找食源。

2. 采食植物部位

麋鹿采食植物的种类比较广泛，在不同季节可对不同植物或同一植物的不同部位进行采食。麋鹿常根据栖息环境及食源的丰富程度来选择不同的采食部位。

麋鹿在一年四季中常有季节性采食各种不同植物种类的行为。王轶（2011）通过在北京麋鹿苑收集的 240 组粪样、8 个复合样本和 11 科 19 种（属）植物标本对麋鹿的食性进行研究，研究结果表明：春季，麋鹿主要采食紫花苜蓿（*Medicago sativa*）（4.03%）、狗尾草（*Setaria* spp.）（11.87%）、野苋菜（*Amaranthus viridis*）（9.51%）、黑麦草（*Lolium perenne*）（8.13%）；夏季，主要采食紫花苜蓿（27.61%）、狗尾草（15.45%）、禾本类其他植物（11.82%）、野苋菜（8.07%）；秋季，主要采食紫花苜蓿（22.57%）、蒿（*Artemisia* spp.）（12.55%）、狗尾草（11.26%）、黑麦草（11.17%）；冬季，主要采食紫花苜蓿（17.16%）、狗尾草（14.48%）、蒿（13.63%）、野苋菜（23.29%）。

在不同时期，麋鹿对同种植物的不同部位进行采食。例如，妊娠后期的麋鹿喜欢采食罗布麻的嫩茎；发情前期，麋鹿喜欢采食罗布麻的花穗。而在罗布麻生长的其他时期，麋鹿一般不采食。

3. 反刍

在采食活动中，反刍既是具有适应意义的消化方式，又是机体的食欲反应。反刍是指反刍动物在食物消化前把食团吐出再经过咀嚼后吞咽入胃的活动。有了反刍，麋鹿可在较短时间内采食大量的食物，然后在安全的环境下和较适合的时间完成食物的消化过程。麋鹿一般在采食后 1.5～2 小时开始反刍，反刍次数、咀嚼次数和时间与摄入的植物种类及植物的不同生长期、不同部位有直接的关系。

反刍一般在麋鹿躺卧或站立时进行，常出现在采食地附近的开阔地或隐蔽的树林、芦苇、白茅丛中。其中，咀嚼阶段可持续 37～60 秒，而非咀嚼阶段是不确定的。紧跟着反刍食物的回涌，那些回涌出的瘤胃中的流汁常常会被再度吞咽下去。在反刍食物回涌前，嘴可以有一个短暂的张口停顿的姿势。在采食过程中，若连续采食时间过长，则会出现个别麋鹿站立反刍的现象，而且多表现在采食过程中休息的时候。也有个别麋鹿在采食后边走边咀嚼、吞咽。如果在反刍过程中遇到外界因素干扰，口中的食团来不及被咀嚼完毕便留于口中，麋鹿会待外界因素干扰消失后继续咀嚼。

反刍活动是健康的标志。反刍时间过长或过短均是疾病的信号。如果反刍停止，说明病情严重。

与反刍相伴的还有嗳气，麋鹿每小时嗳气 10～20 次。嗳气也是健康的标志。

二、舐盐

麋鹿除需要蛋白质、脂肪、碳水化合物等营养外，还需要通过舔舐含有盐分的土壤、岩石等以补充食物中欠缺的一些矿物元素，尤其是盐类，以维持机体的正常机能，这种行为被称为舐盐。驱使麋鹿舐盐的因素包括：季节性食物化学成分的变化，导致某些元素的过多消耗；不同的生命阶段对常量元素和微量元素的需求不同（Ping et al，2011）。通过观察，麋鹿摄取盐分的方法五花八门，如舐舐人造盐砖、舐舐含盐的矿物、舐舐自己或其他麋鹿的尿液、舐舐刚脱落下来的鹿角盘上面的血迹等。

三、饮水

水是生命之源，是维持消化、吸收等生理活动和新陈代谢不可缺少的物质。饮水是补充和维持体液的手段。动物失水占全身体重的20%就会死亡。麋鹿饮水无明显的规律性，在采食期间、采食后和反刍前后都能饮水。正常情况下，麋鹿在采食后路过水源时会站立慢慢地饮水。

四、排泄

排泄是动物将代谢的废弃物排出体外的行为。排泄包括排便、排气和排汗等，排泄是先天遗传的。麋鹿体内新陈代谢产生的废弃物如粪便、尿液、二氧化碳、汗液等，通过消化道、呼吸道、泌尿系统及皮肤被排出体外。

1. 排便

排便通常发生在麋鹿站立的时候，尤其经过长时间卧地休息后站立起来时。而卧着进行排便多见于某些因疾病不便于站立的麋鹿，在冬季较常发生。麋鹿在正常排便时，若遇到外界干扰，则会边走边排便。麋鹿在游过河流或水塘时，受到水的刺激会边涉水边排便。在群体迁徙时，也有个别麋鹿边行走边排便。在排便时，麋鹿的尾巴竖起，肛门括约肌松弛，多粒球状的大便从肛门挤出。正常的排便量一次为300~500克。

成年麋鹿撒尿时一般呈站立姿态。雄麋鹿排尿时阴茎有抽动感。雌麋鹿在撒尿时会抬起尾巴使其离开躯体，处于交配期间的雄麋鹿会将尿喷洒到自己胸、腹部两侧，有时喷至头颈部。而一些幼鹿在撒尿时采取的是蹲坐姿势：两后肢向后、向外稍弯曲，呈半蹲姿势，而后将尿排出。刚出生一周的幼鹿排便和排尿的姿态相同。

2. 排气

嗳气是麋鹿的一种正常的生理现象。嗳气是麋鹿采食后，食物停留于瘤胃中发酵，在发酵过程中产生气体，然后在咀嚼或休息时将瘤胃内的气体通过食道、口腔排出体外的生理活动。

通常，动物所食食物在肠道消化、吸收时，由产气杆菌参与分解食物而释放出气体，而后通过肠蠕动，气体后移，通过肛门排出。放屁时，麋鹿尾巴稍向上抬，气体与肛门括约肌摩擦时会发出响声。

第三节　麋鹿的交配行为

一、麋鹿的性成熟

麋鹿的性成熟表现为性器官、第二性征（角、乳房等）的生长发育完成和开始有生殖能力，自此雄麋鹿睾丸中季节性地产生成熟的精子，雌麋鹿卵巢中季节性、周期性地排出成熟的卵子，出现交配欲，进行交配繁殖。幼鹿出生后，经过一定时间的生长发育，表现出第二性征，出现性行为。这时雄麋鹿开始长茸，会出现阴茎勃起、喷尿、自发射精等行为；雌麋鹿进入发情期表现为乳房膨大、阴户明显充血、主动与雄麋鹿接触等，其生殖器官可产生成熟的生殖细胞。这些都表明麋鹿已经达到性成熟。

麋鹿2岁左右性成熟，体重与年龄是麋鹿性成熟的两个重要标志，麋鹿的性成熟比生理成熟早，并且在时间与体型上差异较大。达到性成熟之后的麋鹿虽然具有繁殖能力，但体格小或性成熟过早的麋鹿妊娠不仅会影响身体发育，而且会生出体弱的幼鹿。麋鹿在完全性成熟后会表现出交配的欲望。野生种群的繁殖不受人为控制，而是种群内部的自我调节，因此处于半散养及完全野生放养的麋鹿在性成熟后就进行交配并繁殖后代。雌麋鹿2岁左右开始交配，3岁左右产仔。但是，雄麋鹿在年龄达到5岁、体重达到200千克以上时才能参与较高等级序位的争斗，以获得交配的优先权。

二、雌麋鹿的发情

雌麋鹿会季节性地发情，其发情往往同一定的物候现象相一致，每年的6—8月为雌麋鹿的发情交配季节。这种现象是雌麋鹿在生存条件的季节性变化中经过长期的系统发育逐步形成的，是其在长期进化过程中对生存条件的一种适应。

麋鹿繁殖的季节性与环境条件有关。冬季、初春的饲料和气候条件很差，麋鹿的组织器官处于萎缩状态；夏季、秋季食物丰富，麋鹿的各种繁殖器官得到了正常发育，恢复了正常的生理功能，其中就包括繁殖的功能。繁殖周期中，雌麋鹿的妊娠后期和哺乳期是在食物最丰富和高品质的时期，雄麋鹿的交配时间则是在与雌麋鹿发情相同的季节。

另外，麋鹿繁殖的季节性变化与光周期也有直接的关系。一般认为动物生命活动的规律受环境影响很小，而是受内部种所控制，光周期则是调整生物内部种以使之同步的"同步器"，是启动生命活动的触发器。光周期是调节有蹄类动物生理季节性波动的主要环境因素，它影响动物夜间松果腺褪黑激素分泌的变化，通过神经—垂体—性腺轴控制动物繁殖期。

光周期由地理经纬度和季节所决定。历史上，当麋鹿由中国清代皇家南海子猎苑流落到欧洲后，对当地光周期的适应使得繁殖季节出现了变化。十二世贝福特公爵在1951年写道："在离开其原产地约50年之后，麋鹿已推迟了它的繁殖季节，起初3月末确实见到仔鹿，5月末成年雄麋鹿就开始吼叫，而现在仔鹿很少在4月第3周前出生，而6月离雌鹿发情开始还早，仔鹿主要在4月和5月出生，发情期在8月中旬才结束。"而经重引入回到原分布区南部的江苏大丰麋鹿群，经过大约3年时间的繁殖季节调整，取得了良好的繁殖成果。重新回到原分布区中北部的北京麋鹿苑的麋鹿群亦有良好的繁殖成果。这说明，麋鹿适应原产地光周期的遗传基础仍然存在（梁崇岐，1993）。英国乌邦寺麋鹿群、北京麋鹿苑麋鹿群、江苏大丰麋鹿群分别处在北半球的温带、暖温带和亚热带的北缘，三地的经度分别为00°00′、116°00′和120°49′，纬度分别为51°20′、39°50′和33°05′，根据地理纬度与麋鹿产仔期统计分析，纬度每减少1°则产仔期就提前1天（梁崇岐，1993）。2012年年初从北京麋鹿苑运到辽阳的麋鹿的繁殖周期也随着对当地气候的适应，比北京推迟约 1 个月，与英国乌邦寺基本一致。

在一个发情季节里，雌麋鹿呈周期性的发情。大量的观察记录显示，雌麋鹿在发情初期表现为烦躁不安、摇尾游走，引雄麋鹿追逐，但不接受交配；至发情后期出现交配欲，此时最喜欢引雄麋鹿追逐，待雄麋鹿追上时，便站立不动，接受爬跨与交配。有些雌麋鹿还主动接受甚至爬跨雄麋鹿或同性麋鹿，阴部流出一些黏稠的液体。也有些雌麋鹿，尤其是初次交配的雌麋鹿，其发情征候不明显、交配欲不强，必须靠雄麋鹿追逐交配。成年雌麋鹿在发情期性情比较温顺，易与雄麋鹿接触，常走到雄麋鹿身边，用头颈摩擦雄麋鹿的颈、肩部。雌麋鹿在发情时，阴户肿胀，尾巴竖起或偏向一侧，喜欢接受雄麋鹿的嗅闻。当雄麋鹿嗅闻阴户时，雌麋鹿站立竖尾不动。雌麋鹿的发情受到光照、激素、营养、气温等条件的影响。

雌麋鹿在繁殖季节会多次发情，这种现象又称为季节性多次发情。在每个繁殖季节中，雌麋鹿有 3~5 个发情周期，每个发情周期为 17~31 天，平均 20 天。在每个周期中，动情期约为 24 小时。雌麋鹿一般 6 月初开始发情，6 月下旬至 7 月初达到发情旺期，8 月底发情结束。没有受孕的雌麋鹿可反复发情至 11 月。雄麋鹿 5 月开始交配，一直持续到 9 月。但随着全球气候变暖，雌麋鹿的发情期有延长的现象。2019 年 10 月，北京麋鹿苑有一只小麋鹿诞生，按麋鹿平均孕期 288 天倒推，应该是 2018 年 12 月中下旬或 2019 年 1 月上旬交配的。在近几年的秋冬季节，研究人员多次观察到麋鹿交配的现象，麋鹿在 8—9 月产仔有常态化的趋势。

三、"鹿王"的产生

麋鹿的交配行为为一雄多雌制。雄麋鹿在交配前必须进行角斗以选出"鹿王"。"鹿王"在整个鹿群中等级序位最高，负责管理发情期的雌麋鹿。"鹿王"是按照"强者为王"的规则，通过多轮角斗筛选出的。在每年 5 月，雄麋鹿的茸质角完全骨质化后，每头雄麋鹿自由选择一头与自己相当的对手进行角斗。角斗获胜者再在所有获胜者中选择新对手，进行新一轮的角斗。就这样一轮一轮地筛选淘汰，最后一轮角斗的获胜者就是"鹿王"。"鹿王"产生后，就把所有的雌麋鹿集中起来形成交配群。被"鹿王"斗败的雄麋鹿形成一个新的鹿群，这也就是麋鹿同性相吸、异性相斥的同性聚群现象（蒋志刚，1999）。这种聚群现象主要出现在交配季节。"鹿王"将雌麋鹿集中起来后，用尿液或眶下腺分泌物在它的活动区域边缘做标记，不让其他雄麋鹿进入这一区域，同样也不允许雌麋鹿走出这一区域。这一区域称为"鹿王"的领地或交配区。交配区一般都是平坦的开阔地，附近有食源，并且靠近水源。在一个繁殖季节中，交配区可不断地变换。变换的因素很多，主要有食源、水源的枯竭和外界的干扰，特别是人为活动的干扰等（图3–1）。

图3–1 "鹿王"在角上挑草装饰自己

在麋鹿群繁殖季节，"鹿王"能聚集1～50只雌麋鹿。若鹿群聚集过多，附近又有其他雄麋鹿，则会发生炸群现象：部分雌麋鹿走出鹿群，奔向其他雄麋鹿，组成另一个鹿群，由其中等级序位较高的雄麋鹿管理新组成的雌麋鹿群。若"鹿王"聚集的雌麋鹿数量过多（40～60只），在交配的中途，"鹿王"体力耗尽则会实行自我保护，放弃雌麋鹿群，到附近采食、饮水以恢复自己的体力。被"鹿王"斗败的雄麋鹿（等级序位第二）再来继续管理它放弃的雌麋鹿群。那些未受孕的雌麋鹿第一次发情时与等级序位最高的雄麋鹿交配，而第二次发情时若"鹿王"退出雌麋鹿群，则与等级序位第二的雄麋鹿交配。在同一个繁殖季节，会出现一头雌麋鹿先后与两头雄麋鹿交配的情况。

四、交配

交配是雌雄动物延续物种、繁殖后代的主要行为。麋鹿的交配具有季节性，每年的6—8月是麋鹿的集中交配季节。在交配季节里，雄麋鹿可多次表现交配需求。在正常交配的情况下，"鹿王"可与20～30只雌麋鹿交配。雌麋鹿即便未交配成功，其仍有下一个发情周期。如果"鹿王"和雌麋鹿交配一次不成功，可再次进行交配，通常在17～31天之后再次交配。由于"鹿王"的占群时间有限，雌麋鹿可以与其他雄麋鹿交配。如在一个发情期中交配成功，雌麋鹿开始受孕，即使交配季节没有结束，雌麋鹿也不会再次出现交配行为。麋鹿的交配行为都是在雌麋鹿的发情期内完成的。过了发情期，雌麋鹿就会拒绝与雄麋鹿交配。麋鹿主要靠自然交配。

动物交配时，雄性个体将阴茎插入雌性个体的阴道，分为单次插入和多次插入两类，麋鹿为单次插入型。麋鹿交配从爬跨到阴茎插入，直至射精完毕，共需3～5秒。雄麋鹿跳起、爬跨至射精为一次交配过程，在同一天内，"鹿王"可与多头雌麋鹿交配，与同一头雌麋鹿也可发生多次交配行为。雄麋鹿交配时表现的行为有爬跨、勃起和射精。

麋鹿的交配年限与环境、体质状况密切相关。一般情况下，雄麋鹿从出生到繁殖能力减弱的时间是12～14年，雌麋鹿为10～12年。麋鹿的寿命虽说最长可达25年，但大多数麋鹿的实际寿命只有15年左右。这就限制了麋鹿的有效繁殖年龄，影响着麋鹿的繁殖率。

第四节　麋鹿的妊娠、分娩和哺育

一、妊娠

精子与卵子结合谓之受精，受精卵在子宫内附植即为妊娠（怀孕）。

妊娠为胚胎在母体内生长发育的时期，随着胚胎的生长发育，胚胎与母体的新陈代谢、生理活动和形态都会发生显著变化。从受精卵植入子宫到胎儿从母体中娩出的一段时间称为妊娠期。雌麋鹿妊娠后停止发情，随着胚胎的生长发育，其形态、生理、新陈代谢和行为等发生一系列明显的变化。在妊娠初期，雌麋鹿的食欲逐渐恢复，采食量逐渐增大；在妊娠中期，食欲旺盛，日渐增膘，被毛日渐平滑光亮，食物的消化、吸收、利用率明显提高，同化作用明显增强；在妊娠后期，性情变得温驯，行动谨慎，沉静安稳。到翌年3—4月，在麋鹿空腹时，除个别肥胖者外，若可观察到左侧肷窝不凹陷或凹陷不明显，则有90%以上的概率为妊娠。妊娠麋鹿临产前一段时间，乳房日渐膨大，常常回头望腹、喜躺卧和群居。

理论上的妊娠期是从受精卵植入子宫开始到胎儿正常出生的一段时间，但妊娠期的实际计算是从雌麋鹿最后一次有效受配起到产仔之日止的这段时间。野生麋鹿的妊娠期为285~293天，平均为288天，约9个月。麋鹿妊娠期比梅花鹿长59天，比马鹿长34天。人工圈养的麋鹿的妊娠期平均为280天，比野生麋鹿缩短9天。

通常，妊娠期的麋鹿性情比较温顺。麋鹿在妊娠初期运动量减少，因为运动量过大，特别是快速奔跑、急转弯、打斗等活动极易引起流产，导致胚胎在母体子宫内死亡，被母体吸收或被排出体外。发情交配期哺乳的麋鹿会拒绝幼鹿吮乳，乳房开始萎缩，乳腺停止分泌乳汁。麋鹿子宫颈处的黏液形成子宫颈栓，以保证胚胎在子宫内的稳定状态。这一系列行为都是体内分泌的激素所致。

二、分娩

从临产到胎儿从母体内产出的过程称为分娩，分娩主要是雌激素和催产素对子宫肌的作用，促使子宫壁通过节律性地收缩将胎儿排出体外。雌麋鹿把新生幼鹿身上的附着物舔干净，排出胎衣，即为产仔完毕。

麋鹿的产仔季节（产仔期）为每年的3—5月；3月下旬及4月上旬、中旬为产仔高峰期。麋鹿的产仔期主要取决于交配季节，与地理位置、光照周期、生活环境有关。由于初生幼鹿抵抗力弱而发病率高，如果产仔期过迟，推迟到盛夏多雨季节，就会影响幼鹿的生长发育，甚至造成死亡。

麋鹿妊娠后期就是临产期，临产期一般为 1~3 天。麋鹿临产的行为表现：腹围缩小，离群活动，运步不停；采食量减少，排便频次增多但量少；尾巴常有伸展至背腰部平直的姿势。腹部不断地出现节律性阵缩，表明临产期快要结束。

妊娠麋鹿在鹿群栖息地的附近寻找避风、隐蔽、向阳的场所分娩，一般选择在高草丛或树林中。麋鹿临产时侧卧在地。麋鹿分娩时出现阵缩、努责、起卧不安等现象，一般先站立排出幼鹿的前肢或后肢，再通过子宫肌和腹壁肌的强烈收缩排出幼鹿的大部分，后站立起来，借助幼鹿的重力和母鹿的努责全部产出。幼鹿的触地过程可能是唤醒呼吸系统的过程。产仔过程一般持续十几分钟甚至 1 个多小时。幼鹿出生后，麋鹿随即起身，舔掉新生幼鹿身上的附着物。舔的顺序从幼鹿的头颈部开始，逐步向后移。附着物被舔完后，新生幼鹿头颈开始扭动，四肢弯曲伸展，15~20 分钟后幼鹿开始挣扎起身。雌麋鹿产仔后，产出胎衣。为不留痕迹和补充营养，雌麋鹿将排出的胎衣就地吃掉，30~90 分钟后初次哺乳。

观察表明，在幼鹿出生 7 天内，在结束哺乳之后，母鹿通常将幼鹿"隐藏"在隐蔽和安全的场所，然后离开，至下次哺乳幼鹿时返回。幼鹿出生的 1~3 天，大部分时间卧伏不动，每次卧伏时间为几小时到十几小时不等。幼鹿出生的第 4 天即有逃避行为。大约一周后，幼鹿跟随母鹿在鹿群中活动，并随群行动，已有觅食的行为，幼鹿相互之间常嬉戏。哺乳时母鹿和幼鹿之间常通过叫声建立联系，母鹿舔幼鹿肛门，刺激幼鹿肠道蠕动，帮助其排便。

2014 年 4 月—2015 年 6 月，程志斌等（2015）对北京麋鹿苑半散养麋鹿群在繁殖季节产仔和哺育的行为进行观察，发现北京麋鹿苑半散养麋鹿种群中 2 岁半的母鹿首次分娩；母鹿常在产前 8~24 小时离群，选择隐蔽性和安全性高的场所产仔；麋鹿的分娩姿势有卧式—站立和卧式两种，幼鹿头部娩出至幼鹿完全娩出平均时间为 1 分 48 秒，从完全分娩出至站起平均时间为 27 分 33 秒，从完全分娩出至首次哺乳平均时间为 32 分 29 秒；幼鹿出生的 7 天内以卧息为主，且卧息时与母鹿分离较远；哺乳时间多集中在早晨和傍晚，或者在母鹿采食结束之后；哺乳平均时长为 57 秒；哺乳时母鹿多选择隐蔽性和安全性高的地方，主要选择围栏边、林缘或者鹿群中；有警戒行为时的哺乳时长显著少于无警戒行为时的哺乳时长（表 3 - 1）。

表 3 - 1　3 只母鹿的分娩时间表

分娩日期	分娩姿势	分娩地点	幼鹿头部至完全娩出时间	幼鹿出生至站起时间	幼鹿出生至首次哺乳间隔时间	哺乳姿势
2014. 4. 8	卧式 - 站立	围栏边	1 分 38 秒	39 分 28 秒	44 分 24 秒	站式
2015. 4. 17	卧式 - 站立	水边	2 分 12 秒	24 分 16 秒	27 分 14 秒	站式
2015. 4. 16	卧式	水边	1 分 33 秒	18 分 55 秒	25 分 50 秒	站式
			1 分 48 秒（平均）	27 分 33 秒（平均）	32 分 29 秒（平均）	

三、哺育

在哺乳动物的繁殖过程中，哺乳和护幼是常见的行为，也是母性强弱的具体表现。雌麋鹿在分娩后的短时间内通过视觉、听觉以及舔等认识自己生的幼鹿，幼鹿也会对母鹿产生印记。母鹿就会把幼鹿视为自身的一部分加以保护，对其他幼鹿则视为异己加以排除，甚至攻击它们。雌麋鹿的母性很强，幼鹿的成活率也比较高。

1. 哺初乳

雌麋鹿有 4 个乳头，左右两侧各 2 个。雌麋鹿临产时乳房发育、肿胀，开始分泌乳汁。产仔后最初 5 天分泌的乳汁称为初乳，初乳营养比较丰富，具有免疫作用，能增强幼鹿的抵抗力。麋鹿产仔后，日哺乳次数随幼鹿的长大而减少。从完全分娩至首次哺乳平均时间为 32 分 29 秒。母鹿首次哺乳时需要不时卧下或者停顿休息，对 2015 年 4 月 16 日出生的幼鹿的观察发现，首次哺乳共 31 次，哺乳时长为 5 分 51 秒，总共耗时 34 分 22 秒，这表明幼鹿刚出生时哺乳效率低。出生 1 周以内的幼鹿每次哺乳平均持续 75.2（±5.5）秒。出生 3 天后，哺乳次数就逐渐减少。母鹿常以走动的方式拒绝给幼鹿继续哺乳。

2. 哺乳行为

幼鹿吃奶时，吻部向上，耳朵后伏，头部垂直或近垂直，上下往复运动，尾巴下垂，眶下腺开裂得很大。稍大一点的幼鹿必须将其身体的前半部蹲下，才能触及母鹿的乳房。幼鹿吃奶一般都是从侧面靠近母鹿乳房。在哺乳过程中，正在吮吸乳汁的幼鹿会将头部向上拱伸以触及乳房。这种拱伸动作可以进行一次或数次。哺乳时母鹿站立不动，回头嗅闻幼鹿，辨认是否是自己所生。若不是自己所生，就驱赶幼鹿，不予哺乳。偶见一只母鹿同时对两只幼鹿哺乳。

程志斌等（2015）发现，母鹿的哺乳时间多集中在早晨和傍晚采食结束之后，夜间也存在哺乳行为。哺乳时长平均为 57 秒。幼鹿出生的 7 天内以卧息为主，且卧息时与母鹿分离较远。哺乳地点主要选择为木围栏、林缘或者鹿群中。当母鹿和幼鹿距离鹿群较远或者只和几头同类在一起时，即使有隐蔽的围栏，母鹿在哺乳时的警戒性也较高，哺乳时间相对于在鹿群中时短，这说明母鹿在有警戒行为时的哺乳时间比无警戒行为时短。在无警戒行为的情况下，无论刮大风还是下雨均有哺乳行为，但哺乳时长比晴天和无大风天气短。同时，观察发现，当母鹿急着去采食人工补饲的饲料时，哺乳时间显著缩短；在"鹿王"圈群时期，"鹿王"的圈群行为也会影响哺乳时间的长短（表3-2）。

表3-2 雌麋鹿哺乳行为观察表

日期	哺乳用时总和	地点	是否有警戒行为	采食前/后	与几只鹿在一起	备注
4.14	1分38秒	围栏边	无	后	鹿群边	
4.14	46秒	水中	有	后	少	
4.14	1分14秒	围栏边	有	后	少	
4.16	1分57秒	围栏边	无	—	鹿群中	刚休息结束
4.16	55秒	林缘	有	后	少	
4.16	1分3秒	水边	有	—	单独	
4.17	26秒	围栏边、料槽边	有	后	少	
4.17	25秒	围栏边、料槽边	有	后	少	
4.18	47秒	草地	无	正在	鹿群中	
4.18	1分8秒	围栏边	有	—	单独	
4.19	1分37秒	围栏边	有	—	单独	
4.21	1分11秒	围栏边、料槽边	有	后	少	
4.21	1分54秒	水中	无	—	鹿群边	

续表

日期	哺乳用时总和	地点	是否有警戒行为	采食前/后	与几只鹿在一起	备注
4.21	55 秒	水边	无	—	鹿群边	
4.23	1 分 3 秒	围栏边、料槽边	有	后	少	
4.23	1 分 16 秒	围栏边、料槽边	有	后	少	
4.23	1 分 50 秒	木栅栏边	无	后	鹿群中	
4.27	29 秒	料槽边	无	前	鹿群中	急着去吃饲料
4.27	12 秒	料槽边	无	前	鹿群中	急着去吃饲料
4.27	6 秒	料槽边	无	前	鹿群中	急着去吃饲料
4.27	9 秒	料槽边	无	前	鹿群中	急着去吃饲料
4.27	27 秒	料槽边	无	前	鹿群中	急着去吃饲料
4.27	59 秒	料槽边	无	后	鹿群中	
4.28	1 分 8 秒	木栅栏边	有	后	少	
4.3	45 秒	木栅栏边	无	后	鹿群边	2014 年出生
6.10	28 秒	林缘	无	后	鹿群边	刚休息结束
6.10	1 分 6 秒	林缘	无	后	鹿群边	刚休息结束
6.10	1 分 4 秒	林缘、围栏边	无	后	鹿群边	
6.14	59 秒	围栏边	有	—	单独	
6.19	46 秒	开阔草地	无	后	鹿群中	
6.20	1 分 5 秒	开阔草地	有	后	鹿群中	
	57 秒（平均）					

注：表中"—"表示缺少统计。

3. 护幼行为

母鹿在鹿群中时刻关注着自己的幼鹿，一旦发现异常，就会立即去护幼。产仔麋鹿常在鹿群的外围活动，不时地朝着幼鹿隐蔽休息的地方观望，以防有危险情况发生。如果遇到外界因素的干扰，麋鹿群需要远距离迁移，导致产仔雌麋鹿找不到幼鹿隐蔽的地点，雌麋鹿就会发出寻找幼鹿的叫声。幼鹿听到雌麋鹿的叫声，会发出尖细的叫声回应，等候母鹿的到来。产后最初的几天，幼鹿在隐蔽处休息，一旦遇到危险就发出呼救的叫声。母鹿听到幼鹿的叫声后，立即从麋鹿群中走向幼鹿隐蔽处，并两耳竖立、两眼眶下腺扩裂，边走边发出叫声，直至把幼鹿安全带走（图3－2），麋鹿分娩组图。

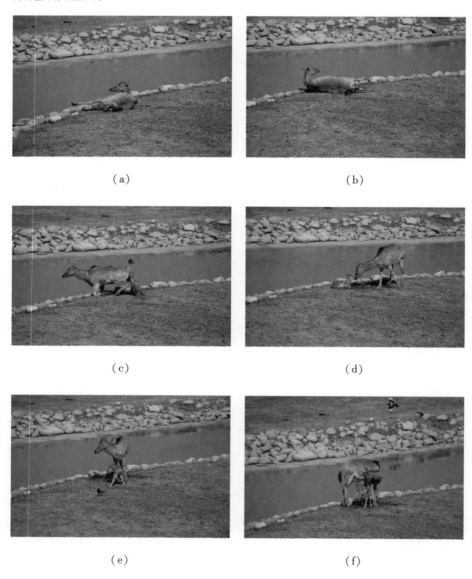

（a） （b）

（c） （d）

（e） （f）

图3－2　麋鹿分娩组图

第五节　麋鹿的休息、运动及群聚

一、休息

休息对所有的动物来说都是必需的，因生存环境和新陈代谢的不同，各种动物的休息方式、休息地点和休息时间各有不同。动物的休息和睡眠都是有规律的，睡眠可使动物消除生理疲劳、促进新陈代谢。除睡眠之外，动物还将大量的时间用于休息，主要是在采食和激烈运动之后。

麋鹿的休息方式主要是站立休息和躺卧休息。麋鹿站立休息时四肢直立，两耳稍下垂，闭眼，呼吸缓慢，不反刍，呈似睡非睡状态，如感觉到危险会立即奔跑起来。躺卧休息是通常说的"大睡"。蜷曲侧卧是最常见的躺卧姿态。麋鹿基本上将躯体完全压在一侧的肋骨架上，而这一侧的肋骨架靠弯曲着的前后肢支撑。此时，麋鹿的头常常仰起，但有时也会越过前腿枕靠在胁腹部或者地上，耳朵后伏或呈水平状态、下垂状态。麋鹿的姿态有时也会有所改变，如一条或两条不起支撑作用的腿的伸舒，有时甚至是所有四肢的伸舒。身体前部的竖直状态可以保持较长的时间，只要起支撑作用的前腿的膝盖稍呈弯曲状态。当这条腿伸直时，身体前部原有的竖直姿态也将随之发生改变，身体则更有可能呈现出靠在一侧的伸展姿势。伸展侧卧是一种不常见的躺卧姿势，在胁腹部和肩部支撑身体的同时伸腿，并且头常常伸出并枕靠在地上。麋鹿等偶蹄类动物的一种普遍行为模式即在站起和躺卧之前都有一个前腿膝跪的动作。麋鹿在躺卧时常伴有反刍行为。

在夏、秋季节，麋鹿常休息于浅水中，不时地摇头，两耳不停地上下拍打，尾巴也不停把水打到腰腹部，有时还将头部伸入水中至额部，这主要是为了驱赶蚊虫。麋鹿还喜欢在泥浆上休息，将泥浆涂在身上，侧卧坐于泥浆中，嘴里咀嚼着食物，或闭着眼睛休息。

二、运动

丁玉华（2004）对江苏大丰半野生的麋鹿种群进行长期观察后，总结了麋鹿的以下运动方式。

（一）散步

鹿群自在地慢步行走，处于放松状态，常见于夏、秋季傍晚，雷阵雨前后以及采食结束时。像其他偶蹄类动物一样，麋鹿既能慢行、小跑，也能疾驰。Dsgg 和 de Vos（1968）曾提到：与其他鹿类相比，麋鹿宽大的蹄子并不怎么影响其行走的步态。菲利普斯（Philips，1925）通过观察发现：这种动物行走得很慢，那漫不经心、从容不迫的行走步态是很有特点的。但是当在坚硬而多石的地面上行走时，麋鹿的脚很不适应，步态就会急而快。

（二）奔跑

奔跑是由食物的诱惑、天敌的追赶、外界因素（如火、人等）的干扰以及相互追逐引起的行为。麋鹿奔跑时背凹、头颈伸直、尾巴后翘、四蹄腾空，似马奔跑。麋鹿的奔跑速度较快，时速为40千米/小时，但持续的时间较短，为 5～10 分钟。由于奔跑时肺部活动量较大，少数麋鹿在奔跑停止后喘气很粗，偶有咳嗽、打呛。麋鹿奔跑时，起步很快，止步时可急停，奔跑时如果遇见障碍物，可立即停止或急速转向。小跑和疾驰通常见于大圈养场中的幼鹿，特别是在整个发情期。

（三）跳跃拍打

通常发生在雌麋鹿之间和雄麋鹿脱角生茸期间。麋鹿两眼对视，两侧眶下腺少许张开，两前蹄轻轻提起，蹄尖略悬于地面，呈前后刨土状来回运动 3～5 次，接着突然跳起，两后肢站立，两前肢腾空，不断地拍打对方 2～4 秒，有时还边拍打边运步 2 米左右。在跳起拍打时还连续发出"啪、啪、啪"的拍打声。

（四）角斗

雄麋鹿茸角变成骨质角后，常喜欢寻找与自己体力相当的同性进行角斗。角斗时，雄麋鹿两眼怒瞪，眶下腺张开，头低垂，角朝前方，躯干与地面平行，身躯前倾，两后腿向前斜撑，与地面夹角呈 70°～80°。同时双方猛力向前冲撞，角体相撞，身躯朝前大幅度倾斜，头不停地顶抵对方，有时头部左右扭动，进进退退数个回合。

（五）泅渡

麋鹿擅长游泳，在发生洪水、迁徙途中遇水域、遇天敌追赶、觅食时可泅渡。湖北石首有麋鹿泅渡长江的案例。1998 年，长江中上游发生洪灾，石首麋鹿游泳取食。在长距离泅渡时，幼鹿因体力有限，常常将嘴、下颌放在成体鹿的背部。

（六）追逐

除雄麋鹿追赶雌麋鹿外，雄麋鹿之间、雌麋鹿之间、幼鹿之间均有前跑后随的行为，常见于争食、发情和嬉戏时。

三、群聚

群聚是麋鹿的一种社会行为，目的是适应栖息环境的变化、防止天敌攻击以及满足鹿群各方面的需要。不同季节群聚规模的大小以及各种组群出现的频率均有不同。群聚的个体数量有多有少，也有性别和年龄的差异。麋鹿群不稳定，随时聚集，随时分群。麋鹿群的类型主要包括雄鹿群、混合群、母仔群、仔鹿群和雄仔群。通常情况下，进入产仔季节后会出现母仔群、雄鹿群和仔鹿群。在进入发情期前，会出现混合群、雄鹿群。进入发情期会出现单雄多雌群、雄鹿群、雄仔群及混合群。单雄多雌组群（繁殖群）（图 3-3）明显大于非发情期的组群，"鹿王"统治雌麋鹿群，使之稳定。

（一）雄鹿群

每年 6—8 月，在发情交配季节，"鹿王"担负着与雌麋鹿交配的责任，而其他成年雄麋鹿只能集中到一起，远离"鹿王"和雌麋鹿群，形成成体雄麋鹿群，俗称"光棍群"（图 3-4）。

图 3 – 3　繁殖群

图 3 – 4　雄鹿群

（二）混合群

在每年 9 月至翌年 4 月，成体雄麋鹿、雌麋鹿均在一起活动，谁也不驱赶谁，友好相处。（图 3 - 5）

图 3 - 5　混合群

（三）母仔群

幼鹿出生 1 周后常跟随雌麋鹿群活动，形成母仔群。有时幼鹿在雌麋鹿群附近 20 米左右的地方隐蔽休息（图 3 - 6）。

图 3 - 6　母仔群

（四）仔鹿群

每年4—7月，当年出生的幼鹿常在离雌麋鹿群不远的开阔地上活动。一旦发现危险，它们就迅速跑回雌麋鹿群（图3－7）。当雌麋鹿群集体迁移时，幼鹿群也及时奔回雌麋鹿群，寻找母鹿，随母鹿快步奔走。

图3－7　仔鹿群

（五）雄仔群

每年4—5月，当年出生的幼鹿休息时通常围绕在雄鹿的周围躺卧，形成寻求保护的态势（图3－8）。

图3－8　雄仔群

第六节　通　信

通信是指动物之间的信息传递以及信息共享，这种信息共享具有生存的适应意义。动物借助于通信可把一个个体的内在生理状态等信息传递给另一个个体，并使后者做出适当反应。麋鹿通过视觉、声音、触觉、化学等方式实现相互之间的通信。

一、视觉通信

视觉信号有两个明显的特性：一是容易定位，如果可以看到信号，那么信号发送者的位置就能确定。例如，当有外界干扰或天敌出现时，鹿群会集体看向危险方向，警示危险，俗称"鹿回头"。麋鹿在奔跑逃避危险时尾巴翘起，尾尖黑色的尾毛就像指示标一样给鹿群警示危险。母鹿在运动和觅食过程中不断关注幼鹿的动态等。二是呈直线传递，速度与光一样快，当目标消失时，信号传递便停止。例如，雄性麋鹿通过把草挑在鹿角上或披在身上，炫耀自身魅力，引起雌性麋鹿的注意，同时对其他雄鹿展示自己的威风；交配期间，"鹿王"见到进入领地的其他雄鹿时两眼瞪大，眶下腺大力张开，驱赶入侵者。这些行为一经出现就会传递给对方，炫耀或挑战一旦停止，视觉通信便随之终止。视觉通信受障碍物影响大，像白内障等视觉障碍也会影响其通信。

二、化学通信

化学通信是借助动物的嗅觉和味觉进行的，用于通信的化学物质通常叫作信息素。信息素将信息从一头鹿传递给另一头鹿，它可以在黑暗中绕过障碍物实现通信。雄麋鹿向自己身上喷尿液、精液，将眶下腺黏液涂抹在树干上标记领地，传递荷尔蒙气味，展示雄性魅力；发情期的雌麋鹿通过分泌阴道黏液，散发动情素吸引雄麋鹿交配，雄麋鹿通过卷唇嗅闻弥散在空气中的雌麋鹿味道，或者嗅闻雌麋鹿阴道黏液以判断雌麋鹿发情与否。

三、触觉通信

触觉通信就是靠身体接触传递信号。麋鹿的触觉通信典型而频繁，雄麋鹿与雌麋鹿通过脖颈摩擦；雄麋鹿通过争顶争夺"王位"，雌麋鹿发怒时两前肢扬起对打；通过危险地带时，麋鹿通过顶撞方式让弱者先行；在长茸期间，个体通过摩擦让别的鹿给自己舔鹿茸解痒；雌麋鹿用嘴拉扯饲养员，让其帮助寻找幼鹿。

四、声音通信

声音通信是动物在种内（或种间）进行联系的重要途径。动物通过鸣叫或其他发声方式传递信息，而对声音信息的利用，能够使动物对环境做出判断和反应。麋鹿是为数不多的在野外灭绝但受到圈养保护的大型野生哺乳类动物之一（Wemmer et al，1983）。关于麋鹿的声音通信行为，最早的系统描述见于《麋鹿：一种灭绝物种的生物学与管理》（*The Biology and Management of an Extinct Species：Père David's deer*）一书的"行为谱"（The Ethogram）一章（Wemmer et al，1983）。书中描述了麋鹿的 4 种吼叫行为（表 3 –3）：发情吼叫、警戒吼叫、寻鸣和嚎叫。威默尔（Wemmer）等（1983）还给出了发情吼叫和寻鸣的声谱图。研究人员通过生物声学分析，又把麋鹿的发情吼叫分为两种亚型——普通吼叫和追逐吼叫，这两个亚型的频谱图也不同（刘旎，2014）（图 3 –9）。

表 3 –3　麋鹿声音通信模式

吼叫类型	描述	文献
发情吼叫	雌麋鹿在发情期发出的吼叫，包括普通吼叫和追逐吼叫两种亚型	Wemmer et al，1983；刘旎，2014
警戒吼叫	发现或察觉到有危险或潜在危险时发出的短促吼叫，多发生于雌鹿，偶见于雄鹿	Wemmer et al，1983；李春旺等，2001
寻鸣	雌鹿寻找或联系幼鹿时发出的叫声，也包括幼鹿的寻母鹿的鸣叫	Wemmer et al，1983
嚎叫	麋鹿经受疼痛或被捕捉时发出的尖厉叫声	Wemmer et al，1983

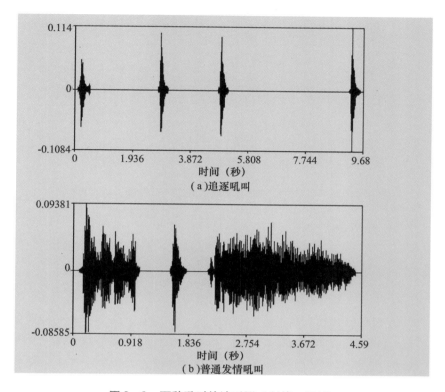

图 3 - 9　两种吼叫的波形图（刘旎，2014）

（一）发情吼叫

在鹿类动物的声音通信中，被研究得最多、最深入的是发情吼叫。

雄性麋鹿群体中可见 3 种等级序位：①优势雄麋鹿直接占有雌鹿群成为"群主"；②序位次之的成为"挑战者"；③序位最低的雄麋鹿不能靠近雌麋鹿群，成为"单身汉"（Jiang，1999）。雄麋鹿序位的建立是通过行为表达竞争实现的，其中声音通信扮演了重要角色。李春旺等（2001）发现，不同等级序位的雄性麋鹿吼叫的频次差异显著，其中"群主"的吼叫频次最高，"单身汉"的吼叫频次最低（图 3 - 10）。另外，雄性麋鹿吼叫中的一个亚型——普通吼叫的基础频率、共振峰频率和共振峰间距都随着等级序位的升高而降低，而普通吼叫的声音强度随着等级序位的升高而增加（刘旎，2014）。

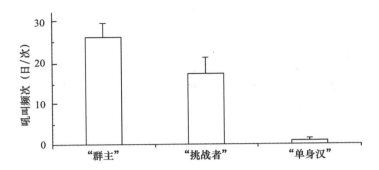

图3－10 不同序位雄性麋鹿吼叫的频次（李春旺，等，2001）

另外，麋鹿的吼叫行为多发生在夏季，而一年中吼叫的开始时间与麋鹿分布的纬度有关，纬度越高吼叫出现得越晚，这符合北方鹿类动物的季节性繁殖规律（于长青，等，1996；蒋志刚和丁玉华，2011）。

（二）警戒吼叫

威默尔等（1983）认为麋鹿的警戒吼叫多发生于雌麋鹿。而后来的研究表明，雄麋鹿也有警戒吼叫，但频次比雌麋鹿少（李春旺，等，2001）。麋鹿的警戒吼叫多发生在有入侵时，如人的出现或者狗的入侵，这时雄鹿站立不动并发出警戒吼叫。另外一种看法认为，警戒吼叫有时发生在保卫领地时，可能有排斥其他同类的作用。雄性麋鹿是通过直接控制雌鹿群实现"一雄多雌"的，领域性不强（Schaller and Hamer，1978；于长青，等，1996；蒋志刚，等，2006），因此麋鹿的警戒吼叫更应该是一种反捕食行为。另外，人类干扰还是一种环境胁迫，除了影响麋鹿的警戒反应，也影响麋鹿肾上腺皮质激素的分泌（Li et al，2007a，b）。

第七节 鹿角周期

鹿角是鹿科动物典型的性二型特征。鹿角的生长周期主要分为4个阶段：茸生长期、茸骨化和茸皮脱落期、硬角期、脱角期。鹿角的生长周期主要受激素的影响，睾酮、促黄体素等激素的规律性变化调节着角的生长和脱落，光周期作为促发这些激素发生季节规律性变化的引子，在角周期中起着主导作用。鹿角的生长与脱落还与个体的大小、年龄、营养、遗传、种群及环境等因素息息相关，鹿角对于鹿科动物的社会等级序位、系统进化、行为学、发育生物学、形态学的研究具有重要意义。因此，对鹿角生长周期的研究对鹿科动物的生活史和生态学有重要贡献，它也是鹿科动物生存状态的重要指示物。

一、麋鹿角的生长周期

雄性麋鹿有角，每年脱换一次，麋鹿是少有的几种在冬季脱角的鹿科动物之一。程志斌等（2016）通过观察北京麋鹿苑 59 只雄性麋鹿茸的生长和角脱落周期，并参考马鹿角周期缩略图（Fennssy & Suttie，1985），绘制了麋鹿角周期缩略图，如图 3 – 11 所示。

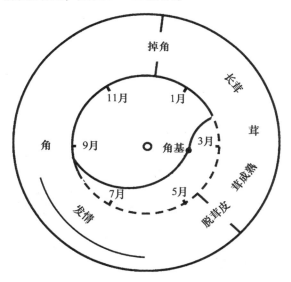

图 3 – 11　北京麋鹿苑麋鹿角周期缩略图

在北京麋鹿苑，一年生幼鹿在第二年的 3 月上旬角基开始萌发［图 3 – 12（a）］；4 月中旬角基长成，并开始长出小茸［图 3 – 12（b）］；7 月中旬长茸结束，开始骨化脱茸皮［图 3 – 12（c）］；8 月中旬进入硬角期［图 3 – 12（d）］，于第三年 2 月上旬开始脱角。

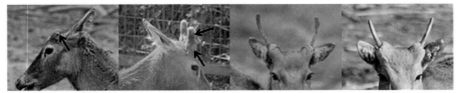

(a) 角基发生　　(b) 长出茸芽　　(c) 骨化脱茸皮　　(d) 硬角质

图 3 - 12　麋鹿鹿茸的生长过程

　　成年麋鹿通常从 12 月下旬即全年中光照时间较短的期间进入脱角期，2 月上旬结束；麋鹿脱角之后即进入长茸期，4 月中旬结束长茸；长茸结束后开始骨化，并陆续开始脱茸皮，在 5 月上旬有 10 天左右的脱茸皮高峰期，麋鹿亚成体的鹿茸集中在这期间开始脱茸皮；5 月下旬结束脱茸皮进入硬角期，此后雌麋鹿从 6 月开始进入发情期。

　　研究表明，鹿角再生是由角基骨膜处的干细胞形成，直到脱落前的一刻，鹿角仍有活的组织。脱角长茸是角周期的关键过程，我们将麋鹿的脱角长茸分为 4 个阶段（图 3 - 13）。①基盘处肿胀：由角基末端的破坏骨骼

图 3 - 13　麋鹿的脱角长茸过程

（a）基盘处肿胀且黑色区域扩大；（b）基盘与周围皮肤断裂；（c）脱角；（d）脱角；
（e）长茸处皮肤愈合并长出茸芽；（f）茸长成

的活动开始，角基的生茸骨膜处开始活动长茸，将硬质角往外顶，此时基盘的黑色区域扩大。②断裂：随着基盘的黑色区域扩大，硬质角与角基边缘皮肤分离，角基与硬质角间出现间隙。③脱角：在碰撞、风力、头的摇摆等作用下，左、右角分别脱落。④愈合并长出茸芽：随着角的脱落和茸的继续生长，新生茸在角基与硬质角之间断裂时产生的伤口逐渐愈合，长出新生茸芽，最后茸长成。根据鹿角脱落后茸的生长情况，可将鹿科动物角周期分为连续型和间歇型两大类。研究表明，麋鹿角周期属于角脱落后立即生长的连续型。

二、麋鹿角的脱角顺序

麋鹿成对角的脱角顺序与单支角的重量无关。北京麋鹿苑在 2012 年 12 月—2014 年 2 月共收集 41 对 4 岁以上的成对鹿角，通过观察角的形状、分支情况及角上疣突等情况，发现麋鹿左角和右角呈完全非对称性。麋鹿的右角重于左角的占 43.9%，左角重于右角的占 48.8%，重量相同的仅占 4.9%，这也说明麋鹿角具有不对称性；左角先脱落者占 34.1%，右角先脱落者占 48.8%，同一天脱落两角者占 17.0%，左、右角脱落时间间隔平均为 1.98 天，这表明左、右角脱角顺序差异明显，大部分麋鹿先脱落右角，左、右角脱落时间间隔短。此外，重量重和重量轻的鹿角先脱落的个体各占 41.5%，表明就个体而言，麋鹿角的重量与脱落顺序不存在显著关系。但在群体中单支鹿角重的先脱落，表明就全体而言，角重的个体鹿角先脱落。

年龄大的麋鹿先脱角、长茸、骨化脱茸皮，先进入硬质角期。成年个体角先脱落，青年个体角后脱落，笔杆状角最后脱落，表明麋鹿角周期与年龄大小有关；成年个体中，第一个脱角的不是年龄最老的个体，而是等级序位高的个体或者"鹿王"，表明麋鹿角周期与等级序位有关。总体趋势是呈随着年龄的增长，脱角日期越早且等级序位高的个体或者"鹿王"比年老个体先脱落。

三、不同栖息地麋鹿种群脱角起止时间的比较

麋鹿分布的 9 个地区脱角时间及气候因素的情况如表 3 - 4 所示。从表

中可知，麋鹿脱角时间为 10 月下旬至 2 月中旬。北京麋鹿苑的鹿群 2013 年冬季的脱角时间为 12 月 2 日，而往年为 12 月 20 日左右，提前了半个多月；河北滦河上游保护区的麋鹿 2014 年 2 月才开始脱角，而往年为 12 月下旬开始；江苏大丰和浙江临安的麋鹿开始和结束脱角的时间也不固定，说明同一栖息地不同年份的角周期也存在差异。野生种群的脱角时间比圈养种群要早；热带地区的海南种群也表现出明显的角周期，鹿角每年定期脱落，但脱角时间并不比北方的种群早。

四、麋鹿角周期的影响因素

麋鹿属典型的北方物种，光周期是产生鹿角周期的主要影响因素。1986 年，自英国回到我国南方的江苏大丰半野生麋鹿种群的角周期的季节分布情况与 19 世纪 90 年代生活在伦敦乌邦寺的麋鹿的角周期惊人的一致，回归短短 3 年即完成角周期对江苏大丰光周期的适应性调整。北京麋鹿苑、江苏大丰、湖北石首、浙江临安、浙江慈溪、辽阳千山、天津七里海、河北滦河上游 8 个地区麋鹿种群均具有明显的随着光周期变化的角周期。

光周期通过松果体调节动物内分泌的季节性改变，进而控制角周期，内分泌调节中的激素调节则起着主要作用，睾酮、雌二醇、胰岛素、肾上腺皮质激素等均影响着角周期，其中睾酮起着主导作用。麋鹿角周期的"独角"现象属于非正常脱角情况，可能和体内睾酮等激素的浓度有关。李春旺等（2000）和解生彬等（2018）在研究江苏大丰雄性麋鹿的粪样和血浆中睾酮的浓度时，均发现 6 月麋鹿发情期睾酮的浓度显著高于其他月份，并且麋鹿的主要繁殖行为（包括饰角）频次与粪样睾酮水平呈显著正相关，而有研究表明较高浓度的睾酮正是维持鹿角不脱落的原因（Forand et al，1985）。除湖北石首和北京麋鹿苑之外，在英国乌邦寺麋鹿种群中也发现了在 8 月和 9 月角脱落后直到 11 月正常掉角期才长出茸的现象。由于睾酮对维持硬角期起着关键作用，当鹿脱角时体内睾酮浓度处于最低水平。麋鹿非正常规律的单独角脱落现象均发生于非脱角期，此时其体内的睾酮水平仍维持在一个较高的水平，可能并未降到脱角期的最低值，不足以促发茸的生长。

在睾酮的作用下，角周期与鹿的性选择、社会等级及繁殖成功率息息相关。等级序位高的麋鹿的角脱落先于序位低的，且先脱茸皮，这可能是由于连续型角周期的鹿在角脱落后立即进入茸的生长期，它们需要争取时间大量进食，保证鹿茸的快速生长进入硬角期，以迎接短暂的交配季节。

　　鹿角的生长周期还与种群密度和物候等因素存在紧密关系。在表3-4的9个麋鹿分布区中，野生种群角的生长周期早于半散放和圈养种群；江苏大丰的野生种群的鹿角最早脱落，早于同一地区的半散放种群近20天；野生种群比半散放和圈养种群密度小、营养好可能是原因之一。每年的气候变化、营养状况差异也可造成如北京麋鹿苑、河北滦河上游、江苏大丰、浙江临安麋鹿角周期的年份差异。

　　　　　（本章作者：白加德、钟震宇、程志斌、李俊芳、陈颀）

表 3 - 4　不同地区麋鹿脱角时间及气候因素

地点	现有种群数量（只）	年度	脱角数（支）	脱角开始时间	脱角结束时间	海拔（米）	经纬度	年平均气温（℃）	饲养方式	气候类型
北京麋鹿生态实验中心	157	2010—2011	≈100	2010.12.23	2月上旬	19	E116°27′28.42″ N39°46′44.03″	11.25	半散放	温带季风
		2011—2012	≈110	2011.12.20	2月上旬			12.33		
		2012—2013	≈120	2012.12.19	2月上旬			11.67		
		2013—2014	124	2013.12.2	2月上旬			12.17		
江苏大丰麋鹿自然保护区	2027	2003—2004	300~400	2003.12.15	2004.2.8	3	E120°48′57.93″ N32°59′30.23″	14.10	半散放	亚热带季风
		2010—2011	658	11月中旬	1月下旬				半散放	
		2010—2011	66	10月下旬	1月上旬				野生	
湖北石首麋鹿自然保护区	1000~1100	2009—2014	2000~2500	12月中旬	二月上旬	31	E112°33′11.44″ N29°48′10.84″	17.32	半散放、野生	亚热带季风
浙江临安濒危野生动植物种质基因保护中心	100	2010—2011	≈20	2011.1.2	2011.2.15	230	E119°46′44.8″ N30°08′07.40″	17.33	圈养	亚热带季风
		2012—2013	≈50	2012.12.30	2月上旬			17.08		
辽阳千山呈龙有限公司	100	2013—2014	≈66	2013.12.24	2014.2.15	126	E123°09′17.12″ N41°06′52.31″	18.00	圈养	温带季风
		2012—2013	12	12月中旬	1月下旬			7.58		
		2013—2014	18	2013.11.15	2014.1.15			8.00		
天津七里海湿地公园	32	2011—2014	30	12月下旬	1月中旬	3	E117°31′02.00″ N39°16′46.41″	12.55	圈养	温带季风

续表

地点	现有种群数量（只）	年度	脱角数（支）	脱角开始时间	脱角结束时间	海拔（米）	经纬度	年平均气温（℃）	饲养方式	气候类型
浙江慈溪国家湿地公园	26	2010—2014	64	12月上旬	1月下旬	6	E 121°10′06.37″ N 30°18′31.91″	17.52	圈养	亚热带季风
海南热带野生动植物园	23	2009—2014	76	12月中旬	1月上旬	53	E110°15′16.38″ N 19°46′17.72″	24.28	圈养	热带季风
河北滦河上游国家级自然保护区	19	2009—2013	62	12月下旬	1月下旬	1011	E116°56′50.17″ N 42°1′49.89″	5.15	半散放	温带季风

注：表中现有种群数量数据截至 2014 年 5 月。

第四章　麋鹿种群的生态学特性

　　种群是占据一定地域或空间的同种个体自然组合，在生态环境内形成的种内个体之间相互信赖、彼此制约的统一整体。动物种群内的成员栖息于共同的生态环境中，并分享相同的食物来源；具有共同的基因库，个体间能进行繁殖，并生出有生殖能力的后代。一个物种通常包括许多种群，不同种群之间存在着明显的地理隔离，长期隔离的结果有可能发展为不同的亚种，甚至可能产生新的物种。

　　种群虽然是由个体组成的，但种群的基本特性与个体不同。个体是一个生物体，出生、死亡、寿命、性别、年龄、基因型以及各种生理状况等是其基本特性。而种群的特性是个体相应特性的一个统计量，包括出生率、死亡率、平均寿命、性别比例、年龄结构等。

　　种群生态学主要研究种群的数量、分布及种群与栖息环境中的非生物因素和其他生物种群的相互作用，也就是种群内部、种群间、种群与非生物环境之间的相互关系，定量研究种群的出生率、死亡率、迁入和迁出率，了解影响种群波动的因素及种群存在、产生的规律；了解种群波动所涉及的平均密度及种群衰落、灭绝的原因。由于特殊的历史原因，国外至今仍没有野生麋鹿种群，国外学者只能从圈养麋鹿的生存、繁殖及不同鹿类之间的系统进化比较等方面进行研究。我国从 1985 年开始重引入麋鹿，至今数量已近 8000 只，并已在江苏大丰、湖北石首、北京麋鹿苑、湖南东洞庭湖、江西鄱阳湖建立了 5 个较大的麋鹿圈养、散放或自然野化种群。

第一节　麋鹿种群的数量

种群的数量是指一定面积中某个种的个体总数。种群个体数目也指种群的大小。若用单位面积的个体数目来表示种群的大小，则为种群的密度。

麋鹿现在已经在 25 个国家或地区的近 200 个公园或保护区中饲养，总量近 10000 只。国外饲养地点最多的是欧洲，其中饲养规模最大的是英国乌邦寺；发展最快、数量最多的是中国。1985 年和 1987 年，我国从英国两次重引入麋鹿，散养在北京麋鹿苑；1986 年，从英国引进 39 只麋鹿，放养在江苏大丰。经过 30 多年的繁育，麋鹿种群的数量不断增加。从 1993 年开始，湖北石首从北京麋鹿苑陆续引入 3 批麋鹿进行散放试验，94 只（雄 28 雌 66）麋鹿由圈养逐渐发展到在自然保护区内完全以自然生长的野生植物为食。由于该自然保护区不是完全封闭的，而且周边又存在自然条件相似的其他湿地，麋鹿种群在快速增长的情况下出现向外自然扩散的现象。1998 年，长江洪灾使部分麋鹿离开保护区，并与之前扩散的麋鹿合群，在距离不远的三合垸和杨坡坦的芦苇荡中繁衍后代，通过自然扩散建立了麋鹿野生种群。目前，麋鹿在湖北石首以外已经形成了 3 个相对独立的种群，保护区每年定期对其进行监测，麋鹿繁殖情况正常，种群稳步增大。2009 年 1 月，在湖南洞庭湖还发现了一个有 28 只麋鹿的野生麋鹿群，截至 2019 年，这里的麋鹿达到 150 只左右。1986 年，江苏大丰从英国伦敦引进 39 只麋鹿（雄 13 雌 26），经过 20 多年的繁殖，到 2019 年麋鹿已经达到 5016 只，中间只有少量输出。为恢复麋鹿的野生种群，江苏大丰自 1998 年开始，先后 4 次将 53 只麋鹿放归至黄海之滨 7.8 万公顷的滩涂湿地，形成了目前的野生麋鹿种群。2018 年，北京麋鹿苑在江西鄱阳湖湿地野放麋鹿 47 只，到 2019 年年底，种群数量达到 51 只。我国三大麋鹿自然保护区概况如表 4 - 1 所示（刘睿，等，2011；程志斌，等，2019）。北京麋鹿苑、江苏大丰、湖北石首、江西鄱阳湖、湖南东洞庭湖等地的自然环境适于麋鹿生存，对麋鹿种群繁衍后代和种质资源保护具有决定意义，其他的饲养基地诸如动物园、野生动物园、风景区等麋鹿是以展出、观赏和宣传教育为目的，种群数量少，繁殖率低，具有种质资源保护的意义。国外麋鹿种群的数量及分布如表4-2所示。

表4-1 我国三大麋鹿自然保护区的概况与种群分布

（刘睿，等，2011；程志斌，等，2019）

	江苏大丰麋鹿自然保护区	湖北石首麋鹿自然保护区	北京麋鹿生态实验中心
地理坐标	北纬33°05′，东经120°49′	北纬29°49′，东经112°33′	北纬39°46′，东经116°26′
年平均气温（℃）	14.1	16.5	13.1
相对湿度（%）	80	80	65
年均降水量（毫米）	约1000	约1200	约600
海拔（米）	1.0~2.0	32.9~38.4	约31.5
占地面积（公顷）	78000	1567	55
植被情况	盐生草甸、沼泽植被、水生植被、落叶阔叶林及疏灌林植被等	沼泽化草甸、湖泊植被、沼泽植被、浅滩草地及旱柳灌丛等	水生植被、灌木丛、乔木林等
数量（只）	约5016	约800	约190

表4-2 国外麋鹿种群的数量及分布情况

编号	栖息地名称	所属国家	数量（只）
1	非洲（1个分布点） 翡翠野生动物园	南非	3(1♂,2♀)
2	大洋洲（1个分布点） 坎特伯雷市哈特山站	新西兰	20
3	欧洲（40个分布点） 赫波施泰因城堡野生动物园	奥地利	10(6♂,3♀,1Y)
4	明斯克动物园	白俄罗斯	2(1♂,1♀)
5	布尔诺动物园	捷克	7(1♂,6♀)
6	霍穆托夫动物园		22(10♂,11♀,1Y)
7	俄斯特拉发动物园		10(2♂,8♀)
8	西米德兰野生动物园	英国	9(2♂,5♀,2Y)
9	布莱尔·德拉蒙德野生动物园		5(0♂,5♀)
10	诺斯利野生动物园		29(15♂,14♀)
11	朗利特野生动物园		16(8♂,2♀,6Y)

编号	栖息地名称	所属国家	数量（只）
12	东萨塞克斯郡沃德赫斯特公园	英国	140（40♂，100♀）
13	惠普斯奈德动物园		63（21♂，42♀）
14	乌邦寺		400（100♂，200♀，100Y）
15	塔林动物园	爱沙尼亚	31（10♂，20♀，1Y）
16	赫尔辛基动物园	芬兰	6（2♂，4♀）
17	巴尔野生动物园	法国	10（2♂，7♀，1Y）
18	奥布泰尔动物园		8（3♂，4♀，1Y）
19	布列塔尼动物园		7（3♂，4♀）
20	柏林动物园	德国	12（4♂，8♀）
21	德累斯顿动物园		3（1♂，2♀）
22	杜伊斯堡动物园		5（2♂，3♀）
23	伍珀塔尔动物园		11（3♂，8♀）
24	米什科尔茨动物园	匈牙利	5（1♂，4♀）
25	尼赖吉哈佐动物园		3（1♂，2♀）
26	布索伦戈动物园	意大利	2（1♂，1♀）
27	比克斯卑尔根野生动物园	荷兰	7（1♂，6♀）
28	西里西亚动物园		7（2♂，3♀，2Y）
29	克拉科夫动物园		4（1♂，3♀，）
30	奥波莱动物园		1（1♂，0♀）
31	奥波莱动物园（新动物园）		4（1♂，3♀）
32	弗罗茨瓦夫动物园		6（1♂，5♀）
33	加里宁格勒动物园	俄罗斯	1（0♂，1♀）
34	莫斯科动物园		3（1♂，2♀）
35	布拉迪斯拉发动物园	斯洛伐克	2（1♂，1♀）
36	卢布尔雅那动物园		1（0♂，1♀）
37	巴塞罗那动物园	西班牙	9（2♂，7♀）
38	卡巴赛诺野生动物园		1
39	塞尔沃冒险公园		1（1♂，0♀）
40	马德里动物园		5（1♂，4♀）
41	科尔马尔登野生动物园	瑞典	7（1♂，6♀）
42	尼古拉耶夫动物园	乌克兰	6（1♂，5♀）

续表

编号		栖息地名称	所属国家	数量（只）
43	北美洲（10个分	温哥华动物园	加拿大	3（2♂，1♀）
44	布点）	海明福特野生动物园		8（2♂，6♀）
45		普埃布拉野生动物园	墨西哥	3（1♂，2♀）
46		苏必利尔湖动物园	美国	1（0♂，1♀）
47		伊利动物园		1（0♂，1♀）
48		布朗克斯动物园		21（10♂，11♀）
49		俄克拉荷马动物园		4（0♂，4♀）
50		圣地亚哥野生动物园		17（6♂，11♀）
51		弗吉尼亚野生动物园		1（1♂，0♀）
52		世界荒野基金会		54（24♂，29♀，1Y）
53	南美洲（1个分布点）	圣达菲动物园	哥伦比亚	1（0♂，1♀）
54	亚洲（3个分布点）	多摩动物园	日本	4（1♂，3♀）
55		广岛动物园		2（1♂，1♀）
56		熊本动植物园		5（2♂，3♀）
共计				1029

注：1. 本表数据为截至2014年5月的调查结果，其中日本的数据为2015年调查结果。

2. 表中"♂"为雄性，"♀"为雌性，"Y"为幼鹿。

　　种群数量的变化和种群的繁殖力（即种群个体数量增加的能力）、种群的年龄结构、性比、环境因素、种内和种间关系、种内遗传变异和自然选择等有关。种群数量往往围绕着某一种群密度上下波动，当生境遭到破坏的时候，种群密度就会降到平衡密度以下，但当种群数量高于平衡密度的时候，又会面临灾难性死亡，甚至灭绝的危险。但从长远看来，种群能够保持平衡，尽管有时会出现大的波动。

第二节　麋鹿的种群结构

一、集群类型

麋鹿为集群动物，不同季节集群的大小以及各种集群出现的频率均有所变化。麋鹿集群的类型主要包括雄鹿群、母仔群、混合群、雄仔群和仔鹿群。通常情况下，进入产仔期和繁殖期后会出现母仔群、雄鹿群和仔鹿群；交配期前，以混合群为主。根据麋鹿混合群中成体的组合情况，可将混合群分为4种亚型：单雄单雌型、单雄多雌型、多雄单雌型和多雄多雌型（各亚型中除成体外，也有亚成体和幼鹿）。多雄多雌型组群最大，单雄多雌型次之。进入交配期会出现单雄多雌群、雄鹿群、雄仔群和混合群，单雄多雌组群（繁殖群）明显大于非交配期的组群。随着种群数量的增加，交配期单雄多雌型组群趋于扩大。雄性麋鹿可区分为3种类型："鹿王""挑战者""单身汉"。据报道，麋鹿交配期与非交配期的集群存在明显的差异，麋鹿的集群受活动的影响较大，在交配期（6—8月），"鹿王"控制着几乎所有成年雌鹿（包括跟随母鹿的幼鹿和雌性亚成体），组成庞大的繁殖群（单雄多雌型），使混合群达到最大状态。交配盛期（6—7月），有少数交配失败的发情雌鹿逃离繁殖群，与群外雄鹿临时组成单雄单雌型组群，使该组群数量增加。由于交配期内"鹿王"不许其他雄鹿进入繁殖群，也使雄鹿群数量增多，而母仔群却很少见。此外，在交配期间，也有少数雌鹿与雄鹿一起活动，组成多雄多雌群，但组群大小和出现频率都小于非交配期。交配结束后，多雄多雌型组群出现频率增加（8月），雄鹿群减少，母仔群增多。10—12月单性群多于混合群。12—1月脱角后雄鹿多与雌鹿混群活动，混合群开始增多，但组群较小，这似与小群活动有利于对资源的充分利用有关。

不同生境内麋鹿集群的大小和集群类型也各不相同，其分布也有所不同，这与鹿群的资源利用策略有关。鹿群在林地出现的频率最高，其次是沼泽地和撂荒地。麋鹿在沼泽地的集群最小，可能与沼泽地内芦苇茂密而不便大群活动有关；麋鹿在撂荒地的集群最大，除撂荒地常被作为交配区外，也因为撂荒地麋鹿喜食植物的种类较多。此外，撂荒地隐蔽条件差，有利于麋鹿发现和逃避危险。雄鹿群、母仔群和混合群出现频率最高的生境为林地；出现频率居第二位的生境，雄鹿群为沼泽地，母仔群和混合群为撂荒地。

二、性比

性比指的是种群中雌雄个体的比例。如果性比等于1，表示雌雄个体数相等；如果大于1，表示雌性多于雄性；如果小于1，表明雌性少于雄性。不同物种的种群具有不同的性比。

在世界范围内，麋鹿在理想生存环境条件下的雌雄比为2.1∶1。对我国参加繁殖的麋鹿种群的性比研究发现，在半散养的麋鹿种群中，参加繁殖的麋鹿雌雄比为5∶1。在圈养条件下，多数情况下出生幼鹿的雌雄比为1∶1；在半散养条件下，出生幼鹿的雌雄比为1∶1~1∶1.6；在欧洲饲养初期幼鹿的雌雄比为1∶2.5。但是这不能反映出生幼鹿的真实性比，因为在饲养过程中会出现人为淘汰个体的情况。决定出生幼鹿性别的主要因素是母鹿怀孕前的环境状况，特别是当时的食物条件。当环境恶劣、食物缺乏时，出生的雄性个体较多，反之亦然。李鹏飞等（2018）对长江中游两岸的野生麋鹿种群进行调查，航拍调查计数320只麋鹿，其中雌鹿为177只，雄鹿为91只，幼鹿为52只，雌雄比为1.95∶1，说明长江中游是适合麋鹿生存的环境。

三、年龄及寿命

动物种群存活的数量随年龄的增大而减少，且存活过程基本有3类。以年龄为横轴，以存活数的对数为纵轴绘成的曲线为存活曲线，可以直观地表示种群的存活过程。迪维（Decvy，1947）曾将存活曲线分为3个类型（图4-1）：

Ⅰ型：这些生物的绝大多数都活到其平均的生理寿命，早期死亡率很低，但达到一定的生理年龄时短期内几乎同时死亡。

Ⅱ型：这类生物在整个生命过程中，死亡率基本上是一致的，即各个年龄组的死亡率基本相同。

Ⅲ型：这类生物在幼龄时期死亡率极高，一旦达到成年个体后死亡率就变得很低而且稳定。

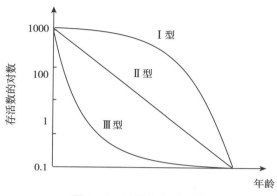

图 4 - 1 种群的存活曲线

苏继申等（2003）对江苏大丰麋鹿种群的年龄进行统计后发现，麋鹿的存活曲线属于Ⅰ型。由麋鹿种群死亡率和存活曲线可以看出（图 4 - 2），到第 8 年后，种群死亡率急剧上升，说明麋鹿种群已达到或超过生理死亡年龄。麋鹿存活曲线在 1~7 年下降幅度较小，在 8~11 年下降幅度增大，说明麋鹿种群在达到生理寿命之前死亡率不大。

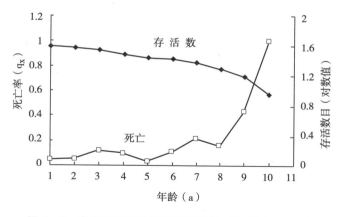

图 4 - 2 麋鹿种群死亡率及存活曲线（苏继申，2003）

不同物种的存活曲线反映了各个物种的死亡年龄分布，有助于了解种群特性、种群状况以及其所处的群落特性和环境的相互关系。麋鹿种群的存活曲线可以为延长麋鹿的寿命提供参考依据。

　　生命表是按照种群的年龄阶段，系统地观察并记录种群的一个世代或几个世代之中各年龄阶段的种群初始值、年龄特征死亡率、年龄特征生育力和生命期望值，以一定的格式编制成的统计表。苏继申等（2003）根据实际调查数据，编制江苏大丰麋鹿种群生命表（表4-3），并计算出该麋鹿种群的期望寿命：1岁麋鹿种群的期望寿命为6.29岁，这与于长青根据江苏大丰麋鹿种群参数所预测的麋鹿平均世代长度为6岁、存活到6岁的概率为0.814较吻合。

　　麋鹿刚到达欧洲时的平均寿命为9.0岁，在欧洲出生的后代的平均寿命为4.5岁。早期回归中国的麋鹿在圈养条件下的平均寿命为16.4岁，其中存活最长的为21岁。在目前半散养的条件下，71%的麋鹿寿命已超过13岁。这说明麋鹿的寿命经历了一个由长到短又延长的过程。

表4-3　大丰麋鹿种群生命表（苏继申，2003）

X	n_x	d_x	q_x	L_x	t_x	e_x	l_x
1	39	2	0.051	38	245.5	6.29	1
2	37	2	0.054	36	207.5	5.61	0.949
3	35	4	0.114	33	171.5	4.9	0.897
4	31	3	0.097	29.5	138.5	4.47	0.795
5	28	1	0.036	27.5	109	3.89	0.718
6	27	3	0.111	25.5	81.5	3.02	0.692
7	24	5	0.208	21.5	56	2.33	0.615
8	19	3	0.158	17.5	34.5	1.82	0.487
9	16	7	0.438	12.5	17	1.06	0.410
10	9	9	1	4.5	4.5	0.5	0.231
11	0	0	0	0	0	0	0

　　注：X为年龄；n_x为在x期开始时的存活数目；$n_x+1 = n_x - d_x$；d_x为从x到x+1期的死亡个体数目；q_x为从x到x+1期的死亡率，$q_x = d_x/n_x$；L_x为本年龄组期间的平均存活个体数，$L_x = (n_x + n_x+1) \div 2$；$t_x$为种群全部个体的平均寿命和，$t_x = \Sigma L_x$；$e_x$为在x期开始时的平均期望寿命，$e_x = L_x / n_x$；$l_x$为在x期开始时的存活分数，$l_x = n_x/n_1$。

　　依据江苏大丰麋鹿种群的出生率、死亡率得出种群的期望寿命和增长模型，结论为5年内种群数量增长缓慢，是其逐步适应新生境和度过近亲繁殖"瓶颈"期的过渡时期，之后种群将迅速增长；种群期望生命为 6.29 岁，在 1~7 岁时死亡率较低、存活率较高，超过 7 岁之后死亡率迅速增加，存活率显著减小。

四、麋鹿种群的交配规律

交配规律是指种群内交配的各种类型，包括交配对象的数目、交配持续时间以及对后代的抚育等。因为雌配子大、雄配子小，所以每次交配中雌性的投入大于雄性，加上后代抚育的亲代投入（通常由雌性负担），雌雄繁殖投入的不平衡性就更明显。此外，雄性通常可多次与雌性交配，每次投入较小，因此雌性比雄性更加关心交配的成功率，对于交配的选择也比雄性精细。

交配规律按交配对象数可分为单交配制和多交配制，后者又分为一雄多雌和一雌多雄。单交配出现在一雄与一雌结对时，或者只在生殖季节，或者保持到其中一方死亡。单交配在鸟类中很常见，如天鹅、丹顶鹤等，有 90% 的种是单交配。但哺乳类中单交配的不多，一雄多雌是最普遍的交配规律。麋鹿是一种季节性交配的动物，其交配规律是"鹿王"通常占有大群的雌鹿，属于一雄多雌的交配制。

五、麋鹿种群的领域性

领域性是指由个体、家庭或其他社群单位所占据的，并积极保卫不让同种其他成员侵入的空间。保卫领域的方式很多，如以鸣叫、气味标志或特殊的姿势向入侵者宣告其领域范围，或威胁甚至直接驱赶入侵者等，这些行为称为领域行为。保护领域的目的主要是保证食物资源、营巢地，从而获得配偶和养育后代。关于动物领域性的研究，总结出以下几条规律：一是领域面积随占有者的体重增加而扩大，领域大小必须以保证供应足够的食物资源为前提，动物越大，需要资源越多，领域面积也就越大。二是领域面积受食物品质的影响，食肉动物的领域面积比同样体重的食草动物大，且体重越大，这种差别也越大。原因是食肉动物获取食物更困难，需要消耗更多的能量，包括追击和捕杀。三是领域面积和行为往往随生活尤其是繁殖节律而变化。

雄麋鹿通过吼叫显示自己的序位等级，向其他雄麋鹿宣告自己的统治领域，同时也通过吼叫警告潜在的竞争者，维护自己的领域。

第三节　麋鹿种群的增长模型

一种生物进入和占领新的栖息地，种群的数量会不断地发生变化。种群动态就是研究种群数量的变动，种群的扩散、迁移以及种群的调节。现代生物学家常通过模型来阐述自然种群动态的规律及其调节机制，以帮助理解各种生物的和非生物的因素是怎样影响种群动态的。种群增长规律有两种（图4-3）。第一种是与密度无关的种群增长规律，假定环境中的空间、食物等资源是无限的，种群的增长率不受种群本身密度的影响，这类增长通常呈指数增长，称为非密度制约性增长，种群增长曲线呈"J"形。第二种是与密度有关的增长规律，受自身密度影响的种群增长称为与密度有关的种群增长或种群的有限增长，种群增长曲线呈"S"形。

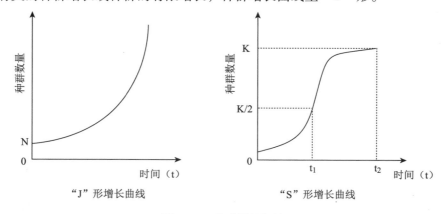

"J"形增长曲线　　　　　　　　"S"形增长曲线

图4-3　种群增长规律

苏继申（2003）和于清娟（2009）分别对江苏大丰麋鹿种群的增长动态进行了研究，发现在不受食物、天敌影响的情况下，幼鹿的出生数逐年增加，从最初的年出生7只增加到2004年出生89只。而年死亡数大大低于年出生数，因此整个麋鹿种群逐年扩大。在引进麋鹿的最初5年，江苏大丰麋鹿种群个体数量增长缓慢，5年后进入快速繁育期（表4-4）。可见，麋鹿对新的栖息环境有一个适应过程，一旦适应了新的栖息环境和度过生育"瓶颈"期，其种群大小呈指数增长，种群增长曲线呈"J"形，用种群的指数增长模型对上述曲线进行拟合，拟合曲线方程为：

$$N_t = 35.79e^{0.169t}$$

式中，N_t 为 t 时刻的种群大小；t 为时间；0.169 为种群的瞬时增长率。

江苏大丰麋鹿种群的实际圈养面积、每平方米的生物量、保护区全年的生物总量，以及水源等自然环境条件对麋鹿的生存是有利的，在目前的种群密度下，环境（如食物等）尚未成为阻碍其生长的限制因素，种群表现出快速增长的态势。

表4-4 江苏大丰麋鹿种群出生与死亡数（苏继申，2003；于清娟，2009）

年度	出生数（只）	出生率（%）	死亡数（只）	死亡率（%）	出生率/死亡（%）	存活数量（只）
1986	39（引进）					39
1987	7	17.9	2	5.1	3.5	44
1988	12	27.3	2	4.5	6.1	54
1989	16	29.6	4	7.4	4	66
1990	15	22.7	3	4.5	5	78
1991	19	24.9	1	1.3	19.2	96
1992	29	30.2	3	3.1	9.7	122
1993	37	30.3	5	4.1	7.4	154
1994	40	26	3	1.9	13.7	191
1995	49	25.7	7	3.7	6.9	233
1996	42	18	18	7.7	2.3	257
1997	51	19.8	6	2.3	8.6	302
1998	57	18.9	5	1.7	11.1	354
1999	81	22.9	27	7.6	3	408
2000	98	24	38	9.3	2.6	468
2001	81	17.3	33	7.1	2.4	516
2002	94	18.2	24	4.7	3.9	586
2003	92	15.7	30	5.1	3.1	648
2004	89	13.7	31	4.8	2.9	706

目前，在麋鹿迁地保护地的选择方面存在一些问题，使麋鹿的种群受到影响。例如，浙江临安繁殖基地和河北木兰围场繁殖基地的生境类型为

山地生态系统，山地坡度较大，对麋鹿的活动不利；麋鹿生存空间狭小，水面较小，缺少水生植物，几乎没有为麋鹿提供"泥浴"的场所，使其易受到寄生虫的侵扰。江苏盐城自然保护区麋鹿的生存空间较小，植被稀少，缺少隐蔽条件，影响了麋鹿的繁殖率。湖北石首麋鹿保护区麋鹿的食物资源及隐蔽条件较好，但由于过去长江的污染造成对保护区内外环境和水源的污染，导致2010年该保护区麋鹿大规模死亡，严重威胁着麋鹿的生存。因此，麋鹿的种群数量不仅受自身密度的制约，受周边环境的影响也很大。在保护麋鹿种群时，不仅要治理其生存环境，控制种群数量也是必然的。在保证麋鹿种群持续发展的前提下，应该对麋鹿的种群数量进行合理调控，制定科学的种群数量调控政策。当圈养种群数量达到一定程度时，应及时将麋鹿送到自然保护区、动物园、野生动物园及有条件的圈养场所，这样不仅可促进麋鹿迁地保护事业的发展，还能够满足人们的观赏、教育及研究之需。

第四节　麋鹿种群对生境的影响

食草动物与植物之间的相互关系一直备受生态学家重视，研究内容包括动物对植物的选择性取食、践踏及动物的排泄物对土壤的生态作用等。麋鹿是典型的湿地草食动物，应用放牧干扰理论研究麋鹿对生境的影响，能合理地保护和改良麋鹿的生境，使麋鹿种群与生境协调进化。麋鹿采食植物造成的影响主要有：选择性取食造成植物群落的种类组成、分布格局和多样性的改变，在食物充足时选择性取食的干扰不明显，但食物资源有限时，选择性取食对植被的影响大；选择性取食改变了原植被中各种植物的分布范围和生态位，生态位缩小的程度与麋鹿喜食的程度呈正相关，麋鹿喜食的植物在植被中优势度下降；放牧践踏会对土壤特性造成影响，通常土壤容重增加，含水率与有机质含量发生变化。

一、麋鹿种群对放养区植物生物量的影响

麋鹿的选择性取食使得麋鹿在放养区内的食物结构在不同季节差异很

大；不同植物种类对麋鹿的适口性差异、麋鹿对不同植物取食作用的强度不同决定了不同植物对麋鹿食物的贡献率大小不同，也使得保护区内草本植物的生物量有很大差异。

在放牧系统中，动物与植物之间的关系主要是采食与被采食的关系。动物对植物的影响取决于植物生物量的大小、植物的分布特征和植物对动物的适口性等。由于不同的植物种类对麋鹿的适口性有差异，麋鹿对不同植物采食的强度不同，使植物群落中不同植物在整个生长季内生物量的变化也不同。张国斌（2005）研究了江苏大丰圈养区内不同类型植物群落草本层的总生物量，发现植物群落总生物量的变化不会因麋鹿采食的变化而变化，只随季节的推移而逐渐变化。麋鹿放养区内植物群落的总生物量在5月最低、9月最高，7月的生物量位于两者之间。

在湖北石首保护区，麋鹿最喜爱采食水生植物，保护区成立时沿故道边浅水区域的沉水植物如竹叶眼子菜、金鱼藻、黑藻等，浮水植物如浮萍、野菱、水花生等都比较丰富，到2012年这些水草基本绝迹。叶嫩汁多的草次之，如紫云英、灰菜和益母草等，这些植物也急剧减少。单子叶植物的嫩尖和嫩茎也是麋鹿喜食的，如狗牙根、马鞭草和灯心草等，这些牧草的产量只能达到建区时的1/5（李鹏飞，等，2012）。

二、麋鹿种群对放养区物种多样性的影响

（一）麋鹿种群对植被的影响

江苏大丰放养区在被麋鹿采食和践踏后，植被发生了很大变化，61%的沼泽植被成为明水面。原来的芦苇、水烛及伴生的扁杆藨草、水葱等（都是麋鹿喜食草种）经反复采食和践踏后已消失，部分浅水区域则被植物水蓼所取代。水域沉水植物和浮水植物因过度采食及践踏，虽未完全消失，但提供的饲料量很少。陆生植被中麋鹿喜食的乌蔹莓首先消失，龙葵随后消失。对比1997年和2004年对植物所做的调查，植物共减少26种，包括19种水生植物和7种湿生植物。

贾媛媛等（2018）通过分析江苏大丰麋鹿采食区与非采食区群落重要值和狼尾草种群的差异发现，麋鹿非采食区的林下多样性指数和均匀度大于采食区的近水源草地，而生态优势度指数小于近水源草地。麋鹿喜采食

植物——狼尾草在非采食区的密度、盖度、均高、地上干重均显著高于采食区，表明麋鹿的采食造成了栖息地植被的退化。

古书记载"南方麋千百成群，掘食草根，其处成泥，名曰麋夑，人因不耕而获之"，麋鹿的蹄子较大，集群生活，善于奔跑，所到之处植物均被踏倒，特别是雨后的反复践踏，使只有生命力极强、耐践踏的植物能够存活下来，生存力较差的植物越来越少，有些地方的湿地生境被破坏，成为不毛之地。与麋鹿采食对植被的影响相比，践踏的危害更大。

（二）麋鹿种群对优势种的影响

张国斌（2005）对江苏大丰保护区内外植被群落的样方调查发现，放养区外植被群落的多样性高于放养区内，麋鹿喜食和可食植物在群落中的优势地位发生了变化。芦苇是一种常见的湿地植物，生长于泥塘和较浅的低洼地带，是麋鹿放养区保护网外的主要优势种植被。但麋鹿的体型较大，中门齿发达，又特别喜食纤维质较高的植物，生理特征决定了它们长期活动在泥塘和较浅的低洼地带。在麋鹿的长期采食下，保护区内的芦苇群落地位发生了转变，在放养区内变成了亚优势种，夹杂在白茅、狼尾草中，呈零星状分布，一般不能被麋鹿取食。狼尾草在麋鹿放养区网内是优势种，网内出现频度最高的前3位优势种是白茅、狼尾草和芦苇，而在未放牧麋鹿的网外，主要优势种是芦苇、白茅和中华补血草，狼尾草数量比例微不足道。白茅在干扰前后的数量变化不大，但相对的优势地位有所下降，处于狼尾草之下。随着麋鹿种群的不断扩大，其干扰对植物种类变化产生越来越大的作用，表现为麋鹿喜食植物的种类减少，季节性被取食的植物或非取食的植物种类有所增加，适应能力强的狼尾草数量显著增加。

同时，由于麋鹿种群密度不断增大，麋鹿可食植物严重不足。而且麋鹿对地表植物选择性的反复践踏和啃食，又影响了草本植被的生长以及生物量的变化。例如，播娘蒿侵占了原密林中雀麦、野胡萝卜的生境，这是麋鹿冬季对雀麦、野胡萝卜的过度采食和践踏造成的。部分麋鹿喜食的植物种类，如苦苣菜、一年蓬、狗尾草、田菁等，在麋鹿采食后没有再出现。

三、麋鹿种群对生境土壤的影响

放养麋鹿后，由于麋鹿对各种植物取食的选择性不同，对不同植物群落类型的干扰不同，导致不同植物群落类型下土壤容重、含水量及土壤孔隙度都发生了不同变化。在麋鹿喜食植物种类多的区域，麋鹿的活动频繁，对土壤的践踏严重，土壤容重升高、含水率降低；而麋鹿季节性活动的地方或很少去的地方情况正好相反，这使保护区的生境景观向单一化方向演化，不利于麋鹿种群的进一步扩大和繁衍。因此，保护区在做好麋鹿种群保护和繁衍的同时，更重要的是做好其生境的保护和改良。

钱玉皓等（2008）在对江苏大丰保护区放养麋鹿后的植被及土壤特性进行研究后发现，麋鹿喜食的植物种类多的地方，麋鹿活动频繁，使土壤容重和含水率发生变化，其容重为 1.52 g/dm³，含水率为 22.70%，表现出土壤容重高、含水率低的特点。因麋鹿干扰形成的光裸地，尤其是水陆交界处的盐裸地，其土壤容重达 1.60 g/dm³，含水率为 21.8%。由于麋鹿对狼尾草群落的干扰集中在 3—5 月，其他时间麋鹿不采食，以狼尾草为优势群落的土壤受到的践踏小，土壤的含水率较高，白茅狼尾草群落为 26.68%、杨树狼尾草群落为 26.35%、纯狼尾草群落为 25.79%。

刘艳菊等（2015）对我国多个有代表性的麋鹿迁地保护种群所在的栖息地（天津七里河国家湿地公园、海南热带野生动植物园、海南枫木鹿场、江苏大丰保护区、杭州湾国家湿地公园、湖北石首保护区、湖北石首杨坡坦、北京麋鹿苑、承德木兰围场）的麋鹿活动区和自然开放区的土壤进行了无机离子的调查分析，发现不同的麋鹿栖息地阴阳离子的含量不同，除个别受海洋和盐碱湿地作用影响的栖息地外，多数栖息地麋鹿活动区的离子浓度普遍高于同一栖息地的自然开放区（表 4-5），这意味着麋鹿活动会促进其栖息地土壤的阴离子和阳离子含量的增加，从而加重土壤盐渍化。麋鹿栖息地的阳离子主要是 Na^+、K^+、Ca^{2+} 单独存在，或是 Ca^{2+} 和 K^+ 组合存在，或是 Ca^{2+}、K^+ 和 Na^+ 组合存在。阴离子则主要是 Cl^-、NO_3^- 或 SO_4^{2-} 离子单独存在，或是 Cl^-、NO_3^- 和 SO_4^{2-} 三者组合存在，或是 Cl^- 与 SO_4^{2-} 两者组合存在，或是 NO_3^- 与 SO_4^{2-} 两者组合存在。而 Na^+、Mg^{2+} 主要以氯化物和硫酸盐、K^+ 和 Ca^{2+} 以硝酸盐形式存在，反映了麋鹿栖息地复杂的盐渍化过程。今后应该针对不同栖息地的盐渍化类型，采取适当的改进措施。

表4-5 不同栖息地麋鹿活动区和自然开放区土壤样品中不同阴/阳离子在阴/阳离子总浓度中所占的百分比

栖息地	阳离子百分比				阴离子百分比				
在总阴离子/总阳离子中的百分比	Na^+	K^+	Mg^{2+}	Ca^{2+}	F^-	Cl^-	NO_3^-	NO_2^-	SO_4^{2-}
	2.6~92.5	1.8~76.4	2.4~24.0	1.3~80.7	0~11.5	5.4~87.7	0~68.3	0~4.3	3.6~84.8
天津七里海国家湿地公园麋鹿活动区	76.3	3.2	5.8	14.7	0.2	56.6	5.8	0.0	37.4
天津七里海国家湿地公园自然开放区	5.6	29.5	8.7	56.1	3.9	17.4	51.1	0.4	27.2
海南热带野生动植物园麋鹿活动区	10.6	74.6	4.3	10.5	0.5	31.5	53.8	0.1	14.0
海南热带野生动植物园自然开放区	15.7	12.9	17.9	53.6	5.9	36.0	26.9	1.2	30.1
海南枫木鹿场麋鹿活动区	13.9	28.9	13.8	43.3	3.1	38.9	47.5	0.2	10.3
海南枫木鹿场自然开放区	24.9	24.7	14.9	35.5	5.5	38.1	22.2	1.0	33.2
大丰麋鹿国家级自然保护区核心区	84.8	3.8	6.9	4.5	0.1	81.6	1.4	0.1	16.8
大丰麋鹿国家级自然保护区野生群	38.8	19.2	9.2	32.8	2.0	62.0	19.1	0.5	16.4
大丰麋鹿自然保护区自然开放区	82.9	2.3	12.4	2.3	0.0	84.6	0.1	0.0	15.3
杭州湾国家公园麋鹿活动区	70.6	11.5	6.2	11.7	0.2	77.3	5.1	0.2	17.2
杭州湾国家湿地公园自然开放区	7.1	17.7	10.2	64.9	4.2	38.6	29.3	0.9	27.0
石首麋鹿国家级自然保护区核心区	5.2	7.9	11.4	75.4	2.2	24.4	27.5	0.6	45.3
石首麋鹿国家级自然保护区对照区	6.8	18.0	7.6	67.6	3.3	18.1	33.2	0.5	44.9
石首杨坡坦村沟渠休息区	5.6	9.9	7.3	77.2	0.7	7.8	17.0	0.2	74.3
石首杨坡进村芦苇地	8.8	11.7	13.3	66.3	1.2	18.8	28.3	0.4	51.3
北京麋鹿苑西门凉风灌渠旁	8.9	14.7	11.2	65.2	2.5	30.0	35.2	0.2	32.1
北京麋鹿苑西门动物圈养区	9.9	9.3	12.1	68.6	2.8	16.0	61.3	0.2	19.8
北京麋鹿苑潜流湿地灌丛处	11.6	14.0	11.5	62.9	2.4	35.9	30.3	0.4	31.0
北京麋鹿苑核心区草丛上游	4.5	14.8	12.6	68.1	3.0	39.0	17.6	0.4	40.0
北京麋鹿苑核心区麋鹿集群处	22.3	9.4	10.4	57.9	0.5	33.2	23.1	1.4	41.7
北京麋鹿苑桃花岛	5.9	16.3	10.3	67.5	5.4	14.0	54.6	0.4	25.6
承德木兰围场麋鹿活动区	9.1	35.6	18.0	37.4	2.3	20.3	39.9	0.6	37.0
承德木兰围场自然开放区	19.1	29.4	14.6	37.0	7.2	44.4	26.7	1.0	20.6

第五节 麋鹿种群发展的制约因素

一、自然因素

(一) 地质历史与气候变迁

我国古代的气温变化经历了温暖期和寒冷期。温暖期越来越短，温度越来越低；寒冷期越来越长，寒冷程度越来越强。天气寒冷时，长江、太湖都曾有过封冻的记载。

一是地表温度的变化。在1.8万年前的最后一次冰川作用期间，陆地的年平均温度比现在相应位置的年平均温度低5℃。

二是湿度的变化。5000年前气候从湿润变为干旱，水灾相对减少，旱灾相对增加，湿润时期短，干旱时期长。

三是地理的变化。在距今5000年前的高海平面时代，我国河北平原、苏北平原等沿海地区大部分曾遭海水淹没，或常常洪水泛滥。而距今3000年前，沿海湖泊沼泽被淤积而成陆地。几百年来，人工围垦造田，使沼泽和水域明显减少。大量的沼泽荒地变为农田，麋鹿的活动区域也随之缩小。

麋鹿是一种喜温暖的大型沼泽草食动物，生活在芦苇、杂草丛中。由于5000年来的气候变迁，沼泽、水域明显减少，麋鹿缺乏理想的庇护场所。特别到了秋、冬季，芦苇、杂草枯黄、倒伏或被人类收割之后，麋鹿更是暴露无遗。麋鹿的体型大，目标大，十分容易被猎人或天敌发现并猎捕。同时，许多沼泽或近海低洼荒地被开垦成为农田，使只适于在沼泽地带栖息的麋鹿没有了容身之所。严酷的自然变迁对野生麋鹿的生存产生了不利影响，导致麋鹿种群逐渐走向衰亡。

(二) 环境污染

工业、农业废弃物的排放以及农药喷洒等造成物种生境的污染，对生物群落和生态系统产生了负面影响，使得许多物种濒临灭绝，生物多样性受损。喷洒的农药只有10%～30%附着于农作物，40%～60%散落于地表，经降水或农田排水等进入河流而污染水体。水体污染直接危害的是鱼类，鱼类因中毒或缺氧而死亡；间接危害是降低水体透明度，抑制水草的生长，威胁以水草为食和以水草环境为产卵场所的物种的生存和繁衍。而麋鹿是大型沼泽草食动物，喜爱生活在芦苇、杂草丛中，水体污染会威胁麋鹿种群的生存和繁衍。

二、个体因素

麋鹿的蹄属肉质蹄，蹄甲宽阔，在泥沼中行走不会下陷，但在奔跑时速度不如梅花鹿（*Cervus nippon*）等其他鹿类在平地、草坡、山地行进的速度；在高低不平的乱石堆上则行走困难，即使在平地上奔跑也缺乏耐力，极易被捕获。麋鹿的体型决定其逃避危险的能力差。麋鹿是鹿科动物中较温顺的一种，这也是野生麋鹿灭绝的致命原因。根据对北京麋鹿苑麋鹿种群14年的行为观察，发现麋鹿从不主动攻击人，交配期的雄鹿也不像梅花鹿、马鹿（*C. elaphus*）、白唇鹿（*C. albirostris*）那样攻击人，而且雄鹿见到人接近便逃跑。

麋鹿种群内缺乏相互保护、抵御入侵的意识。雌麋鹿在哺乳期很温和，只把刚产的幼鹿藏在隐蔽处。当幼鹿合群后，雌鹿除喂奶外，显示不出明显的护幼行为。哺乳期，在工作人员给幼鹿打耳号、测量时，幼鹿的叫声只能吸引雌鹿在远处观望，雌鹿不会像其他鹿那样为了保护幼鹿而攻击人。雄性麋鹿也只是有强烈的占有欲，缺乏对群体的保护本能。麋鹿无论是在交配季节还是在非繁殖季节，都喜欢集群生活，一旦分散，又很快聚拢。麋鹿的这种性格和行为决定了它逃避危险的能力差，易被天敌捕食、被人类捕杀。

三、种群因素

影响动物种群数量变动的因素通常分为两大类：一是密度制约因素，它对种群的影响常随种群密度逐渐接近于上限而加强。这类因素主要指的是天敌以及种内、种间竞争等生物因素。二是非密度制约因素，它对种群的作用强度与种群密度无关。这类因素主要指的是气象条件等物理因素。

在究竟是哪一类影响因素在动物种群密度调节中起主要作用的问题

上，存在着不同的观点。一些研究者强调非密度制约因素的作用，认为天气等外界物理因素的作用可以在很大程度上决定动物种群的数量，使大多数物种仅在一个有限的时期中增殖。而密度制约因素对于控制种群密度并没有特殊的意义。例如，安德烈沃斯（Andrewartha）和伯奇（Birch）在强调气候因素等非密度制约因素在决定种群正增长率时期（即种群数量增加的时期）的意义时，认为种群的自我调节是次要的。

另一些研究者，如 Nicholon 等，认为种群是一个自我控制系统。他们强调密度制约因素的重要性，尤其是种内和种间竞争。他们认为种群密度是具有稳定性的。种群和环境之间存在一个平衡状态，种群通过有效的补偿反应来维持这个平衡，使它们在剧烈变化的环境中不会灭绝，并使密度调整到与环境相适应的状态。当有害因素在一个长时期中连续起作用时，并不是简单地增加种群的死亡率，而是通过种内竞争强度的下降使种群内不同年龄等级个体的死亡率重新分布。也就是说，生物学调节机制是重要的。

逻辑斯蒂增长模型又称自我抑制性方程，即 $dN/dt = rN(1 - N/K)$，其中 dN/dt 是种群增长速率（单位时间个体数量的改变），r 是比增长率或内禀增长率，N 是种群的大小（个体的数量），K 是可能出现的最大种群数（上渐近线）或承载力。该模型显示了在有限的环境条件下，种群的增长会随着资源的消耗而受抑制的规律，这种规律普遍存在，使生态系统中各个物种得以平衡，达到可持续而又不损害其他物种的状态。

周宇虹和许丽萍（2012）通过对江苏大丰保护区内半散养麋鹿种群1986—2004 年出生率和死亡率的统计，建立了麋鹿种群增长的逻辑斯蒂增长模型：

$$dN/dt = 0.198N(t)(1 - N/2500), \quad N(1986) = 39$$

式中，$N(t)$ 表示 t 时刻麋鹿种群的数量；$r = 0.198$ 为种群的内禀增长率；2500 为假设的环境所能供养的最大麋鹿种群数。

1986—2009 年保护区内每只麋鹿所拥有的栖息地面积的变化趋势显示，麋鹿的死亡率基本保持在一个比较稳定的范围内。但是，麋鹿的出生率从 1995 年开始出现下降趋势。1994 年，每只麋鹿占有栖息地的面积约为 2.2 公顷，到 2002 年每只麋鹿占有栖息地的面积下降为 0.72 公顷，

2003 年麋鹿种群数量开始向下偏离逻辑曲线（图 4-4），且偏离度逐年扩大。2005 年，保护区新增围栏面积 600 公顷，并成功地将一部分麋鹿种群迁移到新围栏内，使麋鹿种群密度得以降低（每只麋鹿占有栖息地的面积提高到 1.25 公顷），从 2006 年开始，麋鹿种群数量与逻辑曲线的偏差逐年缩小，2009 年开始又和逻辑曲线出现完全的拟合状态。但应该注意的是，麋鹿种群数量逐年增加，而围栏面积不可能逐年增加，且由于人力、物力以及财力的限制，围栏面积的增加远远跟不上种群的增加。即使人类可以为麋鹿提供足够的饲料，为它们防病治病，但是麋鹿需要活动空间，这样才能保证物种正常和健康地繁衍。随着种群密度再一次增大（2009 年每只麋鹿占有的栖息地面积降到 0.77 公顷），麋鹿种群的增长必将再一次出现衰退。这些可以说明，种群密度是制约种群数量增长的主要因素。

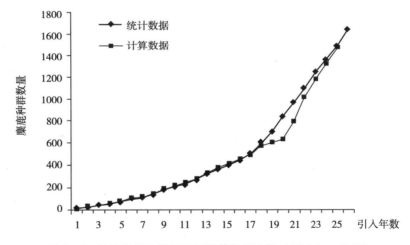

图 4-4　统计数据与模型预测计算数据比较（周宇虹，2012）

同时，该研究给出两个反映密度的临界值：2.2 公顷/每只麋鹿（低于该值出生率开始下降）和 0.72 公顷/每只麋鹿（低于该值种群增长开始偏离轨线）。密度过大，种群增长就会偏离轨线；改善密度，种群增长就会回归轨线。因此，种群密度对麋鹿种群增长的影响是不可忽视的。

四、遗传因素

重引入中国的麋鹿均来源于英国乌邦寺，都是在英国的 18 只麋鹿繁育的后代，也可能都是同一只雄鹿的后代。近交系数较高，故其种群遗传多样性较低，对种群的繁殖和发展非常不利。在形成乌邦寺种群之前，欧洲曾出现过明显的近交衰退现象，主要表现在以下方面。

（一）近交系数大

最初乌邦寺麋鹿种群的数量较小，仅18只麋鹿（保护生物学认为可自我维持的最小种群数量为50个个体），根据富斯（Foose）推算，1945年乌邦寺麋鹿的近交系数为0.16～0.26，1977年的近交系数为0.116。国外学者利用国际物种信息系统对圈养麋鹿的遗传进化进行了研究，根据1947—2002年出生的2042头麋鹿的数据，计算了麋鹿的近交系数，发现麋鹿的近交系数为0.2637，置信区间为0.2422～0.2812，已经高于人类兄妹的近交系数，说明麋鹿的近交现象非常严重。

匡叶叶（2011）通过对北京麋鹿苑245只麋鹿遗传多样性的AFLP（扩增片段长度多态性）检测，发现个体间遗传距离最大为0.001816、最小为0.000120，所有个体间遗传相似系数在0.998184～0.999880，平均为0.999057±0.0002782，这表明北京麋鹿苑麋鹿种群所有个体间具有极高的遗传一致性，种群整体遗传多样性极低，亲缘关系非常近，近交程度高。目前，我国麋鹿种群的近交系数已达0.2～0.3。

（二）生命力衰退

直接源于中国、在欧洲圈养的麋鹿平均寿命为9.7岁，而其后代之间或后代与亲本之间交配繁殖的个体平均寿命仅为4.0岁。据Soule的推算，动物近交系数每增加10%，繁殖能力将下降25%。现在的麋鹿种群是经历了严重的近亲交配演化而成的较为纯合的特化种群，能够繁衍至今被认为是一大奇迹。

（三）性比衰退

生长在良好的自然环境中的麋鹿，其雌性的个体数量应多于雄性个体的数量，而最早在欧洲繁殖的雌雄麋鹿的性比为1∶2.5，这是由于雄性染色体的杂合性能更好地适应不良环境。湖北石首保护区1993年和1994年从北京麋鹿苑重引入64只麋鹿，性比为2.56∶1；2003年，保护区内外共有452只麋鹿，性比为1.34∶1；2006年，保护区内性比为1∶1.22，保护区外性比为 1∶0.97，平均麋鹿种群性比接近 1∶1（杨道德，等，2007）。这说明麋鹿的生活条件依然严峻。而 2017 年长江中游野生麋鹿种群的性比为 1.95∶1（李鹏飞，等，2018），这说明长江大保护战略对生态环境保护起到了很好的促进作用，麋鹿的生存条件得到持续改善。

五、疾病

麋鹿的常见疾病有难产、外伤、出血性肠炎和体外寄生虫等。在圈养条件下（动物园），影响麋鹿繁殖的主要因素是难产；在半散养状态下（北京麋鹿苑），影响麋鹿种群发展的主要疾病是出血性肠炎，因出血性肠炎而死亡的麋鹿数量占总死亡数的 90%；在散养状态下（江苏大丰），影响麋鹿种群发展的有可能是体外寄生虫，江苏大丰的麋鹿种群中，每年春季 100% 的麋鹿会寄生长角血蜱。在长江流域淡水环境下散养的麋鹿（湖北石首）是否会受到血吸虫的影响有待进一步研究。

（一）难产

与其他鹿科动物相比，麋鹿难产率较高，在圈养条件下达到 8%。1985 年以前，英国乌邦寺麋鹿的难产率为 6%。北京动物园在 1956 年和 1973 年分两次引进的 4 对麋鹿中有 3 只雌性麋鹿因难产死亡或失去生育能力，从而影响了动物园麋鹿种群的发展。北京麋鹿苑麋鹿的难产率经历了一个由高到低的过程，从刚刚引进时的 7.1% 降到 1991 年的 2.6%，之后有些年份出现难产，但难产率一般在 3% 以内。

麋鹿难产除本身的生理原因外，还与活动量和食物有关。饲养的圈舍面积太小、运动量低、食物能量高会引起胎儿和母鹿肥大，导致难产发生。适当扩大圈舍、减少圈舍内麋鹿数量可以降低难产率。北京动物园采取在园外另选地点饲养麋鹿，然后轮换展出，是一个值得借鉴的办法。

（二）出血性肠炎

出血性肠炎（又称肠毒血症、软肾病、鹿猝死症等），临床上表现为便血，病程短，死亡率极高，是具有一定传染性的疾病。此病以危害反刍动物为主，近年来，该病对麋鹿的危害十分严重。根据国内的麋鹿疾病研究资料，导致麋鹿大量死亡的最主要原因是魏氏梭菌导致的出血性肠炎：1996 年和 1999 年，北京麋鹿苑在短短几天内分别有 18 只和 28 只麋鹿发病死亡；1997 年年底，北京动物园麋鹿发生出血性肠炎导致发病率增加；江苏大丰在 2000 年有 34 只麋鹿发病死亡；石家庄动物园的麋鹿种群由于此病而绝种。

湖北石首长江南岸三合垸的野生麋鹿种群在 2010 年 2—3 月发生大规模的麋鹿猝死。根据麋鹿死亡的特点、发病症状、病理剖检变化和实验室的检测结果，麋鹿死亡是由魏氏梭菌和气单胞菌感染所致的出血性肠炎造成的。

引起麋鹿出血性肠炎的原因主要是种群密度过大。种群密度大造成食物严重不足，需要大量的人工补饲，不洁的饲料和水往往引起出血性肠炎。而种群密度过大又使交叉感染频繁发生，因此种群一旦出现出血性肠炎往往很难控制。

（三）寄生虫

硬蜱科血蜱属的长角血蜱（*Haemaphysalis longicornis*）是麋鹿体表的一种主要寄生虫，它可损伤麋鹿的皮肤，造成寄生部位痛痒，使麋鹿身体不安。大量血蜱寄生时，因大量吸食血液，引起麋鹿贫血、消瘦、发育不良，甚至导致麋鹿死亡，严重地危害了麋鹿种群的健康发展。1998 年，孙大明、丁玉华等发表了因大量长角血蜱寄生麋鹿体表而致麋鹿患贫血症并导致数只麋鹿死亡的相关研究，并根据长角血蜱的生活习性、生活规律、消长季节和麋鹿种群的实际情况制定了综合性防治措施。

六、人为因素

（一）人类过度利用

人类的捕猎导致野生麋鹿家族越来越小，数量下降，大量的史料记述了野生麋鹿遭受人们猎杀的厄运。4000～10000 年前人类遗址中出土的麋鹿骨骼数量与家猪骨骼数量相当，可见当时麋鹿被人类当作食物而猎杀的数量之多。

麋鹿是我国的特有物种，不仅具有重要的科学和历史文化价值，同时也具有极高的药用价值和经济价值。自古以来麋鹿即被看成浑身都是宝的动物，其肉可食用，其茸、角、骨、脂、皮等是我国的传统中药，被制成治病和强身的各种药品。麋鹿也因此成了人类为治病而追杀的对象。

（二）人类对物种生境的破坏

人类的砍伐、开垦和火烧直接使植物处于濒危状态，同时人类对生境的破坏也间接使动物处于濒危状态。麋鹿的栖息环境——沼泽平原是人类活动较多的地区。随着人口的增加和农业的发展，沼泽湿地被开垦为稻田，麋鹿的活动地域被侵占。

（三）生存条件的局限

北京麋鹿苑近年来免费向公众开放，参观的游客数量日益增多，不仅对麋鹿造成很大的干扰，也使人携带的病原体传播给麋鹿的风险越来越大，麋鹿感染、传播疫病的概率越来越大，传播途径越来越广，重大疫病的威胁越来越大。另外，麋鹿苑周边的南海子公园的建设对麋鹿的生存也造成了严重的威胁。例如，2009 年 10 月至 2010 年 4 月，麋鹿苑周边地区进行拆迁和工程改造，施工造成尘土飞扬，有些尘土携带魏氏梭菌病原菌（来源于原垃圾场、养猪场或养鸡场）散落在麋鹿散放区的植物、土壤及水面上，魏氏梭菌病原菌在麋鹿体内大量累积并诱发麋鹿猝死（据统计2010 年 4 月共有 15 只麋鹿发生猝死），对麋鹿种群的健康繁衍造成了严重的威胁。

第六节　麋鹿种群的保护

生物资源是自然资源的重要组成部分，其价值是生物多样性对人类的现实价值与潜在价值的总和，是地球上生物多样性的物质体现。生物资源作为维持人类生命系统的自然系统，其价值表现在生态、经济、社会、文化、伦理和美学等众多方面。生物多样性是人类赖以存在的物质基础，具有多种价值，通常包括直接价值、间接价值、生态服务价值和存在价值等。因此，对生物多样性保护的研究可为维持生物多样性与生态系统稳定性寻求合理的途径和方式。生物生生不息，一些物种不断出现，另一些物种逐步走向灭绝。在自然界中，一个物种自然走向灭绝时人为的保护只能推迟其灭绝的时间，而不能阻止其灭绝。而一物种若是因人为原因走向灭绝，即使走到了灭绝的边缘，只要人类加以保护，就能使其重新发展，这是一个自然法则。麋鹿的演化过程就是例证。

一、麋鹿研究和保护的价值

（一）经济价值

麋鹿浑身都是宝，可食用、药用、制革、保健、观赏等。

1. 食用

麋鹿的体型较大，在我国古代主要是供人食用。麋鹿肉的蛋白质含量高，脂肪含量低，营养和保健价值高于牛羊肉，更高于猪肉。麋鹿的奶与其他鹿奶一样具有高脂肪、高蛋白的特征，因此具有极其广阔的开发前景。

2. 药用

麋鹿的茸、角、骨、脂、皮等是我国的传统中药资源。麋鹿的角会自然脱落，若只用其角、茸制药则无须杀戮。近几年的研究显示，鹿血和鹿茸对心血管系统、神经系统和性机能有一定的作用。研究发现，鹿茸还有抑制和解除吗啡麻醉的作用，麋鹿茸的氨基酸、维生素和矿质元素含量高，麋鹿茸提取液有类似于雌激素的药用功效。麋鹿血的药用活性物质是睾酮和皮质醇，而麋鹿茸的药性物质是雌二醇，且含量高于梅花鹿和駝鹿茸的雌二醇含量。

3. 制革

我国古代的医药典籍里有关于用麋鹿的皮"作靴、袜，除脚气"的记述。目前，我国主要使用麂皮，少量使用狍子和驯鹿等的皮制作床垫。麋鹿的皮除可以制成毛毯等生活用品外，还可以进一步开发新的用途。

4. 保健

麋脂具有抗衰老、提高机体免疫力等其他鹿类所不具有的功效。《名医别录》称麋脂可以"柔皮肤"，《饮膳正要》和《本草纲目》称麋脂可以"通血脉，润泽皮肤"。《食疗本草》也谈到麋鹿角和骨、脂有护肤的作用。

5. 观赏

麋鹿传奇的身世和沧桑的经历，给其增加了许多神秘感，人们对麋鹿充满着特别的偏爱和好奇。温顺的雌鹿、活泼可爱的幼鹿以及枝角高大的雄鹿都吸引着人们的目光。麋鹿角是很好的雕刻材料，可制作酒盅、筷子、牙签、纽扣、项链基心、制印、微型模型等工艺品；驯化了的麋鹿可以抚摸或与其一起拍照，具有很强的旅游观赏价值。

（二）科研科普价值

麋鹿是地球生态系统的一部分，是相互依存的生物链中的一环，不仅具有重要的科研价值，而且还有文化价值。人类猎捕、农田垦殖、自然生境破坏无疑是导致野生麋鹿绝灭的重要外因。分析这些外因，研究麋鹿种群繁育、栖息地恢复、生物多样性保护等课题，从而实现对麋鹿的保护，可以为保护现存的稀有珍贵野生动物提供借鉴。

对于麋鹿的研究除了科研价值外还有科普价值。现在，北京麋鹿苑是国家级科普教育基地和北京市爱国主义教育基地，通过展示麋鹿在中国灭绝、重引入的经历和栖息地的建立等，引导公众重视环境保护，热爱自然、关爱自然，实现人与自然的和谐共处。

（三）文化价值

麋鹿有着极其深厚的文化底蕴，对中华文化的影响极其深远。古代甲骨文中很多字都和麋鹿有关。春秋战国时孔子、墨子、庄子、孟子、屈原等对麋鹿也有很多记述。《春秋》记载："鲁哀公十四年（前481年）春，西狩获麟。"《春秋公羊传》记载："麟者，仁兽也。有王者则至，无王者则不至。有以告者曰：'有麕而角者。'孔子曰：'孰为来哉！孰为来哉！'反袂拭面，涕沾袍。孔子曰：'吾道穷矣。'"何休注曰："麟者，太平之符，圣人之类。时得麟而死，此亦太告夫子将没之征。故云尔。"（《春秋公羊传注疏》卷二八"哀公十四年"）。《墨子·公输》记载："荆有云梦，犀兕麋鹿满之。"

沼泽地被麋鹿踩踏成一片烂糊，因此叫壤麋、麋田，麋发米音的根源即在此。还有福、禄、寿三神的由来和"三星高照"都隐含着人和麋打交道的中华文化。

在中国传统文化中，麋鹿是作为一种吉祥象征存在的。《史记》中记载的"指鹿为马""逐鹿中原"中的鹿就是麋鹿；清朝乾隆皇帝的"观鹿台"和"麋角解说"等都是关于麋鹿的故事。麋鹿不仅是皇室的狩猎对象、宗教仪式的重要祭物，还屡屡作为生命力的象征和升官发财之吉兆出现在，绘画、器皿、建筑上、史书中，深受皇室、达官贵人及普通民众的热衷与推崇。从世代流传的姜子牙坐骑"四不像"的神话故事到近代与国家命运共沉浮，麋鹿历经野外灭绝、皇家圈养、定居海外、失而复得、得而复壮、壮而放野，传奇般的身世不仅从内容上丰富和延伸了麋鹿文化的内涵，为麋鹿文化增添了诸多的元素和色彩，而且使麋鹿文化成为和谐社会的一种表现形式，是人类与大自然和谐共生、营造生态平衡、共建地球美好家园的典范。

二、麋鹿保护区

麋鹿是我国特有的濒危动物之一，历史上由于人类活动的长期干扰，其栖息地大量丧失，再加上人类的大肆捕猎，导致麋鹿野生种群在原栖息地灭绝。为了使该特有濒危物种重返故乡并最终回归自然，经多方努力，我国于1985年选择在麋鹿的最后灭绝地之一北京南海子建立麋鹿半野生放养型自然保护区。经过科研人员的多年努力，麋鹿种群的数量不断扩大，并建立了两个国家级麋鹿自然保护区，分别是江苏大丰麋鹿国家级自然保护区、湖北石首麋鹿国家级自然保护区。

经过30多年的繁衍、复壮及野外放归，截至2019年，我国的麋鹿保护工作取得了显著成绩，目前麋鹿种群已全面覆盖麋鹿的原有栖息地，分布地点从当初的2个增至现在的81个迁地保护场所，数量已逾8000只，其中的6处野生种群中的数量达到1500多只。

（一）北京麋鹿苑

北京麋鹿苑位于北京市大兴区瀛海镇三海子104国道东侧，距北京城区14千米，占地64公顷，是中国第一个以散养方式为主的麋鹿自然保护区。北京麋鹿苑既是北京麋鹿生态实验中心，也是北京生物多样性保护研究中心和北京南海子麋鹿苑博物馆。大兴区属于温带季风气候，年平均温度13.1℃，1月平均气温为−3.4℃，7月平均气温为26.4℃；年均降水量为568.3毫米。这里冬季受偏北风的影响，寒冷干燥；夏季暖热多雨，雨热同季。全年四季分明，天气多变，冬、夏气温变化相应增大。主要植被类型有草丛、灌木丛和乔木林，该区域植物有历史遗留的，也有后期播种的，共计 200 多种。优势乔木种类为加拿大杨；灌木丛以火炬树为主；优势草本植物有紫花苜蓿、蟋蟀草、画眉草、马唐草和狗尾草等。20 世纪后期，永定河水干涸，湿地基本消失，现有的湿地是靠抽取地下水来人工维护的。

1985 年建成的北京麋鹿苑只用了 8 年时间就让苑内的麋鹿从 20 只增加到 200 多只，存活率在 90% 以上，成为仅次于乌邦寺公园的世界第二大麋鹿苑。北京麋鹿苑从 1992 年开始向全国各地输送麋鹿，使苑内麋鹿保持在 130 只左右，以缓解草场压力和降低种群密度，同时进行麋鹿的异地保护和就地保护。截至 2019 年 9 月，北京麋鹿苑累计向湖北石首、浙江慈溪、江西鄱阳湖等地输送麋鹿 497 只，目前已在全国 39 处建立了麋鹿迁地保护种群。现在麋鹿苑已逐步成为中国鹿科动物的研究基地和博物馆。

（二）江苏大丰麋鹿国家级自然保护区

江苏大丰麋鹿国家级自然保护区位于江苏省大丰市境内（北纬 32°59′～33°03′，东经 120°47′～120°53′），毗邻黄海，为长江、淮河两大河流三角洲的推进和海潮泥沙的沉积地，即海岸线不断东移形成的滩地。东南与东台市滩涂蹲门口接壤，南边与江苏省新曹农场毗邻，西边和大丰林场及上海市川东农场相连，北邻黄海。1986 年建区时面积为 1000 公顷，其中围网面积为 420 公顷。1996 年年底，保护区新增土地面积 1666.7 公顷，使核心区面积达到 2666.7 公顷。2005 年，在原有围栏面积的基础上，在第二核心区又新建围栏面积 400 公顷。该区地处亚热带向暖温带过渡的海陆交界的黄海之滨，受海洋性、大陆性气候双重影响，以季风气候为主，夏季多东南风，冬季多西北风，7—9 月是多台风季节。年平均降水量为 1068 毫米，其中 6—9 月降雨量为 675 毫米，占全年降水量的 68%。年平均气温为 14.1℃，最高气温为 33℃。相对湿度为 80%。无霜期为 216 天，全年日照时数 2267 小时，日照率为 51%，气候属北亚热带向暖温带的过渡带，具有明显的海洋性和季风性特征。江苏大丰麋鹿国家级自然保护区麋鹿生境植被包括落叶阔叶林及疏灌林、刚竹林、盐生草甸、沼泽植被、水生植被、半熟地和撂荒地 6 种类型。包括核心区、缓冲区和试验区在内的面积达 7.8 万公顷的江苏大丰麋鹿保护区林茂草丰，人迹罕至，是麋鹿野生放养的理想场所。

为了恢复野生麋鹿种群，江苏大丰保护区多次在野外释放部分麋鹿。2006 年 6 月 16 日，江苏大丰市被中国野生动物保护协会授予"中国麋鹿之乡"称号。截至 2019 年 9 月，麋鹿数量达到 5016 只，自我维系的野生麋鹿数量增至 1350 只。

（三）湖北石首麋鹿国家级自然保护区

湖北石首麋鹿国家级自然保护区于 1991 年经湖北省政府批准建立，1998 年升级为国家级自然保护区。保护区地处天鹅洲长江故道西南端，中心地理坐标为东经 112°33′、北纬 29°49′，南临长江，东抵天鹅洲长江故道，总面积为 1567 公顷，属江汉平原的南端，地势低平，最高海拔为38.44 米，最低海拔为 32.91 米，是为实现麋鹿回归自然而建立的自然保护区。保护区属亚热带季风气候区，土壤以生长草甸植被的荒地河砂泥土为主。植被有意大利杨、芦苇、旱柳灌丛及草本湿地植被。1993 年、1994年和 2002 年分 3 次从北京麋鹿苑引入 94 只麋鹿，数量迅速增长，到 2011年年底，数量已达 440 只，其中保护区内 325 只。由于区内自然环境非常适合麋鹿的生存和繁衍，麋鹿可食性植物多达 119 种，且生物产量高，麋鹿的野性恢复良好，实现了自然放养的目标。1998 年，长江发生大洪水，湖北石首保护区的 34 只麋鹿被冲出了保护区围栏，其中 23 只渡过长江到达南岸马船村、三合垸，另外 11 只去到北岸杨坡坦。到 2003 年年底，湖北石首已有保护区外的自然野化麋鹿 115 只，其中杨坡坦 35 只，长江南岸马船 80 只。由保护区自由扩散到长江北岸杨坡坦、南岸三合垸和湖南东洞庭湖的麋鹿已经形成了 3 个相对独立的野生种群，每年定期监测，麋鹿数量稳步增长。

石首保护区的建立不仅对麋鹿回归自然做出巨大贡献，而且为世界大型动物回归自然以及种群的恢复提供了成功的经验。

（四）河南省原阳县麋鹿散养场

原阳县麋鹿散养场是按照国家麋鹿散养计划于 2002 年建设的一个项目，占地面积 1000 公顷，最初的 30 只种鹿是从北京麋鹿生态实验中心调运来的，后从江苏大丰麋鹿散养基地引进 20 只，10 年间共引进麋鹿 64只，数量最多时曾达到 52 只，目的在于人工养育后放归大自然。但由于湿地面积不足、饲养经费缺少、管理不善，以及各种疾病对麋鹿的影响，数

量缩减至 28 只。2018 年，保护区将麋鹿全部送到动物园，此项目终止。

（五）江西鄱阳湖国家湿地公园

江西鄱阳湖国家湿地公园（以下简称鄱阳湖湿地公园）位于江西省鄱阳湖东岸，以湖泊、河流、草洲、泥滩、岛屿、泛滥地、池塘等湿地为主体景观，是湿地资源丰富、类型众多而极具代表性的纯自然生态的复合型湿地公园，是世界六大湿地之一，也是亚洲湿地面积最大的湿地公园，属内陆型湿地，非常适合麋鹿生存。

2013 年，北京麋鹿苑与鄱阳湖湿地公园开展麋鹿亚热带适应性研究，经过 6 年的监测，种群繁育顺利、疾病发生率低，无传染病发生。

2018 年 4 月 3 日，在国家林草局野保司、北京市科学技术研究院、江西林业厅支持下，北京麋鹿苑向鄱阳湖湿地公园输送的 47 只麋鹿进行了野外放归，麋鹿建立了新的迁地保护种群。截至 2019 年，麋鹿总数达到 51 只。

（六）河北滦河上游国家级自然保护区

2008 年，北京麋鹿苑向河北滦河上游国家级自然保护区输送麋鹿 10 只，2009 年野放 5 只，但因各种原因，又将野放的麋鹿收回。2015 年，因疾病死亡 14 只；2016 年，北京麋鹿苑又补充了 10 只麋鹿，使这个种群得到稳定。

（七）动物园

麋鹿的圈养种群主要分布于全国各地的动物园、野生动物园。根据最新的麋鹿栖息地调研数据，目前圈养于全国动物园的麋鹿种群已逾 300 只。动物园成为麋鹿迁地保护的一种特殊方式，通过对圈养麋鹿种群的展出、观赏，提高了公众对麋鹿的认知，同时也为麋鹿的生物学研究提供了平台。

三、麋鹿的野放

种群迁地保护的目的是增加濒危物种的数量，而不是用人工种群取代野生种群。当迁地保护的物种数量达到一定数值时，需对人工驯养的个体进行野化训练，在适宜的生境中将其放归自然。应该说，建立自然状态下可生存的种群才是迁地保护的最终目标。

　　建立自然生境中的野生麋鹿种群是我国麋鹿保护的重要战略，也能降低保护区内圈养麋鹿的种群密度。麋鹿的野放是一项涉及多种因素的巨大工程，必须配合进行自然保护教育。圈养的动物回归自然则需要采取"软释放"，就是让圈养动物先熟悉野生环境，获得在自然生境中生存的能力。目前的野生麋鹿种群依然存在一定的灭绝风险，野放麋鹿现处于小种群状态，近亲繁殖难以避免，且鹿群间的基因交流贫乏，这势必使得麋鹿的遗传多样性降低，对麋鹿的生存质量会有影响。麋鹿保护工作的下一步应当是开展更大规模的野放实验，不断探索圈养麋鹿回归自然的途径，同时减轻保护区的种群密度，使麋鹿在保护区健康生长、在野放的条件下恢复其野性和生存的能力。

　　（一）野外放归地的选择

　　麋鹿野外放归地选择的原则是必须具备能够使其生存的食物、水源、庇护场所这三个条件。

　　1. 原栖息地，存在适合麋鹿重引入的栖息生境

　　麋鹿是湿地的代表物种，选择的地形条件应符合麋鹿的历史分布及原始栖息生境，具有优越的湿地生态环境和自然地理条件，野生动植物资源丰富，麋鹿可食性植物资源丰富。除此之外，从选址到完成麋鹿输出，还需要做如下工作：一是按照野生动物保护的法律法规办理相关许可手续，如野生动物繁殖驯养许可证、检验检疫证、准运证等；二是选择形态优美、机体健康的个体，按照接近1∶1的性别比例，"壮、青、少"三结合的年龄结构，创建一个奠基种群；三是结合当地的农牧业情况，有针对性地在饲料配制、疫病防控、种群繁殖等方面建立一个饲养规程；四是根据当地的自然保护政策、保护地的建设现状，制订一个麋鹿种群发展规划；五是对栖息地种群发展进行健康指标监测。

　　2. 具备政策支持和实施条件

　　具备相应的政策保障（符合政府决策、规划）、相关的资金支持、明确的管理机构、良好的自然条件、土地资源权属、人力资源条件、技术能力、饲料来源、防逃逸措施、风险评估（疾病、天敌、自然灾害、人为干

扰等）、种源供应条件，配套设施、管理制度健全（如疫病防控措施、突发事件处置措施等）。

3. 良性的生态效益

生态效益是指人们在生产中依据生态平衡规律，使自然界的生物系统对人类的生产、生活条件和环境条件产生的有益影响和有利效果，它关系到人类生存发展的根本利益和长远利益。麋鹿野外放归地的选择需有利于提升当地生物多样性、完善湿地生态系统，有利于当地的环境教育，能够提高民众的生态保护意识，能够实现生态、社会和经济效益有机融合和正向促进。

（二）野外种群的保护与监测

近10年来，麋鹿种群突发性疾病导致大量个体死亡的事件时有发生，成为麋鹿保护与繁衍发展必须突破的重大"瓶颈"。鉴于麋鹿重引入种群的特殊性，从影响麋鹿健康的内在因素来说，迫切需要开展系统的生理、生化、免疫、寄生虫、遗传状况的监测。栖息地的生物多样性是影响麋鹿健康的外在因素，加强对栖息地生存要素、生物多样性数据的采集也具有重要意义。制定麋鹿种群健康标准，建立麋鹿健康及栖息地环境状况多参数监测体系，动态掌握鹿群健康状况，主动开展预防与应对，是保护麋鹿的关键手段。加强放归麋鹿的健康和环境状态的动态监测是麋鹿可持续发展进化的奠基石。

1. 加强放归麋鹿健康和环境状态的动态监测体系顶层设计

影响麋鹿健康的因素很多，但就其主要矛盾而言，一是内因，即麋鹿自身内环境的健康；二是外因，那就是麋鹿外环境的情况，也就是麋鹿栖息地的食物、水源、庇护环境的具体情况。需从内因和外因两个方面建立健康指标监测数据库，形成麋鹿健康标准，建成麋鹿迁地保护种群健康的多参数监测体系，形成服务于栖息地的服务平台，为麋鹿栖息地提供健康管理方案。

如图4-5所示，麋鹿健康和环境监测体系包含3个层次的内容：一是基础数据采集，形成麋鹿健康和环境状态数据库和标准，构建麋鹿保护种群健康多参数监测体系；二是建立麋鹿种群健康监测网络及诊断系统；三是建设多主体联动监测和数据共享的平台。第一层次是基础，第二层次是分析判断，第三层次是实践应用。第一层次指导第二、三层次，但第三层次的实践效果同时也对第一、二层次具有修正作用，因此，这3个层次相互联系、互为因果。

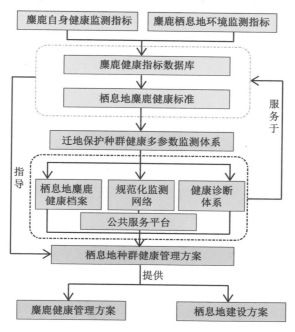

图4-5　麋鹿健康和环境状态的动态监测体系

2. 构建麋鹿迁地保护种群健康的多参数监测体系

生理、免疫、疾病、栖息地参数体系的建立改变了以往单纯依靠行为观测的工作局面。麋鹿健康状态的多参数监测体系，如皮质醇、睾酮、雌二醇、甲状腺素、免疫球蛋白、寄生虫等，反映了麋鹿的繁殖、营养、免疫和健康状况。麋鹿栖息地生存要素监测数据采集和栖息地生物多样性监测数据采集能主要反映麋鹿与其生存环境之间的关系，也直接或间接反映受人类活动或其他因素干扰的物种、群落和生态系统的健康状况，是校验麋鹿生存环境安全和稳定性的主要指标。

3. 建立麋鹿迁地种群健康和栖息地环境指标的标准

麋鹿是湿地代表物种，在我国生态文明建设特别是湿地生态建设与生物多样性恢复方面具有重要作用。但长期以来，缺乏统一的麋鹿种群建设与管理的技术规范做指导。

我国的自然保护区、国家湿地公园是未来建立麋鹿迁地保护种群的潜在适宜地，引进麋鹿的需求量较大，但是存在人为干扰较大、生态环境破坏等问题。如何重构麋鹿栖息地、如何重建或引入麋鹿种群，也需要麋鹿种群建设与管理的科学化、标准化技术支撑。

基于以上现状，通过对麋鹿迁地种群健康和栖息地环境监测进行大数据研究、模拟分析和实验验证的方法，探讨麋鹿种群建立、遗传多样性保育、近交管控、营养与生长发育、疾病防控、生态展示与保护教育、栖息地重构等方面的相应规范，是提高麋鹿种群保护效能，减少资源（包括物种资源、人力资源及财力资源等）浪费，科学、有效、可行的标准化实施手段。

4. 搭建全国麋鹿种群健康监测网络及监测诊断系统

我国麋鹿保护场所从南到北都有，由于地理位置和环境气候不同，麋鹿种群的健康指标和栖息地环境因素也有所不同，这就需要各个保护场所共同参与、共同建设、成果共享。

一是建立麋鹿种群健康档案。建立全国麋鹿健康指标数据库，制定麋鹿种群健康标准，形成互联互通的开放性平台。

二是实施规范化监测。建立圈养种群、保护区和野外自然种群的四季常态化监测网络，形成可资比较的监测大数据。

三是构建健康诊断系统。完善多参数评价体系，通过监测数据比对，建立麋鹿健康预警系统，疾病发生及发展诊断系统，形成麋鹿疾病预防与应对的科学机制。

以上这些工作的系统开展，将使我国麋鹿保护工作逐步进入科学化、规范化、标准化的新阶段。为全国麋鹿种群保护提供健康方案，保障麋鹿健康繁衍，保障保护区和栖息地广大群众安全，不断促进人与自然的和谐共处。

（本章作者：白加德、张树苗、钟震宇、李鹏飞、王潇）

第五章　栖息地保护

第一节　栖息地的概念和空间尺度

野生动植物栖息地包括森林、湿地、荒漠、草原和海洋五大生态系统类型，其中湿地是麋鹿的主要栖息地。

一、栖息地

栖息地又称生境，是生物的个体或种群居住的场所，是指生物出现在环境中的空间范围与环境条件总和（全国科学技术名词审定委员会，2006），包括个体或群体生物生存所需要的非生物环境和其他生物。20 世纪中期以前，美国生态学家克列门茨（F. E. Clements）和谢尔福德（V. E. Shelford）认为，栖息地仅包括与生物个体或生物群落相应的物理和化学因素场所。国际研究委员会（National Research Council，NRC，1982）认为，栖息地是指动物或植物通常所居住、生长或繁殖的环境。美国地质调查局国家湿地研究中心鱼类与野生生物署（U. S. Geological Survey National Wetlands Research Center，Department of Fish and Wildlife）认为，可将栖息地定义为给某一特定物种、种群或群落提供直接支持的场所，包括该场所中空气质量、水体质量、植被和土壤特征及水体供给等所有的环境特性。环境影响评价中，栖息地是指由生物有机体和物理成分组成的自然环境，共同组成一个生态单元。莫里森（Morrison）等认为，栖息地是指生物栖息的生态地理环境。

二、成为栖息地的条件

一是食物丰富。每只麋鹿平均每天自由采食鲜重为38.037千克的牧草,在良好的牧草条件下,每只麋鹿约需要2公顷草地。

二是附近有水源。水源是制约生物生存的重要因素,麋鹿喜欢生活在湿地环境中,因此保护水源地是恢复麋鹿数量的有效方法。麋鹿的食性宽泛,在干旱区也可存活并繁育后代,但绝大多数种群栖息地位于距水源较近的地方。

三是能够提供庇护所。森林或有较高草丛和植物覆盖的景观有利于麋鹿躲藏和隐蔽,也是其栖息之所。

综上所述,优质的麋鹿栖息地可以概括为具有良好的植被覆盖、清洁的水源,能够提供隐蔽环境的湖泊湿地、灌丛湿地和平原岛状林湿地。

三、栖息地破坏

栖息地破坏主要包括栖息地丧失和栖息地破碎化两个方面。栖息地丧失和栖息地破碎化是生物多样性降低的主要原因。

(一)栖息地丧失

栖息地丧失是生物多样性丧失的主要威胁,包括生境彻底破坏、与污染有关的生境退化以及生境破碎化。当生境受损和发生退化时,植物、动物和其他生物将无处生存,最终走向灭亡。随着人口高密度聚集,多数地区的原始生境早已受到破坏,湿地也是受人类活动影响严重的生态系统类型之一。麋鹿曾在中国灭绝是我国湿地遭破的最好的例证。

(二)栖息地破碎化

栖息地破碎化是指人为活动和自然干扰导致大块连续分布的自然栖息地被其他非适宜栖息地分隔成面积较小的多个栖息地斑块(岛屿)的过程。

栖息地破碎化有两个方面原因:人类活动和自然干扰。人类活动包括道路、农业和人口居住地的分割,自然干扰包括地震、洪灾等。栖息地破碎化是导致物种濒危和灭绝的重要因素。

栖息地破碎化表现在形态和生态功能两方面。在形态上,人类活动的增加导致景观中破碎栖息地的数量增加，适宜生物生存的栖息地的面积急剧减小，减弱了栖息地保护生物多样性的功能。在生态功能上栖息地内部环境质量下降；或由于自然环境因素在空间组合上不匹配，生境适宜性降低。

栖息地破碎化导致种群取食、繁殖等活动的范围缩小，增加了种群内部的生存压力，产生因小于物种所需的最小领域面积而无法维持种群长期生存的面积效应。

栖息地破碎化改变了物种的食物资源分布，导致食物链的稳定关系发生变化，同时可能增加疾病感染的概率。栖息地破碎化也显著降低了本地动物的觅食与繁殖能力，使小生境片段内种群的局部灭绝加快并日趋严重。

第二节　栖息地选择

一、栖息地选择的概念

栖息地选择是指动物对活动地点的类型的选择或偏爱。所有的动物只能在环境中的一定的空间范围内活动。一些动物通过迁徙等方式选择更加适合其生存的栖息地。

动物对栖息地的选择行为表明可供选择的栖息地之间存在差异，而这些有差异的栖息地恰好为野生动物提供了不同的生存环境，从而影响着它们的生存与繁衍。

动物对栖息地的选择具有一定的遗传性和后天获得性（即可借助于早期生活经验而改进）。

野生动物栖息地选择的研究意义重大，是动物学研究的一个基本而又重要的领域，是开展珍稀濒危物种保护及生物多样性保护的基础。

二、栖息地选择的空间尺度

栖息地选择的空间尺度主要包括动物栖息地选择的自然等级和栖息地

的范围。

　　动物栖息地选择的自然等级分为宏栖息地和微栖息地。宏栖息地是种的地理分布区或个体（或社群）的巢域；微栖息地是指在巢域范围内动物选择使用的不同生境类型及所能提供的实际环境条件。

　　栖息地的范围因生物种类而异，可大可小。小到宿主的内脏器官，中到林地生境中的不同树冠层、树干、枯枝落叶层等，大到自然保护区。

　　生物在不同空间尺度上具有不同的栖息地利用模式。

三、麋鹿栖息地适宜度的影响指标

　　影响动物栖息地适宜度的因素很多，通常分为两大类：生物因素和非生物因素。生物因素主要包括种内竞争和种间竞争；非生物因素即平时所指的物理化学环境，主要包括温度、水、光、土壤结构和养分等。

　　根据哈奇森的"超体积生态位"原理，运用麋鹿的生物学、生态学研究成果，分析麋鹿各生态位因素在环境梯度中的位置。张树苗（2015）认为，影响麋鹿生境质量的因素可以划分为五大类：生物因素、非生物因素、干扰因素、生态系统类型和生态安全。其中，生物因素包括食物、隐蔽物、天敌及竞争物种的分布。非生物因素包括水、地形特征、光照、温度、湿度。干扰因素主要为人为干扰。生态系统类型主要包括湿地、森林、海洋、草原、农田和城市生态系统。生态安全主要包括物种多样性、生态系统稳定性和面积适宜性。

　　（一）生物因素

　　1. 食物

　　食物是麋鹿维持自身生存的重要条件之一，食物的可利用性和丰富度决定某一生境可容纳物种的类别和数量。

　　2. 隐蔽物

　　隐蔽物是动物躲避的场所，能够使动物顺利地躲开捕食者，还能提供哺育的场所。

　　影响隐蔽物的外界因素主要包括 3 个方面。一是生物群落的演替。不同的演替阶段具有不同的生物群落结构，从而影响野生动物的隐蔽条件。

二是季节和气候。生物群落具有季相，不同季节的群落结构有很大的变动，这必然引起动物隐蔽条件的变化。三是人为干扰活动。人为干扰活动（如砍伐、放牧、种植、火灾）会严重影响动物的隐蔽条件，甚至带来灾难性的后果。

植被是动物隐蔽物的主要组成部分。土地上的植被的种类组成、密度、高度，地貌形态（坡向、坡位、海拔）、土地利用方式、土地的土壤结构等都与该土地能否成为动物的隐蔽物有关。

3. 种间竞争和天敌

种间竞争是指不同种群之间为了争夺生活空间、资源、食物等出现的竞争。达尔文（1859）指出，生活需求类似的近缘种之间经常发生激烈的竞争。在麋鹿的生境中，当有竞争者时，麋鹿必然只占据基础生态位空间的一部分，这一部分生态位空间称为实际生态位。竞争种类越多，麋鹿占有的实际生态位可能越小。由于竞争的排斥作用，生态位相似的两种生物不能在同一地方永久共存。鉴于麋鹿物种的特殊命运，目前我国的80多处麋鹿迁地保护场所中，仅河北木兰围场有少量麋鹿的天敌，湖北石首保护区因人为放牧存在零星的竞争物种，其余保护场所均不存在与麋鹿存在种间竞争的动物和麋鹿的天敌。

4. 种内竞争

鉴于麋鹿物种的特殊命运，在多数迁地保护场所，麋鹿种群的密度过高，种内竞争激烈。

（二）非生物因素

1. 水

水是动物生存的必备条件，是动物有机体的主要成分，是一切生命过程的生理要素。麋鹿是湿地物种，对水的要求很高。工作人员不仅要满足其饮水需求，同时还需满足其日常生活的环境需求。

2. 地形特征

地形因素包括海拔、坡向、坡度、坡位、岩石裸露度和岩石距离等，直接影响动物隐蔽、休憩、躲避天敌以及繁殖。其中，海拔、坡向、坡度、坡位和岩石距离等地形因素稳定，是动物栖息地各生态因素中不受季节变化影响的因素，在分析动物栖息地选择季节变化时有重要作用。海拔是有蹄类动物对栖息地的季节性选择和利用中较为敏感的生态因素，生活在山地的有蹄类动物存在季节垂直迁移现象。坡向与林内小气候密切相关，直接影响有蹄类动物对栖息地的选择和利用程度。坡位反映的是气候和食物等因素的特征。坡度与冰雪覆盖、有蹄类动物及人类可以到达的难易程度有关。

3. 光照

光照是生命的一个极重要的环境因素，麋鹿的生殖受光照的影响非常明显，在自然条件下，麋鹿的性活动显著受光照长短的影响。交配季节从6月初开始，6月中下旬至8月初达到交配鼎盛时期。

4. 温度

生态系统中，温度是最重要的生态因子之一。温度直接影响着动物的发育和生长速率，适应环境温度是生物体适应进化的重大挑战。

麋鹿可在 −40℃ 至 40℃ 的环境中生存。历史上，麋鹿栖息地的环境温暖湿润，分布在亚热带向暖温带的过渡带及暖温带向寒温带的过渡带之间。目前，我国现存的麋鹿已经成功耐受河北滦河上游国家级自然保护区冬季 −40℃ 的低温，并顺利繁殖。麋鹿为了适应温度的变化，会产生一系列的行为，如为了降温而水浴、泥浴或待在树丛下等，为了御寒会聚集、避风等。

（三）干扰因素

干扰是自然界中无处不在的一种现象，干扰按照产生的来源可以分为自然干扰和人为干扰。众多的研究结果显示，人类的活动是引起动物栖息地丧失和物种灭绝的主要原因之一，干扰对野生动物栖息地的选择至关重要。

干扰因素按其作用方式可分成影响栖息地的因素和破坏栖息地的因素。

1. 影响栖息地的干扰因素

影响栖息地的干扰因素有捕鱼、挖药、割芦苇等，以及人类的旅游活动的影响等。这类干扰因素基本不改变栖息地结构，但用网套捕鱼会误伤麋鹿，人类所养的宠物会猎食幼鹿，也可能驱使麋鹿暂时离开该栖息地。

2. 破坏栖息地的干扰因素

对栖息地有破坏作用的干扰因素包括采伐、道路修建、放牧、割芦苇、耕种、火灾、砍柴和造林等。这类干扰会直接改变麋鹿生存的栖息地的生态系统结构：采伐、砍柴等会改变乔木层的组成；放牧、割芦苇等会改变植被的结构；道路修建、耕种等则会彻底改变栖息地的面貌和结构，并且有隔离的作用。

麋鹿除了高频率利用无干扰的栖息地外，也以比较高的频率使用有影响栖息地因素存在的生境，可能因为这类活动发生的地区都是一些环境比较好、生物资源比较丰富的地区，在这些地区采集资源对麋鹿和人类而言是适合的。

（四）生态系统类型

麋鹿是典型的湿地动物。麋鹿在中国野外灭绝以前，在其原生生境中通常选择平缓的湿地类型的生态系统，很少或基本不选择坡度较大的森林或平原生态系统。

四、麋鹿栖息地的评估模型

麋鹿自起源至现在已有200多万年的历史，其发展过程经历了从出现到商周时代的不受威胁期、商周至汉朝的低受胁期、汉朝至元朝的高受胁期、明朝至现在的濒危期、清朝嘉庆年间的野外绝灭期、1865—1944年的极危期。麋鹿生存演化的过程实际上是最适栖息地逐渐缩减和退化的过程，为了保护麋鹿，我们需要将这一过程逆转过来，逐步恢复和提高其栖息地的质量。

目前，对野生动物栖息地进行评价的方法很多，如地理信息系统（GIS）、3S技术层次分析法、遥感技术（RS）等。从影响野生动物生境选择的主要因素的特点来看，利用3S技术进行野生动物生境选择研究时存在两个难点：一是动物对某一生境喜好的界定；二是并非所有影响动物生境选择的生态因素都可以定量描述。因此，根据野生动物生境理论和评价方法，以实地调研资料为准，明确麋鹿的生境要求，确定限制其行为的限制因素或主导因素，在此基础上建立单项因素和综合因素的评价准则，并在有关专家校正的基础上制定麋鹿栖息地评估模型（表5－1）。通过该评估模型对麋鹿的栖息地所进行评估打分，可以初步确定哪些栖息地是适合麋鹿的，哪些是不适合的，以及适合的程度如何，进而将麋鹿的栖息地按照不同的适宜度进行划分，栖息地的适宜度指标同时也可作为栖息地质量评价的指标，对于分值在60分以下的栖息地，可根据此模型提出相应的改造措施。另外，此评估模型在麋鹿的潜在栖息地引入麋鹿可行性分析中具有重要的参考价值，对于分值在90分以上的生境，可以考虑开展麋鹿野放工作。

表5－1　麋鹿栖息地评估模型

项目		标准与测定方法		分值
食物丰度	优	以单位面积麋鹿可食植物的盖度划分	60%以上	20
	良		40%～60%	15
	一般		40%以下	5
水源	近	距水面距离	≤200米	20
	中		200～500米	15
	远		≥500米	5
隐蔽级	高	麋鹿卧息地向四周透视距离	≤30米	10
	中		30～50米	7.5
	低		≥50米	5
干扰级	小	未受人类侵扰或极少受侵扰，保持原始状态，核心区未受人类影响		10
	中	已受轻微侵扰，但生态系统无明显结构变化，核心区少受人类影响		7.5
	大	已遭受较严重破坏，系统结构发生变化，核心区受到中等程度的人类影响		5
生境类型	自然生态系统	湿地生态系统（因麋鹿为湿地物种，故仅列湿地生态系统）	生境极为复杂，类型多样	10
			比较复杂，类型较为多样	8
			比较简单，类型较少	4
			简单，类型单一	2
	人工生态系统	农田生态系统		2
		城市生态系统		2

续表

项目			标准与测定方法		分值
生态安全	物种多样性	物种多度	介于 20N ~ 30N 间，越冬鸟类	≥38 种	8
				18 ~ 38 种	6
				11 ~ 17 种	4
			介于 30N ~ 40N 间，越冬鸟类	≥34 种	8
				14 ~ 34 种	6
				5 ~ 13 种	4
			介于 40N ~ 50N 间，繁殖鸟类	9 ~ 18 种	6
				5 ~ 8 种	4
				<5	2
		物种丰度（该物种数占该生物地理区域内物种总数的比例）		大于 50%	7
				30% ~ 50%	5
				10% ~ 30%	3
				小于 10%	1
	生态系统稳定性	生态系统较稳定，为顶级状态，结构完整合理			8
		生态系统较为成熟，结构较完整或较合理			5
		生态系统很不成熟，结构不完整或不合理			2
	面积适宜性	有效面积大小适宜，足以维持生态系统的结构和功能，可有效保护全部保护对象			7
		有效面积大小较适宜，基本能维持生态系统的结构和功能，可有效保护主要保护对象			5
		有效面积大小不太适宜，不易维持生态系统的结构和功能，不足以有效保护全部或主要保护对象			2

第三节　基于 FAHP 的半散养及圈养麋鹿栖息环境评价指标体系的构建

通过应用模糊层次分析法（fuzzy analytic hierarchy process，FAHP）构建半散养及圈养麋鹿栖息环境评价指标体系（陈星，等，2015），对今后麋鹿等濒危动物的保护、管理和人工养殖具有重要意义，可以为指导麋鹿的迁地保护与野外放归、制订麋鹿保护计划提供理论依据。

一、模糊层次分析法

（一）模糊层次分析法的概念

模糊层次分析法是将萨蒂（A. L. Saaty）教授提出的层次分析法（analytic hierarchy process，AHP）扩展到模糊环境下的一种改进的系统分析方法。FAHP 与 AHP 的计算方法基本相同，区别在于 FAHP 所构造的是模糊判断矩阵，并由此计算出比较因素的排序权值。FAHP 在构建自然保护区评价体系、环境风险评估、生态环境评价、优先保护区域分析及生态资源评估等方面得到了广泛的应用，并取得良好的评价效果。

（二）运用 FAHP 确定此评价体系中各个层次的各个指标的权重原理

定义 1：设矩阵 $R = (r_{ij})_{n \times n}$，且满足 $0 \leqslant r_{ij} \leqslant 1$，（$i = 1, 2, \cdots n$; $j = 1, 2, \cdots n$），则称 R 是模糊矩阵。

定义 2：若模糊矩阵 $R = (r_{ij})_{n \times n}$，若满足 $r_{ij} + r_{ji} = 1$，（$i = 1, 2, \cdots n$; $j = 1, 2, \cdots n$），则称模糊矩阵 R 是模糊互补矩阵。

定义 3：若模糊矩阵 $R = (r_{ij})_{n \times n}$，满足：$i, j, k$，有 $r_{ij} = r_{ik} - r_{jk} + 0.5$，则称模糊矩阵 R 是模糊一致矩阵。其中 $r_{ij} = 0.5$，表示元素 i 和元素 j 同样重要；$0 \leqslant r_{ij} < 0.5$，表示元素 j 比元素 i 重要，且 r_{ij} 越小，元素 j 比元素 i 越重要；$0.5 < r_{ij} \leqslant 1$，表示元素 i 比元素 j 重要，且 r_{ij} 越大，元素 i 比元素 j 越重要。

定理 1：模糊互补矩阵调整为模糊一致矩阵的方法。对模糊互补矩阵 $R = (r_{ij})_{n \times n}$，按行求和，记为 $r_i = (i = 1, 2, \cdots n)$，进行如下数学变换 $r_{ij} = (r_i - r_j) / 2n + 0.5$，则变换以后的矩阵是模糊一致矩阵。

定理 2：模糊一致矩阵 $R = (r_{ij})_{n \times n}$ 有如下性质。

（1）R_i（$i = 1, 2, \cdots n$），有 $r_{ii} = 0.5$，表示自身比较同等重要。

（2）$R_{i, j}$（$i, j = 1, 2, \cdots n$），有 $r_{ij} + r_{ji} = 1$。

（3）R 的第 i 行和第 i 列的元素之和为 n，说明模糊一致矩阵有很强的鲁棒性。

（4）从 R 中划去任意行及其对应列所得的子矩阵仍是模糊一致矩阵。

（5）R 满足中分传递性，即当 $\lambda \geqslant 0.5$ 时，若 $r_{ij} \geqslant \lambda$，$r_{jk} \geqslant \lambda$，则 $r_{ik} \geqslant$

λ；当 λ≤0.5 时，若 r_{ij}≤λ，r_{jk}≤λ，则 r_{ik}≤λ。

（三）算法步骤

FAHP 的一般步骤如下。

1. 建立优先关系矩阵

每一层次中的因素针对上层因素的相对重要性建立矩阵。这种矩阵是模糊互补矩阵，矩阵中的值用 0.1~0.9 标度表示（表 5-2）。

表 5-2　数量标度

标度	定义	说明
0.5	同等重要	两元素相比较，同等重要
0.6	稍微重要	两元素相比较，一元素比另一元素稍微重要
0.7	明显重要	两元素相比较，一元素比另一元素明显重要
0.8	特别重要	两元素相比较，一元素比另一元素重要得多
0.9	极端重要	两元素相比较，一元素对另一元素而言极端重要
0.1，0.2，0.3，0.4	反比较	若元素 a_i 与元素 a_j 相比较得到判断 r_{ij}，则元素 a_j 与 a_i 相比较得到的判断为 $r_{ji}=1-r_{ij}$

2. 将优先关系矩阵改造成模糊一致矩阵

应用定理 1 中的方法，把各优先关系矩阵改造成模糊一致矩阵。

3. 层次单排序

根据模糊一致矩阵，计算在上一层某目标下层次各因素的重要次序。根据模糊一致判断矩阵的元素与权重的关系式给出的排序法有很高的分辨率，有利于提高决策的科学性，故采用此方法求因素权重，即因素 A_i 在目标 O_k 下的权重的计算公式为：

$$S_i^k = \frac{1}{n} - \frac{1}{2\alpha} + \frac{\sum_{i=1}^n r_{ij}}{n\alpha}, i = 1, 2, \cdots n$$

式中，参数 α 满足将 $(i=1, 2, \cdots n)$ 从大到小排列就显示了相对于目标 O_k 各个因素 A_k 的重要次序。

二、半散养及圈养麋鹿栖息地环境评价指标体系的建立

针对环境评价主要有以下几个步骤。

一是 FAHP 构建生境评价体系模型：筛选生态评价指标，建立环境评价指标框架；根据已建立的环境评价指标框架，运用 FAHP 确定此评价体系中各个层次的各个指标的权重，构建生境评价体系模型。

二是环境评价指标体系评分标准：对生态评价体系中的要素层建立评分标准。

三是对研究对象开展评估。

（一）指标筛选

通过查阅文献，参考前人研究鹿科动物及其他野生动物生境时选用评指标的实践经验，结合实地考察及相关性统计分析，确定了半散养及圈养麋鹿栖息地环境评价指标体系的主要指标，并建立了半散养及圈养麋鹿栖息地环境评价指标框架。

（二）指标权重的确定

根据已建立的半散养及圈养麋鹿栖息地环境评价指标框架，运用 FAHP 确定此评价体系中各个层次的各个指标的权重。

（三）生境评价体系模型的建立

在体系框架表的基础上建立优先关系矩阵，第一层与第二层之间的矩阵为 $F-S$，第二层与第三层之间的矩阵为 S_1-T、S_2-T、S_3-T，共计 4 个矩阵。按算法，把各优先关系矩阵改造成模糊一致矩阵。

算出各模糊一致矩阵中的各个因素的权重值。

通过指标筛选、评价指标框架的建立以及指标权重的确定，最终得到散养及圈养麋鹿栖息地环境评价体系模型。

半散养及圈养麋鹿栖息地环境评价体系模型如表 5-3 所示。

表 5-3　半散养及圈养麋鹿栖息地环境评价体系及各指标权重

No.	准则层	权重	No.	要素层	权重
S1	生物环境因素评价	0.4167	T01	地表植被丰富度	0.2750
			T02	灌木层郁闭度	0.2167
			T03	乔木层郁闭度	0.2333
			T04	麋鹿自然取食物种多样性	0.2750

No.	准则层	权重	No.	要素层	权重
S2	非生物环境因素评价	0.3500	T05	单位个体活动面积占有量	0.2450
			T06	单位个体水域面积占有量	0.2300
			T07	隐蔽度	0.2050
			T08	冬季日均气温	0.1650
			T09	夏季日均气温	0.1550
S3	干扰因素评价	0.2333	T10	人为干扰	0.3833
			T11	周边环境干扰	0.3333
			T12	其他动物活动情况（干扰、竞争）	0.2833

从表 5 - 3 可以看出，准则层中生物环境因素评价的权重值最高，为 0.4167，高于非生物环境因素评价及干扰因素评价。生物环境因素评价中，地表植被丰富度和麋鹿自然取食物种多样性的权重值最高（0.2750），乔木层郁闭度的权重高于灌木层郁闭度。非生物环境因素评价中，单位个体活动面积占有量（0.2450）及水域面积占有量（0.2300）的权重分居前两位，高于隐蔽度、冬季日均气温及夏季日均气温。干扰因素评价中，人为干扰及周边环境干扰的权重均高于其他动物活动情况（干扰、竞争）。

三、半散养及圈养麋鹿栖息地环境评价指标体系的评分标准

借鉴国内外学者对野生动物生境评价和相关各领域的研究理论与实践经验，可采用 5 个等级，按百分制计算，做进一步分析。5 个等级对应的分数：大于 90 分为优秀，且每个评价要素必须达到百分制的 60 分以上；70 ~ 90 分为良好；60 ~ 70 分为一般；50 ~ 60 分为合格；小于 50 分为不合格。良好以下等级对单项评价要素不做具体要求。各评价指标的评分标准如表 5 - 4 所示。

表 5 - 4   麋鹿栖息地环境评价的评分标准

编号	评价项目（要素层）	评分指标	分值
T01	地表植被丰富度	物种相对丰富度极高，高等植物多于 100 种	91 ~ 100
		物种相对丰富度较高，高等植物为 51 ~ 100 种	61 ~ 90
		物种相对丰富度一般，高等植物为 21 ~ 50 种	31 ~ 60
		物种相对丰富度极低，高等植物种类少于 20 种	0 ~ 30
T02	灌木层郁闭度	灌木层郁闭度高，适合麋鹿躲藏	91 ~ 100
		灌木层郁闭度较高，较适合麋鹿躲藏	71 ~ 90
		灌木层郁闭度中等，麋鹿基本可以躲藏	31 ~ 70
		灌木层郁闭度低，不适合麋鹿躲藏	0 ~ 30
T03	乔木层郁闭度	乔木层郁闭度高，适合麋鹿隐蔽并与外界干扰隔离度高	91 ~ 100
		乔木层郁闭度较高，较适合麋鹿隐蔽并与外界干扰隔离	61 ~ 90
		乔木层郁闭度中等，麋鹿基本可以隐蔽，但受一定的外界干扰	41 ~ 60
		乔木层郁闭度低，不适合麋鹿隐蔽，外界干扰大	0 ~ 40
T04	麋鹿自然取食物种多样性	麋鹿可食用物种相对丰富度极高，可食用高等植物多于 80 种	91 ~ 100
		麋鹿可食用物种相对丰富度较高，可食用高等植物为 51 ~ 80 种	71 ~ 90
		麋鹿可食用物种相对丰富度一般，可食用高等植物为 11 ~ 50 种	41 ~ 70
		麋鹿可食用物种相对丰富度极低，可食用高等植物为 0 ~ 10 种	0 ~ 40
T05	单位个体活动面积占有量	有效面积大小适宜，足以维持生态系统的结构和功能，有效保护全部保护对象，单位个体活动面积大于 1000 平方米	91 ~ 100
		有效面积较适宜，基本上维持生态系统的结构和功能，单位个体活动面积为 500 ~ 1000 平方米	61 ~ 90
		有效面积稍不适宜，尚可维持生态系统的结构和功能，勉强能有效保护重要保护对象，单位个体活动面积为 100 ~ 500 平方米	41 ~ 60
		有效面积的大小不适宜，不足以保护主要保护对象，单位个体活动面积小于 100 平方米	0 ~ 40
T06	单位个体水域面积占有量	水域面积大，适合所有麋鹿进行泥浴、公鹿进行角饰等行为	91 ~ 100
		水域面积较为丰富，适合部分麋鹿进行泥浴、公鹿进行角饰等行为	61 ~ 90
		有一定的麋鹿活动水域，部分适合麋鹿进行泥浴，但公鹿无法进行角饰等行为	31 ~ 60
		无水域，不适合麋鹿进行泥浴、公鹿进行角饰等行为	0 ~ 30

续表

编号	评价项目 （要素层）	评分指标	分值
T07	隐蔽度	灌木层、乔木层丰富或人工掩体设施较多，适合麋鹿躲藏	91 ~ 100
		灌木层、乔木层较为丰富或有人工掩体，较适合麋鹿躲藏	71 ~ 90
		有灌木层、乔木层，人工掩体较少，麋鹿基本可以躲藏	31 ~ 70
		基本没有灌木层、乔木层及人工掩体，不适合麋鹿躲藏	0 ~ 30
T08	冬季日均 气温	冬季最冷月日均气温在 10℃ 以上，不影响麋鹿冬季自然取食	91 ~ 100
		冬季最冷月日均气温在 0 ~ 10℃，对麋鹿冬季自然取食影响不大	71 ~ 90
		冬季最冷月日均气温在 -5 ~ 0℃，对麋鹿冬季自然取食有较大影响	41 ~ 70
		冬季最冷月日均气温在 -5℃ 以下，麋鹿冬季无法自然取食	0 ~ 40
T09	夏季日均 气温	夏季最热月日均气温在 24℃ 以下，适宜麋鹿夏季活动	91 ~ 100
		夏季最热月日均气温在 24 ~ 28℃，对麋鹿夏季活动影响不大	71 ~ 90
		夏季最热月日均气温在 28 ~ 32℃，对麋鹿夏季活动有较大影响	41 ~ 70
		夏季最热月日均气温在 32℃ 以上，严重影响麋鹿夏季活动	0 ~ 40
T10	人为干扰	麋鹿保护地为自然保护区，很少有人类侵扰，对麋鹿及其栖息环境不构成威胁	91 ~ 100
		人类开发、利用该地区的水体、矿藏、生物或景观等资源，对麋鹿及其栖息环境的影响强度较小	61 ~ 90
		人类开发、利用该地区的水体、矿藏、生物或景观等资源，对麋鹿及其栖息环境的有效保护受到一定威胁	31 ~ 60
		人类活动对麋鹿及其栖息环境造成极大威胁	0 ~ 30
T11	周边环境 干扰	麋鹿保护地外围由未开发生境所环绕	81 ~ 100
		麋鹿保护地外围尚有未开发的生境或位于公园的中间区域	31 ~ 80
		麋鹿保护地外围已经成为开发区，例如，为公路/道路所环绕，环境嘈杂	0 ~ 30
T12	其他动物 活动情况 （干扰、 竞争）	不存在其他动物干扰	91 ~ 100
		存在小型兽类干扰	61 ~ 90
		有其他家畜或大型鹿类竞争	31 ~ 60
		存在猛禽或兽类干扰，同时有其他家畜或大型鹿类竞争	0 ~ 30

（本章作者：陈星、白加德、张树苗、温华军、杨峥）

第六章　麋鹿的饲养管理

第一节　麋鹿的习性与食性

一、麋鹿的习性

麋鹿在自然条件下野性很大，对周围环境的警觉性很高，特别是成年雄麋鹿经常保持警戒状态。

在麋鹿的感觉器官中，听觉和嗅觉最发达，其耳廓大，耳朵较长，能及时察觉和辨别各种音响。嗅觉器官是麋鹿在活动中辨别方向、觅食、追逐异性和逃避危险的重要工具。除了觅食外，麋鹿还可以依靠敏锐的嗅觉发现几百米以外的野兽和人，并能及时逃离，因此在平时采食时，麋鹿的头总是迎着风。

除了具有警觉性以外，麋鹿通常还有好奇心。当刚发现危险时，麋鹿通常不会立即跑开，而是先看一下，同时用鼻子嗅一嗅，当感到有危险时会跑出几步，然后停下来看一看，判定好方向，确认天敌前来追赶时才会真正跑开。若天敌不追赶，麋鹿通常会停住，或者往某处走几步，甚至有时会往回走几步。即使在躺卧的情况下，麋鹿也时刻保持警觉，一旦天敌接近，它便急忙站起跑开。麋鹿逃跑时总是保持仰头的姿势，利用角的枝杈来保护眼睛不被树枝划伤。麋鹿只有在感到无危险时才会安静下来，放心地采食。

麋鹿在自然条件下大部分时间是成群活动的，在寒冷多雪的冬季的聚集性比其他季节强。鹿群的大小不一，主要根据该地区麋鹿分布的数量和饲料集中程度来决定。集群的生活方式可以帮麋鹿减少被猛兽突然袭击的可能性。

麋鹿的这些习性是在其进化过程中为了适应变化的环境而形成的神经联系，体现了麋鹿对自然条件的适应性。

二、麋鹿的食性

和其他鹿类一样，麋鹿是一种食草野生动物，在长期进化过程中形成以各种禾本科植物为主要食物的习惯。麋鹿的宽大的蹄子及在泥土中打滚的习惯，表明它们偏爱沼泽生境，水生或半水生的植物也是它们的食物之一。在英国的乌邦寺庄园内，麋鹿在夏天常常蹚入较远的湖中，此时湖中的灯心草属植物和其他多种水生植物会成为它们主要的食物。美国的保护和研究中心放养的麋鹿，在夏天主要采食牧草，包括野生的禾草、高秆燕麦草、草地早熟禾；秋天的时候主要在树林里觅食橡树子，偶尔也觅食美洲榆树、柿树和黑洋槐的嫩枝叶。

1997 年，研究者在湖北石首保护区共调查到植物 238 种（刘胜祥等，1998）。而 2015 年，李鹏飞等（2015）根据调查和人工喂食饲草实验观察，在保护区内外发现的野生麋鹿种群采食的植物共 33 科 87 属 125 种，主要分为禾草类、莎草类、豆科草类、杂草类 4 类，占保护区牧草总量的 72%。麋鹿最常采食的饲草有 30 种，分别为荠菜（地米菜）、牛膝、喜旱莲子草（水花生）、野大豆、天蓝苜蓿、紫云英（红花草）、旱柳、野胡萝卜、一年蓬、泥胡菜（石灰菜）、车前、益母草（野芝麻）、金鱼藻、苦草（扁担草）、慈姑（剪刀草）、凤眼蓝（水葫芦）、浮萍、灯心草、看麦娘、雀麦、狗牙根、牛鞭草、黑麦草、李氏禾、荻、岗柴、双穗雀稗、芦苇、早熟禾、鹅观草。与 1997 年相比，此次调查中水生、湿生植物减少了 8 种，中旱生、旱生植物增加了 26 种，麋鹿采食的主要植物生物量减少 40% 左右，而不能被麋鹿采食的白茅群落扩散趋势明显。

通常，麋鹿在春、夏季喜食植物的叶、茎，在秋季常采食植物的花穗、籽粒，在冬季善采食植物的根，因此在其进化过程中形成了比较长的臼齿。麋鹿以植物性粗饲料为营养来源，这促进了其消化道的增长，并且伴随着辅助消化器官的发育，其消化道变得特别复杂，消化机能不断完善，共生生物在食物的消化中起着巨大的作用。自然界广泛的食物来源及其成分的稳定性在野生鹿类食性特化的形成方面起着重要的作用，其他如外界湿度、温度、天敌等对麋鹿食性的形成也有一定的影响。

鹿群在自然条件下采食的植物性饲料的种类随着分布区的不同、气候条件和季节的变化而有所差异。春季树木萌发时，树的嫩叶、幼芽和青草是麋鹿的理想饲料，尤其是阔叶树的枝叶和禾本科草类。麋鹿在夏季喜欢吃多汁的乔灌木树叶和草本植物的嫩绿部分。秋季大部分草木开始枯萎，各种果实开始成熟，麋鹿除了吃一部分草类饲料外，也吃一些多汁的灌木果实和浆果以及地衣类和苔藓植物等。在冬季，除了在林中采食落叶和果实之外，麋鹿也吃野干草和细小的树枝，甚至柔软的杨柳树树皮。

麋鹿对饲料的选择性很强，能鉴别各种植物的毒性。一般情况下，麋鹿不吃动物性食物。

由于所采食的植物性饲料中缺乏矿物质，麋鹿同其他有蹄类动物一样需要补充盐分，否则矿物质的缺乏会导致机体生理功能被破坏、造血器官功能紊乱，甚至体重下降。因此，生活在沿海滩涂地上的麋鹿也常到海边寻找含有盐分的盐生植物和藻类，有时也饮海水，说明机体需要矿物质。麋鹿舔盐以春季为甚，夏末稍差，秋季增加，这主要是因为麋鹿常年吃植物性饲料，而植物性饲料所含的纤维素多、矿物质少，特别是缺乏氯和钠。

第二节　麋鹿消化吸收的特点

麋鹿属于草食性反刍动物，具有反刍动物的一般生理解剖和消化特点，但其长期在野生环境下生活，以采食植物性饲料为主，因此又具有其本身的特点。

一、麋鹿消化吸收的生理特点

在新陈代谢过程中，动物必须从外界摄取养分用于获得能量，维持组织器官的生长发育、修复。从外界摄入体内的蛋白质、脂肪和碳水化合物等很多是大分子物质，这类物质必须在体内经过一系列的消化过程，分解为简单的小分子物质才能被吸收和利用。麋鹿对食物的消化，从口腔内的咀嚼、反刍、唾液分泌直至瘤胃内的微生物活动，是物理、化学和微生物活动综合作用的结果，也就是说，麋鹿消化食物的方式包括机械消化（物理消化）、生物学消化（微生物消化）和化学消化3种方式。

机械消化包括采食、咀嚼、吞咽、反刍和肠胃运动等过程，在这一系列过程中，食物在消化道内逐渐后移并充分与消化液混合，体积逐渐变小，养分逐渐被消化吸收，最后剩余的残渣从消化道末端排出体外。生物学消化是指消化道内微生物参与的消化过程，瘤胃微生物在这一消化过程中起着重要作用。化学消化是指消化腺所分泌的酶和植物性食物本身的酶对饲料的消化，通过这一过程，食物中结构复杂的大分子物质被分解为简单的物质，便于机体吸收。这3种消化方式不是截然分开的，而是互相联系、互相协调的。根据食物经过消化道的部位不同，消化过程可分为口腔的消化、胃的消化和肠的消化3个阶段。

（一）口腔的消化

1. 采食

口腔的消化过程从采食开始。麋鹿借助于眼睛等感觉器官寻觅和鉴别食物，有选择地采食。麋鹿的舌头较长，特别灵活，能伸到口腔外，同时能利用唇和门齿的协同动作将食物卷入口腔。被卷入口腔的食物借助麋鹿的下颌门齿向颌间齿间挤压和被切断，或在麋鹿做头部牵引动作时被扯断。麋鹿用舌头舐食稀薄的粥状食物，并用吸吮动作饮水。麋鹿的采食速度很快，这是其在野生环境中为了逃避危险而形成的习惯。

幼鹿在吮乳时借下颌的下降和舌头的后缩使口腔的负压增大，在舌和上下颌的协同动作下，有节奏地吸吮雌麋鹿的乳汁。

2. 咀嚼

麋鹿开始进食时只是进行粗糙的咀嚼。麋鹿吃的食物大部分未经咀嚼就被完整地吞入瘤胃内，待反刍时再进行细致咀嚼。在咀嚼过程中，食物被麋鹿的牙齿机械性地磨碎，并混入唾液，被初步加工，然后被吞咽。

咀嚼活动的强弱与麋鹿的年龄、食物的性质有一定关系。老鹿由于牙齿磨损过度，咀嚼活动缓慢。麋鹿对干粗食物的咀嚼动作较多，对多汁的食物的咀嚼动作则较少。麋鹿咀嚼时分泌大量的唾液对进一步消化食物有重要意义。反刍动物的唾液呈碱性，其对中和瘤胃微生物发酵时所产生的酸有重要作用。

3. 反刍

所谓反刍是指食物在动物口腔中经过粗糙的咀嚼后被吞咽，并先进入瘤胃中被湿润和软化，并被暂时贮存，等到动物开始休息时，食团通过逆呕动作返回到口腔被彻底咀嚼，再次混入唾液，并再次形成食团被吞咽进入瘤胃中。这一过程看起来较为复杂，但对于麋鹿的消化代谢却是必需的。

麋鹿的反刍时间一般较长，其反刍时间的长短与咀嚼次数的多少、食物的种类和品质、麋鹿的年龄、麋鹿当时所处的环境等因素有关。采食粗硬食物时，麋鹿反刍开始时间晚，咀嚼次数多，反刍时间长；采食多汁食物时，麋鹿反刍开始时间早，咀嚼次数少，反刍时间短。幼鹿比老鹿的咀嚼速度快，反刍时间短、次数多。反刍活动还受外界环境因素的影响，如噪声、受惊和争斗等。麋鹿在夜间也能反刍，但夜间反刍的时间比白天长。根据观察，麋鹿的反刍通常在采食 1.5~2 小时后开始，且有一定的周期性，每日反刍 8~10 次，每次长达 30~40 分钟，每日平均反刍时间为 5~7 小时，反刍时间一般长于采食时间。麋鹿每次反刍需要咀嚼 37~60 秒，吞咽后停 3~5 秒，再反刍新的食团。

反刍是反映麋鹿健康状况的重要标志。消化道异常及有严重疾病等均可引起麋鹿反刍次数减少或反刍停止。幼鹿一般在出生 1 个月之后即出现反刍现象。反刍是麋鹿的生理机能，也是其生物学适应的表现。由于对各种自然条件的适应而形成的反刍机能有助于麋鹿消化吸收各种植物性饲料。

4. 嗳气

食物在瘤胃内经细菌发酵，产生大量气体，这种气体主要是二氧化碳和甲烷。瘤胃内的大部分气体主要通过嗳气和反刍排出体外。嗳气是一种反射运动，当瘤胃内气体增多时胃壁受到压迫，能反射性地引起食管扩张，在瘤胃收缩时气体就会逆行进入食管，并从口腔排出体外。

嗳气停止是一种严重的疾病，反刍动物的瘤胃臌胀就是瘤胃内气体形成过多和排气发生障碍所致。嗳气障碍是瘤胃臌胀的直接原因。嗳气的产生主要靠瘤胃的收缩，当瘤胃内气体过量时，气体占据贲门部，使食物移动困难，因而压迫食管，引起嗳气减弱或停止。通常，健康的麋鹿平均1小时发生 15～20 次嗳气。

（二）胃的消化

1. 瘤胃内的消化

麋鹿的瘤胃中有极其复杂的微生物区系，它包括细菌和原虫（纤毛虫）。其中细菌占瘤胃微生物的绝大部分，并且嫌气性细菌居多，好气性细菌较少。当食物进入瘤胃后，这个微生物区系就与食物相互作用，并发生各种剧烈的生物化学反应，对食物进行复杂消化，这就是瘤胃微生物对食物消化的特殊机能。

初生幼鹿的瘤胃容积很小，瘤胃内无微生物，以后随着采食、饮水或雌麋鹿舔幼鹿，微生物才开始进入幼鹿的瘤胃。幼鹿在出生后一段时间就能采食嫩草，并开始进行反刍，这表示此时瘤胃中已经有了一部分微生物。

成年鹿的瘤胃内容物的 pH 值为 6.7 左右，呈弱酸性，瘤胃液的温度一般在 39℃ 左右，非常适合微生物的生存和繁殖。瘤胃微生物的种类很多，主要有链球菌、纤维素细菌等。食物由口腔进入瘤胃后，这些微生物通过发酵破坏食物中的纤维素和半纤维素等碳水化合物，并通过酶的作用使之变为短链脂肪酸，直接经过瘤胃和网胃的吸收进入血液而被消化，用于为机体提供能量和合成脂肪。同样，食物中的蛋白质也被破坏而变成蛋白胨、氨基酸和氨等。微生物利用这些物质作为机体的氮源合成菌体蛋白。最后，这些菌体蛋白通过真胃和肠道被消化，成为机体合成蛋白质的来源。同时，合成的菌体蛋白中含有大量的氨基酸和 B 族维生素，因此不必为反刍动物补饲氨基酸和 B 族维生素。

2. 网胃内的消化

网胃的容积很小，经瘤网孔与瘤胃相通，经网瓣孔与瓣胃相通。由于瘤胃前庭与网胃间形成皱褶，此皱褶在收缩时，瘤网孔受到压迫，只有已经被瘤胃所消化的食糜才能进入网胃。在网胃收缩时，其内容物被搅和并可重新进入瘤胃。人们过去认为网胃的环境不适合微生物的生长和繁殖，但后来的研究发现网胃中微生物的含量也很高，因此也不能忽略网胃的消化作用。

3. 瓣胃内的消化

瓣胃内腔的黏膜形成了大小不一的瓣片，约有100瓣，其表面有密布的乳头状突起。瓣胃前接网瓣孔与网胃相连，后接瓣皱孔与皱胃相通。瓣胃收缩时可把食糜送入皱胃，但食糜中未被充分消化的粗糙部分被阻留于瓣片之间，经进一步机械性磨碎后可被挤入皱胃。因此，瓣胃起着过滤器的作用，其内容物虽然比较干燥但仍有较多的微生物，对食糜的消化作用不如瘤胃内微生物的消化作用明显。

4. 皱胃内的消化

皱胃的黏膜中有制造胃液的腺上皮，皱胃能连续不断地分泌胃液，食糜能从瓣胃进入皱胃。蛋白质本身在皱胃开始被消化，菌体蛋白进入皱胃后的消化与单胃动物相同。蛋白质到了皱胃后其化学消化主要靠胃蛋白酶，在胃蛋白酶的作用下蛋白质变性发生膨胀，容易分解。在胃中未被分解的蛋白质同其他混合物进入小肠。

幼鹿皱胃中的凝乳酶比成年鹿多，而胃液中的胃蛋白酶则比成年鹿少。皱胃分泌盐酸的机能随麋鹿的年龄的增长而逐渐完善。新生幼鹿的胃液中的游离盐酸和结合盐酸含量较低，因此幼鹿的胃屏障机能较弱，如果饲养管理不当，幼鹿就容易发生各种肠胃疾病。

反刍动物不同胃的消化活动是协同进行的。首先是网胃的收缩，此时内容物一部分被挤压进入瘤胃，另一部分则进入瓣胃。瘤胃在网胃收缩后也发生收缩，胃内的饲料随收缩运动而搅拌并转移位置，被有规律地消化吸收、分解和转化。

(三) 肠的消化

肠的消化主要包括小肠内的消化和大肠内的消化。

1. 小肠内的消化

食糜从胃进入小肠后立即受到消化液的化学作用和小肠运动的作用，大部分营养物质在这里被消化吸收，而不能被消化的和未经消化的食糜会进入大肠，因此小肠内的消化是消化过程的重要阶段。

小肠内有胰液、肠液和胆汁等消化液，在消化饲料的过程中这些消化液起着非常重要的作用。麋鹿体内没有胆囊，胆汁由肝脏内粗大的胆管汇集经总胆管流入十二指肠，参与消化和消化液的分泌调节。各种消化液中有许多酶类，如蛋白水解酶、淀粉酶、脂肪酶等，这些酶类对进一步消化来自真胃的食糜有重要作用。同时，小肠也是吸收营养物质的主要器官，蛋白质的最终分解产物是氨基酸，碳水化合物的最终分解产物为葡萄糖，脂肪的最终分解产物为甘油和脂肪酸，这些产物都可以在小肠内被吸收。

2. 大肠内的消化

大肠运动微弱，内容物在大肠内停留的时间较长，水分被吸收较多，其环境适合微生物的繁殖。大肠的生理活动主要借助微生物的作用，对经过小肠消化吸收后进入大肠的残余物进行进一步消化吸收。食物中的一部分纤维素的分解是在大肠中进行的。除此之外，大肠内的微生物还有分解物质的作用，会生成许多有害物质。这些有害物质被吸收后经肝脏解毒，排出体外。如当消化机能失常，肠内有毒物质增加时，机体易中毒。水分主要由大肠的前段吸收，随着水分的吸收，肠内消化不了的物质（未消化的食物或食糜）、黏液、消化道代谢废物等不断地浓缩而形成粪便，借助大肠后段的蠕动，经直肠排出体外。麋鹿的粪便呈椭圆形或近似圆形，健康的粪便一般为黑褐色或黄褐色。麋鹿每日可排粪 8～10 次。

二、物质代谢的特点

作为反刍动物，麋鹿消化代谢的特点主要是瘤胃及其瘤胃微生物发挥主要作用，由于瘤胃内微生物的作用具有特殊性，麋鹿对各种营养的消化代谢有别于单胃动物。初生的幼鹿瘤胃发育很不完善，微生物区系尚未建立，因此其不能利用纤维素，但是幼鹿的乳糖酶分泌量较大，其出生后 1 周内就能利用乳糖和葡萄糖。当幼鹿出生 2 个月左右时，随着瘤胃的发育，微生物区系也逐渐建立，此后瘤胃才开始向成年动物瘤胃过渡，这也是判断幼鹿是否应断乳的生理依据。

（一）含氮物质的代谢

含氮物质进入瘤胃后可以经不同的途径进行消化，但绝大部分食物中的蛋白质是在瘤胃微生物蛋白分解酶的作用下被分解成胃蛋白、蛋白朊、蛋白胨、氨基酸及氨，并在被微生物利用后合成菌体蛋白而被皱胃和小肠吸收。也有一部分饲料蛋白质没有经过瘤胃发酵而直接进入皱胃和小肠，被酶类分解为蛋白朊、蛋白胨和氨基酸而被消化吸收。

瘤胃中蛋白质分解的产物主要是氨、二氧化碳和挥发性脂肪酸，这些分解产物中的一部分（65%～80%）可被瘤胃黏膜吸收，另一部分可被瘤胃微生物利用。同时，瘤胃微生物还可以直接利用一些非蛋白氮，如尿素、碳酸铵、磷酸铵等含氮化合物合成微生物蛋白质。

在瘤胃中，各种类型的微生物可以利用不同的蛋白质或非蛋白氮，如有些微生物只能利用氨，而有些只能利用蛋白质或氨基酸，造成了各种微生物执行各自特殊功能的局面。同时，各种微生物在瘤胃中的比例随着食物类型的不同而变化。因此，改变食物结构必须逐渐进行，这对有效地利用瘤胃功能尤其重要。

（二）糖的代谢

麋鹿食物中的糖类特别是纤维素和淀粉，绝大部分是通过瘤胃微生物进行发酵后转化成挥发性脂肪酸，然后被瘤胃壁所吸收的。同时，也有一部分纤维素直接在瘤胃微生物的作用下被分解成葡萄糖，经血液被机体组织吸收。

纤维素在瘤胃中的主要分解产物是一些低挥发性脂肪酸，其中乙酸较多，丙酸和丁酸较少。这种比例对麋鹿机体的糖代谢有重要的影响，丙酸可以作为合成体脂的主要原料，乙酸和丁酸则是合成乳脂的主要原料。

（三）脂肪的代谢

麋鹿的瘤胃对脂肪的消化作用不明显。饲料中的脂肪进入瘤胃后，一部分可被微生物氢化分解，最后成为微生物本身的脂肪来源，另一部分可直接进入皱胃或小肠被消化吸收。

（四）瘤胃微生物的其他产物

瘤胃微生物除了作用于糖类、脂肪和蛋白质外，还能合成一些维生素，特别是 B 族维生素，如硫胺素、核黄素、尼克酸、叶酸、泛酸、生物素、吡哆素和维生素 B12，也可合成维生素 C、脂溶性维生素 K 等。因此，健康的成年鹿不需要从食物中摄取 B 族维生素，而仅需从食物中获得碳水化合物、蛋白质等营养元素，使微生物区系正常地活动。但对于幼鹿要注意 B 族维生素的供给，因为幼鹿尚无合成维生素的能力，只有在正常反刍后才能合成维生素。另外，瘤胃微生物合成维生素 A、D、E 的能力很低，喂饲麋鹿时应随时注意供给。

综上所述，麋鹿和其他反刍动物具有同样的消化代谢特点。一方面它可利用非蛋白氮合成体蛋白，另一方面它可以利用植物饲料中的纤维素。了解瘤胃及瘤胃微生物的作用以及瘤胃微生物和饲料的关系是掌握饲养反刍动物技术的关键。

第三节　麋鹿的营养需要及饲草料加工

一、饲料的营养物质

植物体由多种化学元素组成（有研究发现植物体含有 40 多种化学元素），最主要的是碳、氢、氧、氮 4 种元素，共占植物体干物质重量的 95% 以上；另外还有硫、钙、磷、钾、钠、镁、铁、氯、碘、铜等元素，它们在植物体中含量很少。组成植物体的各种化学元素并非单独存在，而是构成蛋白质、脂肪、碳水化合物、矿物质、维生素等复杂的化合物而存在。这些化合物就是饲料中的各种营养物质。

（一）水

水是饲料的成分之一。各种饲料均含有水分，饲料含水量为 5% ~ 95%。水分含量在植物幼嫩时较多，在成熟时较少；在枝叶中较多，在茎秆中较少。饲料的含水量越多，则其干物质含量越少，营养成分也越低，贮存时更容易发生霉烂；反之，饲料的含水量越少，其干物质含量越多，营养成分也越高，越有利于运输和贮存。通常，各种饲料的含水量为籽实类饲料 9% ~14%、青干草饲料 15% ~20%、青绿饲料 70% ~90%、多汁饲料 72% ~95%。

（二）粗蛋白质

饲料中含氮物质的总称为粗蛋白质。粗蛋白质包括纯蛋白质和氨化物两部分，对麋鹿来说，氨化物与纯蛋白质几乎具有同等的营养价值。氨化物是非蛋白质含氮物质，其中大部分是酰胺类，另外还有少量的硝酸盐。饲料中氨化物的含量一般占粗蛋白质总量的 $1/3 \sim 1/2$。

粗蛋白质含量的多少是衡量饲料营养价值高低的重要指标。蛋白质饲料品质的好坏取决于其氨基酸的种类及氨基酸的含量，必需氨基酸特别是赖氨酸、色氨酸等的数量决定了蛋白质的生物学价值的高低。

蛋白质是生命的基础，是麋鹿不可代替的重要营养物质。饲料中的蛋白质被麋鹿消化吸收后，在其体内重新合成机体组织和产品。麋鹿体内的某些酶类、抗体、激素、色素等活性物质也是由蛋白质构成的。蛋白质经过分解、氧化放出热能，以补充生物机体碳水化合物、脂肪的不足。日粮中缺少蛋白质，对麋鹿的健康状况会有不良影响。

麋鹿因瘤胃微生物发酵能合成某些必需氨基酸，因此其对饲料中蛋白质的质量要求不是很高。在一般情况下，优质青干草或枝叶饲料可满足麋鹿部分对蛋白质的需求。豆饼是一种蛋白质含量很高，又富含赖氨酸的饲料。豆饼与其他精料搭配使用，可以提高蛋白质饲料的利用率。

（三）粗脂肪

植物性饲料的脂肪含量较低，仅豆科籽实饲料的脂肪含量较高，其中以大豆饲料含量最高。

脂肪是细胞的组成成分。麋鹿体内的脂肪一部分来自食物中的脂肪，另一部分由碳水化合物和蛋白质转化而来。麋鹿体内的脂肪含量因其年龄和肥瘦度的不同而有差异，其机体内脂肪含量随年龄的增长而增加。在营养丰富的情况下，成年鹿有大量脂肪贮存于体内。麋鹿体内的脂肪经过氧化作用产生热能，脂肪是热能的主要来源，并具有保护内脏和保温防寒等功能。脂肪还是脂溶性维生素的最好溶剂，麋鹿机体内如果缺乏脂肪，则会阻碍其对脂溶性维生素的吸收。

（四）碳水化合物

碳水化合物可分为粗纤维和无氮浸出物。

1. 粗纤维

粗纤维由纤维素、半纤维素、木质素及角质等组成，是植物细胞壁的主要成分，也是饲料中最难消化的营养物质，但是麋鹿机体对粗纤维的利用率较高。

粗纤维的主要功能：体积大的粗纤维是很好的填充饲料；粗纤维具有刺激肠胃黏膜、促进肠胃蠕动、促进消化和排便的作用；纤维素在麋鹿瘤胃内经微生物的发酵作用，一部分变成气体排出体外，另一部分变成挥发性脂肪酸，如醋酸、丙酸等营养物质。

2. 无氮浸出物

无氮浸出物包括易被利用的单糖、双糖、淀粉、戊糖、果胶及一部分半纤维。葡萄糖、果糖和半乳糖属于单糖，蔗糖、乳糖和麦芽糖属于双糖，淀粉则属于多糖。

一般饲料中都含有糖类，多以淀粉形式存在。淀粉含量愈高，饲料营养价值也愈高。各种青绿饲料、禾本科籽实饲料及块根、块茎类饲料均含有丰富的淀粉。

饲料中的无氮浸出物是麋鹿能量的主要来源，是麋鹿维持正常生命能量代谢的主要物质。麋鹿食入的过量可溶性糖类被机体消化利用后以体脂形式贮存在体内，以备饥饿时利用。如果这类饲料供给不足，麋鹿必将消瘦。

（五）粗灰分

饲料干物质中除含有机物外，尚含有一定数量的无机物（矿物质），即粗灰分。饲料中的粗灰分是指干物质在500~600℃高温条件下煅烧后残余的成分。通常，饲料中的矿物质主要包括钙、磷、钾、钠、镁、铁、氟、氯、碘、铜、硒、锰、锌、钴等多种元素。植物性饲料中的粗灰分含量一般不超过5%，其含量的多少根据饲料种类、收割期、气候和土壤条件而定。植物的叶和茎中的粗灰分的含量比籽实和块根中的粗灰分含量高。稿秆类饲料中的粗灰分含量最高，多汁类饲料含量最低。豆科牧草含钙量最丰富，籽实、糠麸类饲料含磷多而含钙少。

麋鹿机体中的矿物质均需从饲料中获得，其中饲料中的矿物质以钙、磷最多，主要以磷酸钙状态存在。矿物质对麋鹿的健康非常重要，应随时注意饲料中钙、磷、钠、氯等元素的含量是否充足。

钙和磷占麋鹿机体所含矿物质的70%左右。钙、磷是构成骨骼和牙齿的重要成分。麋鹿对钙、磷的需要量较大，如果饲料中钙的含量不足，则幼鹿易生长停滞、消化不良、患佝偻病；成年鹿则易患骨质疏松症等。通常，骨骼中粗灰分的钙、磷比为2∶1，乳汁中粗灰分的钙、磷比为1.3∶1，因此麋鹿的日粮中钙、磷比应保持在1∶1~2∶1。

一般来说，麋鹿的日粮中不会缺乏钾，但是经常会缺乏钠和氯，因此氯化钠（食盐）是麋鹿的重要矿物饲料之一。若饲料中含盐量不足，则会引起成年鹿营养不良、食欲下降，幼鹿生长停滞、吞食异物、被毛脱落等。

（六）维生素

维生素在饲料中含量较少，但对麋鹿的饲养有重要的作用，其主要作用在于调节机体的代谢过程。维生素摄入不足会导致麋鹿代谢紊乱，出现维生素缺乏症，使麋鹿生长停滞、体重减轻、食欲不振、体质瘦弱、繁殖力降低。

二、麋鹿的营养需要

麋鹿具体的营养需求并不为人所知，但根据家养反刍动物和其他一些哺乳动物的情况进行推测，可以得出一份麋鹿所需营养的清单（表6-1）。

表6-1 麋鹿所需营养

具有完善的肠胃机能的麋鹿的营养需求	主要成分	水、能量、蛋白质
	主要矿物质	钙、磷、镁、钠、钾、氯
	维生素	维生素A、维生素D、维生素E
	重要的脂肪酸	
	微量元素	铁、铜、锌、锰、碘、钴、硒、铬、氟、镍、硅、钒、锡、钼
未形成反刍机制的幼鹿的附加营养需求	重要的氨基酸	缬氨酸、色氨酸、苏氨酸、苯丙氨酸、甲硫氨酸、赖氨酸、亮氨酸、异亮氨酸、组氨酸、精氨酸
	维生素	维生素K、维生素B12、生物素、叶酸、泛酸、维生素B6、烟酸、核黄素、维生素B_1

（一）能量的需要

麋鹿的生长、繁殖过程都离不开能量。能量主要是由饲料中的碳水化合物、脂肪和蛋白质在麋鹿体内氧化燃烧而产生的。这三大营养物质的平均能值分别为碳水化合物 17.35 千焦/克，脂肪 39.33 千焦/克，蛋白质 23.64 千焦/克。碳水化合物和脂肪在麋鹿体内完全氧化所产生的能量与体外燃烧的测定值基本相等，而蛋白质在机体内的氧化过程是首先脱去氨基，然后转化为尿素、尿酸等排出体外，这样会使部分能量产生损失，因此其体内氧化产生的能量低于体外燃烧的测定值，每克蛋白质约减少 5.44 千焦的能量。

在麋鹿体内蛋白质和碳水化合物的产热量相近，而脂肪在麋鹿体内氧化的产热量为蛋白质或碳水化合物的 2 倍多，因此日常饲料中能值的高低主要取决于其脂肪含量的多少。饲料能值与饲料量的乘积即饲料总能，它是饲料中营养物质所含能量的总和。几种常见饲料的能值：玉米 18.54 千焦/克，大豆 23.10 千焦/克，麸皮 23.18 千焦/克，燕麦 19.58 千焦/克，苜蓿干草 18.70 千焦/克，秸秆 18.41 千焦/克。其中麸皮和大豆的脂肪含量较高，因此其总能值也较高，而其他饲料的总能值差异不大。虽然玉米和秸秆的能值相近，但二者的营养价值不同。总能值只能作为测定消化能、代谢能的初始数据，不能反映饲料营养价值的高低。

麋鹿对能量的维持需要量主要是指麋鹿在既不生长、繁殖，也不损失体内能量贮存状态下的能量需要。通常维持需要量是根据动物的基础代谢测定的，基础代谢是指动物在绝食、静卧的状态下，维持生命最基本的生理过程，包括血液循环、呼吸、分泌、神经活动等，而不进行任何生长、繁殖活动的代谢。Silver 等（1967）发现白尾鹿在饥饿状态下，每千克代谢体重每天平均产热量为 346 千焦，红鹿为 330 千焦；一只体重为 90 千克的马鹿，其春、夏、秋、冬代谢的维持需要量分别平均为每千克代谢体重每天 684 千焦、616 千焦、753 千焦、856 千焦。能量的维持需要量除了与麋鹿的体重有关外，还与其活动量密切相关，研究发现散养比圈养的麋鹿多消耗 50%~80% 的能量。

能量的摄入直接影响雌麋鹿的繁殖力。雌麋鹿的饲料中能量过低会导致雌麋鹿过瘦，发情不正常，受孕率低；能量过高则会导致雌麋鹿过胖，严重情况下会导致其卵巢排卵功能不正常，还可能引发其难产。雌麋鹿的饲料中能量含量失调，不仅会影响其在初次发情期和当前发情期的繁殖力，而且还会影响其终身的繁殖力，尤其是当能量过高时，对雌麋鹿的繁殖有害无益。

（二）蛋白质的需要

蛋白质是生命的物质基础，是构成动物机体组织最重要的营养物质之一。在麋鹿的各种器官（心、肺、脾、胃、肠及生殖器）、组织（肌肉组织、上皮组织、神经组织、结缔组织）、产品（鹿茸、乳汁、精液）等中都含有大量的蛋白质，此外其体内的激素和酶类也是蛋白质，因此麋鹿的生长发育、新陈代谢、遗传繁殖等过程均需要大量的蛋白质来满足机体结构及细胞的更新与修复的需求。然而，蛋白质需要量不像能量的维持需要量那样容易确定，蛋白质涉及氨基酸。通常，蛋白质供应不足将会对麋鹿的正常生长发育造成很大的不良影响，但是过多的蛋白质供应则会使麋鹿机体把它当作一种能量来源。此外，当日粮中蛋白质含量过高时，麋鹿尿液中的尿素量也会增加，还会导致雄麋鹿阴茎包皮溃烂及脱垂等。

为了维持麋鹿瘤胃的正常功能，其日粮中至少应含有 6%～7% 的粗蛋白质。此外，麋鹿对于蛋白质的需要量也会随着季节、年龄的不同而发生变化。幼鹿生长发育较快，需要的粗蛋白质比成年鹿多，粗蛋白质对于幼鹿的生长非常重要。麋鹿在妊娠期的蛋白质需要量的特点是前期需要量较少，后期需要量较多，妊娠期的最后 1/4 阶段需要量最多。泌乳麋鹿在泌乳期内可分泌乳汁 100～130 千克，鹿乳的蛋白质含量通常为 10.5% 左右，在整个泌乳期内，麋鹿若摄入蛋白质不足，则会引起泌乳量下降，进而导致幼鹿发育缓慢，生产力、生殖能力和抗病能力降低，严重者会危及生命。

（三）矿物质的需要

矿物质对麋鹿机体内的物质代谢中起着重要的作用，包括机体结构物质和机体内活性物质。矿物质一般可由饲料提供，若饲料提供的矿物质不足，可由矿物质添加剂来补充。通常，麋鹿在野生状态下采食范围较大，并且可以有选择性地采食，因此一般不会出现矿物质的缺乏或摄入过量等问题，但是在圈养或人工放牧的条件下，麋鹿采食的日粮相对比较固定，必须注意矿物质的供给。

妊娠麋鹿需要摄入较多的钙、磷保证胎儿骨骼的形成和自身的需要，研究表明其日粮中钙、磷的含量应分别保持在 0.5% ~0.6% 、0.4% 。生长中的麋鹿的日粮中应含有 0.5% ~0.55% 的钙、0.3% 的磷才能保证其骨骼的强度与机体的正常生长。而鹿茸中含有 11% 左右的钙和 6% 左右的磷，为了鹿茸的正常生长也必须在日粮中提供足够的钙、磷。麋鹿日粮中含有 0.5% ~1% 的食盐，或精料中含有 1.5% 的食盐就能满足机体的需要。镁的主要功能是活化各种酶类，与碳水化合物及钙、磷的代谢密切相关，植物性饲料中镁含量丰富，通常可满足麋鹿的需要。一般来说，麋鹿日粮中镁、硫的含量应分别达到 0.1% ~0.2% 、0.3% 。其他微量元素的供给可参照表 6－2。

表 6－2　麋鹿不同阶段每天的微量元素需要量

（单位：毫克/千克）

时期	铁	铜	钴	锌	硒	锰	碘
幼鹿断奶期	30~40	5~9	0.2~0.4	25~30	0.1~0.4	30~40	0.1~0.2
妊娠期	40~50	5~10	0.3~0.5	20~30	0.2~0.5	30~50	0.1~0.2
泌乳期	50	7~10	0.3~0.5	30~40	0.3~0.7	40~50	0.1
生茸期	50~60	20~25	0.9~1.5	50~60	0.8~1.5	70~90	0.15~0.2

（四）维生素的需要

维生素是动物代谢所必需的具有高度生物活性的低分子有机化合物，在饲料中的含量极少。它既不是动物机体形成器官的原料，也不能作为能源物质，而是以辅酶和催化剂形式参与机体代谢的化学物质，主要功能是保证机体组织器官的正常运行，维持动物健康和进行繁殖活动。缺乏维生素会导致动物机体代谢紊乱，引发多种疾病。

在自然状态下，麋鹿可以通过采食青绿植物获取大部分脂溶性维生素；在人工饲养条件下，为保证其正常生长、妊娠和泌乳，必须在日粮中提供足够的维生素（可参照表 6－3）。

表 6-3　每只麋鹿不同阶段每天的维生素 A（或胡萝卜素）、维生素 D 需要量

类别	时期	胡萝卜素（毫克）[或维生素 A（国际单位）]	维生素 D（毫克）
成年雄性	配种期	20（5000~7000）	700~900
	恢复期	40（8000~10000）	950~1100
	生茸前期	24（5800~8250）	950~1200
	生茸后期	40（7800~10000）	800~1000
成年雌性	妊娠期	不少于18	—
	泌乳期	10	100
幼鹿		3~5	—

（五）水的需要

水在麋鹿体内具有重要的生理功能。首先，水参与麋鹿体内的生化反应，保证机体新陈代谢的正常进行；其次，水作为体内重要溶剂，参与各种营养物质的消化、吸收、转化、运输及排泄等；最后，水可以调节体温、润滑关节，维持组织器官的形态。

麋鹿对水的需要量是其采食的干物质的 5~8 倍，同时麋鹿对缺水极为敏感，当脱水 5% 时会食欲减退，当脱水 10% 时会出现生理异常，当脱水 20% 时则可能死亡，因此必须满足麋鹿对水的需要，才能保证其正常的生长。

三、饲草料加工及日粮的配制

（一）饲料分类与编码

能够为动物提供营养物质或能够用于饲喂动物的物质统称为饲料。能作为饲料的物质很多，它们的养分组成和营养价值各不相同，按饲料来源可将其分为植物性、动物性、矿物质和人工合成产品饲料；按形态又可分为固体和液体饲料，其中固体饲料又有粉状、粒状、块状等。上述分类方式过于简单，不能适应现代饲料工业发展及动物的需要，因此我国学者根据国际饲料分类原则和编码体系，结合中国传统分类体系提出了我国特有的饲料分类和编码系统。

我国现行的饲料分类和编码系统将所有的饲料分为 8 类，选用 7 位数字编码，其首位数（1~8）分别对应国际饲料分类的 8 类饲料，即粗饲

料、青绿饲料、青贮饲料、能量饲料、蛋白质饲料、矿物质饲料、维生素饲料和添加剂（表6-4）。第二、三位编码（01~16）按饲料的来源、形态和生产加工方法等属性，将饲料划分为16种（表6-5），同种饲料的个体编码则占用最末4位数。例如，浙江鱼粉的分类编码是5-13-0041，其中5表明是第五大类蛋白质饲料，13表示动物性饲料类，0041则是浙江鱼粉的个体编号。

表6-4　国际饲料分类的依据

首位编码	饲料类名	划分饲料类别的依据		
		自然含水量 （%）	干物质中粗纤维含量 （%）	干物质中粗蛋白质含量 （%）
1	粗饲料	<45	≥18	—
2	青绿饲料	≥45	—	—
3	青贮饲料	≥45	—	—
4	能量饲料	<45	<18	<20
5	蛋白质饲料	<45	<18	≥20
6	矿物质饲料	—	—	—
7	维生素饲料	—	—	—
8	添加剂	—	—	—

表6-5　我国现行的饲料分类标准

第二、三位编码	饲料种类名称	分类依据条件
01	青绿植物类	自然含水量
02	树叶类	含水量、粗纤维含量、粗蛋白质含量
03	青贮饲料类	含水量、加工方法
04	根、茎、瓜、果类	含水量、粗纤维含量、粗蛋白质含量
05	干草类	含水量、粗纤维含量、粗蛋白质含量
06	藁秕农副产品类	含水量、粗纤维含量
07	谷实类	含水量、粗纤维含量、粗蛋白质含量
08	糠麸类	含水量、粗纤维含量、粗蛋白质含量
09	豆类	含水量、粗纤维含量、粗蛋白质含量
10	饼粕类	含水量、粗纤维含量、粗蛋白质含量

第二、三位编码	饲料种类名称	分类依据条件
11	糟粕类	粗纤维含量、粗蛋白质含量
12	草籽树实类	含水量、粗纤维含量、粗蛋白质含量
13	动物性饲料类	来源性质
14	矿物质饲料类	来源性质
15	维生素饲料类	来源性质
16	添加剂及其他	性质

（二）饲料种类及加工调制

1. 粗饲料

粗饲料是自然含水量小于45%、粗纤维含量不小于18%的一类相对单位重量体积大的饲料。这类饲料的最显著特点是粗纤维含量高，木质素和硅的含量较高，饲料的能量和各种营养元素的消化率较低。常用的粗饲料有天然草地或者用人工栽培牧草制成的干草或干草粉；脱粒谷物收获的农副产品，如秸秆、秕谷、蔓藤及荚皮等；粗纤维和外皮占比较高的树实、草籽或油料籽实等。表6-6列举了几种常见粗饲料的营养成分。

表6-6 常见粗饲料的营养成分（干物质）

单位:%

种类	粗蛋白质	粗脂肪	粗纤维	无氮浸出物	粗灰分	钙	磷
苜蓿	22.1	1.2	29.5	28.2	7.3	1.44	0.19
羊草	7.4	3.6	39.4	46.6	4.6	0.37	0.18
玉米秸	6.11	1.03	47.86	42.12	2.0	0.50	0.12
稻草	3.3	2.1	27.9	48.3	18.3	0.08	0.09
麦秸	3.0	1.9	34.8	49.8	10.7	0.14	0.07
大豆秸	7.9	1.2	43.1	41.6	6.1	1.39	0.06

由于这类饲料适口性差、可消化性差，若直接单独饲喂给麋鹿，往往难以达到良好的效果。为了获得较好的饲喂效果，常对这些低质粗饲料进行适当的加工调制和处理。其方法可分为物理加工和处理、化学处理、生物学处理和复合处理。下面介绍两种常用的粗饲料——青干草和农作物秸

秆类饲料的加工调制和处理方法。

（1）青干草的调制加工。优质干草的营养价值较高，是草食动物在冬季和早春十分重要的基本饲料，此外优质干草粉还可以作为配合饲料的重要原料。青干草的制作方法很多，但总的制作要求是干燥时间短，尽量减少营养物质的损失。目前，主要使用以下几种方法进行青干草的调制加工。

田间晒制法：刈割牧草后，将牧草放在原地或附近干燥地段摊开暴晒，每隔数小时翻晒，待水分降低至40% ~50%时，用搂草机或手将其搂成松散的草垄并堆成0.5 ~1米高的草堆，保持草堆的松散通风，当天气晴朗时可推倒翻晒，当下雨时最好在草堆外面盖上塑料布，以防止草堆被雨水冲淋。当牧草的水分降到17%以下后即可贮藏，采用摊晒和捆晒相结合的方法，可以更好地防止叶片、花序和嫩枝的脱落。

草架干燥法：田间晒制青干草虽然简单易行，但是青干草的营养物质损失很大。在多雨季节最好采用草架干燥法，草架可以用树干或木棍搭成，也可以做成组合式三角形，草架的大小可以根据草的产量和场地而定。虽然会花费一定的物力，但将牧草放在草架上明显可以加快其干燥速度，制成的干草品质较好。牧草被刈割后在田间干燥半天或一天，当其水分降低至40% ~50%时，把牧草自下而上逐渐堆放或打成直径约15厘米的小捆，草的顶端朝里，并避免其与地面接触而吸潮，草层厚度不宜超过70厘米。上架后的牧草一般堆成圆锥形，力求平整。由于草架中部空虚，空气可以流通，能加快牧草的水分流失，提高牧草的干燥速度。这样调制的干草的营养损失会比经地面干燥调制的干草减少5% ~10%。

发酵干燥法：用此法干燥牧草会导致营养物质损失较多，通常只在连续阴雨天气采用。将刈割的牧草放在地面上铺晒，使新鲜牧草枯萎，当其水分减少至50%时，再将其分层堆积至3 ~6米，逐层压实，表层用塑料膜或土覆盖，使得牧草迅速受热。待草堆内温度上升到60 ~70℃时，打开草堆，随着发酵产生热量的蒸散，草堆可在短时间内被风干或晒干，进而被制成棕色干草，其具酸香味。如遇阴雨天无法晾晒，草堆可以堆放1 ~2个月。为防止发酵过度，每层牧草可撒上青草重量的0.5% ~1%的食盐。

常温鼓风干燥法：为了保存营养价值高的叶片、花序、嫩枝，减少干燥后期阳光暴晒对胡萝卜素的破坏，把刈割后的牧草在田间就地晒干至水分为40%～50%时，再放置于设有通风道的干草棚内，用鼓风机、电风扇等吹风装置进行常温吹风干燥。采用此方法调制干草时只要其不受到雨淋、渗水等危害，就能获得品质优良的青干草。

高温快速干燥法：此法多用于工厂化生产草粉、草块。先把牧草切碎，放入烘干机中，使之迅速干燥，然后把草段制成草粉或草块等。干燥时间取决于烘干机的性能，从数秒到几个小时不等，烘干机可使得牧草水分从80%～90%下降到15%以下，虽然有的烘干机内空气温度可达到1100℃，但牧草的温度一般不超过30～35℃，因此可以保存牧草中90%以上的养分。

除上述方法外，还可以利用化学试剂喷洒、太阳能等措施加速牧草干燥。利用化学试剂（甲酸、硅胶等）喷洒时应注意气候条件，最好在晴天操作，并注意喷洒均匀。

（2）农作物秸秆类饲料的加工调制。对于营养价值相对较低的农作物秸秆类饲料，在给草食动物饲喂前需进行适当的加工调制，改变其适口性，以提高草食动物的采食量，从而提高饲料的利用率，使得这一被广泛使用的饲料发挥最佳的饲养效果。通常，其加工调制有以下几种。

机械处理：通过把秸秆类粗饲料铡短、做磨碎处理，可以改善饲料的适口性，减少浪费，提高其利用率和动物对其的消化率。秸秆经粉碎、铡短处理后，单位体积变小，便于动物采食和咀嚼，增加了其与瘤胃微生物的接触面，可提高其通过瘤胃的速度，增加动物的采食量。通常对于秸秆类饲料不全部粉碎，因为一方面全部粉碎会增加饲养成本，另一方面粗饲料过细则不利于动物的咀嚼和反刍。

氨化处理：秸秆中含氮量低，当秸秆被氨化处理时，其有机物可与氨发生氨解反应，打断木质素和半纤维素的结合，破坏木质素－半纤维素－纤维素的复合结构，使纤维素与半纤维素被释放出来，被微生物和酶分解利用。氨是一种碱，秸秆被氨化处理后，其木质化纤维膨胀，空隙增大，渗透性提高。氨化处理能使秸秆含氮量增加1～1.5倍，粗纤维含量降低10%，并使反刍动物对秸秆的采食量和消化率提高20%以上。常见的几种氨化处理方法如下。

一是无水液氨氨化处理。将秸秆堆垛，用塑料薄膜密封，在垛的底部用一根管子将其与无水液氨罐相连接，开启罐上的压力表，按秸秆重量的3%输入液氨。氨气可迅速扩散至全垛，但氨化速度很慢，处理时间取决于气温。若气温低于5℃，需要8周以上；若气温为5~15℃，需要4~8周；若气温为15~30℃，需要1~4周。给动物饲喂经这种氨化处理的秸秆前需要揭开薄膜将秸秆晾1~2天，使残留氨气挥发，若不开垛则可长期保存。

二是农用氨水化处理。将秸秆重量10%的含氨量为15%的农用氨水均匀地喷洒在逐层堆放的秸秆上，应逐层喷洒，最后将堆好的秸秆用薄膜密封。

三是尿素氨化处理。秸秆中存在尿素酶，其可分解尿素产生氨，从而起到氨化作用。通常将3千克的尿素溶解于60千克水中，均匀地喷洒在100千克秸秆上，秸秆逐层堆放，用塑料薄膜密封。

四是碳酸氢铵氨化。将稻草铡短，均匀拌入其重量10%~12%的碳酸氢铵，并加入一定量的水，密封保存。若贮存温度为20℃，一般需要3周完成氨化过程；若贮存温度为25℃，则需要2周；若贮存温度为30℃，则需要1周；若贮存温度低于10℃，则需要5周以上。试验表明，贮存温度不低于20℃时氨化效果通常较好。

秸秆黄贮技术：秸秆黄贮是指在秸秆中加入某些活性物质，将其放入密封的容器中进行贮藏，经过发酵过程，使得农作物秸秆变成具有酸香气味的饲料。这种饲料是反刍动物喜食的饲料之一。常见的加入活性物质的方法有以下3种。

一是加微生物高活性菌黄贮。建窖和原料准备与青贮相似。首先复活菌种并将占秸秆重量1%的食盐用适量的水溶解，把菌液与食盐水混匀后即可向窖中的秸秆喷洒，使秸秆含水量达60%~70%，其他步骤与青贮相似。

二是加酶黄贮。操作与前者基本相同，不同的是加酶黄贮中将活性菌换成酶，目前生产中使用的主要是纤维素分解酶。

三是秸秆微贮技术。秸秆微贮技术就是在秸秆中加入微生物高效活性菌种——秸秆发酵活干菌，然后将其放入密封的容器中贮藏，经过发酵过程，使得农作物秸秆变成具有酸香味的饲料。通常，秸秆微贮的温度为10～40℃，在春、夏、秋季都可制作，密封21～30天后完成发酵过程，容器中的秸秆在取出后便可使用。

2. 青绿饲料

青绿饲料是自然含水量不小于45%、全部来源于自然野生植物或农牧区栽培植物的饲料。这类饲料含水量高，干物质含量低，能量含量低；粗纤维含量低，无氮浸出物较多，适口性好，动物的消化率高；富含胡萝卜素、B族维生素和维生素C，且含有丰富的生长因子、酶类、激素等活性物质；这类饲料的营养价值因植物生长期的不同而有差异，植物中的木质素含量随生长期延长而增加，粗老植株比幼嫩植株的营养价值及消化率低。

我国青绿饲料的种类繁多，主要包括天然牧草（野生牧草种类较多，主要包括禾本科、豆科、菊科、莎草科四大类）、栽培牧草（主要包括豆科和禾本科两大类，如苜蓿、三叶草、草木樨、紫云英、黑麦草、象草、苏丹草等）、青绿枝叶（主要包括柳树、槐树、杨树、榆树、胡枝子等的枝叶）、青饲植物（青饲玉米、高粱、大豆等）、蔬菜类饲料（包括叶菜类、根茎瓜类的茎叶，如甘蓝、牛皮菜、白菜、青菜、甘薯藤、胡萝卜的茎叶等）及水生饲料（主要包括水浮莲、水花生、绿萍等）。

铡短和切碎是青绿饲料最简单的加工方法，经铡短和切碎的青绿饲料不仅便于动物咀嚼、吞咽，还能减少饲料的浪费。一般青绿饲料可以铡成3～5厘米长的短草，块根、块茎类饲料以加工成小块或薄片为佳，以免动物在食用时发生食道梗塞，还可缩短动物的采食时间。

3. 青贮饲料

青贮饲料是以青绿饲料为原料，经过乳酸发酵或青贮制剂调制保存的一类饲料。青贮作为一种饲料的加工调制方法，可较好地保存青绿饲料的营养。在青贮过程中，青绿饲料中的大部分无氮浸出物分解为乳酸，部分蛋白质分解为酰胺和氨基酸，大部分维生素C和胡萝卜素得以保留。该技术基本保持了青绿饲料原有的青绿多汁，且经过青贮发酵后的饲料具有酸香味，适口性较好。青贮饲料常在冬、春季节草食家畜的饲喂中被广泛应用。

（1）青贮原理。青贮的主要过程是厌氧环境中，乳酸菌大量繁殖，进而将饲料中的淀粉和可溶性糖转化为乳酸，当青贮原料的 pH 值降低至 4 左右时，大部分腐败细菌会停止繁殖，而乳酸菌本身也会由于乳酸的不断积累、酸度的不断增加而停止活动，从而可以把青贮原料的养分长时间保留下来。要保证青贮饲料制作成功，必须满足以下条件。

一是厌氧环境。青贮原料一定要铡短，入窖时需层层压实、压紧，创造无氧环境。

二是含糖量。一般青贮原料的含糖量不应低于 1%，以保证乳酸菌的正常活动。含糖量高的玉米秸秆和禾本科牧草易于青贮；若使用含糖量不高的豆科牧草进行青贮，则应与含糖量高的青贮原料进行混合青贮或加入含糖高的青贮添加剂。

三是含水量。通常，禾本科青贮原料的适宜含水量为 65%~75%，豆科为 60%~70%。含水量过低，则不易压实；含水量过高，则压挤易形成黏块，引起酪酸发酵，导致青贮原料腐烂。

青贮过程的操作通常为青贮窖的清理→青贮原料的制备→装填→压实→密封。

（2）青贮原料的制备。要把青贮原料切碎，以便于压实和取用。细茎牧草的切碎长度以 7~8 厘米为宜，而玉米等较粗的作物的秸秆的切碎长度最好不超过 1 厘米。不同种类的牧草饲料作物在不同生育期的水分含量不同，因此有不同的适宜收割期（表 6-7）。

表 6-7　常用青贮原料的适宜收割期、含水量

原料种类	适宜收割期	含水量（%）
全株玉米	乳熟期	65
玉米秸秆	籽实成熟后立即收割	50~60
豆科牧草	现蕾期至开花初期	70~80
禾本科牧草	孕穗至抽穗期	70~80
甘薯藤	霜前或收薯期	86
马铃薯茎叶	收薯期	80

（3）半干青贮。也称为低水分青贮，其干物质含量比一般青贮饲料高 1 倍多，具有干草和青贮饲料两者的优点，无酸味或微酸，适口性好，呈

深绿色，养分损失少。通常将难以青贮的一些蛋白质含量高、含糖量低的豆科牧草与饲料作物混合后进行半干青贮，其基本原理是形成对微生物不利的生理干燥环境和厌氧环境，即将收割后的原料晾晒至含水量为50%左右时进行青贮，因为原料处于低水分状态，形成细胞的高渗透压，接近生理干燥状态，微生物的生命活动被抑制，使得发酵过程缓慢，蛋白质不被分解，有机酸形成数量少，所以能保持较多的营养成分。

半干青贮的调制方法与一般青贮的主要区别是青贮原料在被刈割后需要在田间晾晒至半干状态，当达到要求含水量时即可青贮。由于含水量较低，原料需要切得更碎、压得更紧、密封更严，否则比一般青贮更易损坏。

（4）裹包青贮。这是主要在人工草地上进行青贮的一项技术，需要机械化作业，一般程序为刈割牧草→打捆→拉伸膜裹包。其优点主要是不受天气变化影响，保存时间较长（3～5年），且使用方便。

（5）添加剂青贮。在青贮过程中，合理使用青贮饲料添加剂，可以改变因原料的含糖量及含水量的不同对青贮饲料品质的影响，增加青贮原料中有益微生物的含量，提高青贮原料的利用率及青贮饲料的品质。常见的青贮饲料添加剂如下。

一是添加乳酸菌。直接添加乳酸菌菌种可促进乳酸菌繁殖，使乳酸菌在短时间内达到足够的数量，产生大量乳酸。

二是添加酶制剂。添加酶制剂（淀粉酶、纤维素酶、半纤维素酶等）可使青贮原料中部分多糖水解成单糖，有利于乳酸发酵，不仅可增加发酵糖的含量，而且能改善饲料的消化率。

三是添加糖和碳水化合物。可以添加糖糟、葡萄糖、谷物、甜菜渣等来补充青贮原料中碳水化合物和发酵糖的不足。

四是添加酸类物质。加入适量的酸类物质，提高自然发酵中青贮原料的酸度，使得青贮原料的pH值迅速降至5以下，抑制腐败菌和霉菌的生长，促进青贮原料迅速下沉。在良好的条件下可产生大量乳酸，进一步使得青贮原料的pH值降至4左右，可保障青贮效果。通常，加酸制成的青贮饲料呈深绿色，具有香味，品质高，蛋白质仅损失0.3%～0.5%。常用的酸类物质包括甲酸、苯甲酸、丙酸、甲醛等。

五是添加营养物质。直接在青贮过程中添加各类营养物质能提高青贮的饲用价值。尿素和磷酸脲为非蛋白氮添加剂，可提高青贮饲料中粗蛋白质的含量。此外，还可以通过添加无机盐类物质（磷酸钙、硫酸钠、氯化钠、碘化钾、硫酸铜等）来增加青贮饲料中的矿物质和微量元素的含量。

4. 能量饲料

能量饲料是指干物质中粗纤维含量小于18%、粗蛋白质含量小于20%的一类饲料，其含水量较低，其含有的有机物主要是可溶性淀粉和糖（一些籽实饲料中还含有较多脂类），有机养分的消化率高，可利用能量高，是以提供动物能量为主的饲料。该类饲料的无氮浸出物含量为59%～80%，消化率约为90%（糠麸类饲料除外）；粗纤维含量为3.7%～14.2%，品质差，赖氨酸、蛋氨酸和色氨酸含量低；粗脂肪在糠麸类饲料中的含量最高可达19%（油脂类饲料含粗脂肪量更高）；B族维生素含量丰富，但缺乏维生素A和维生素D；钙少、磷多，钙磷比例严重失调，植酸磷所占比例大，吸收利用率低；其他元素含量较低。

能量饲料的种类：谷实类（玉米、大麦、小麦、燕麦、高粱、稻谷、青稞、小米等），糠麸类（粮食加工副产物，如谷实类的种皮、糊粉层，常见的有米糠、小麦麸、玉米种皮等），块根、块茎饲料干制品（马铃薯、饲用甜菜等的干制品），油脂（植物油和动物脂肪）和糖蜜类。在使用该类饲料时应注意与蛋白质饲料配合，弥补蛋白质及必需氨基酸的不足，并注意补充维生素和矿物质。由于能量饲料的脂肪含量较高，极易发生霉变及脂肪氧化酸败，应当注意贮藏条件。

加工和调制该饲料的目的主要是便于动物的咀嚼和反刍，方便合理和均匀地搭配饲料。适当的调制可提高养分的利用率，加工和调制时也应注意防止其酸败。主要调制方法如下。

（1）粉碎。给动物整粒饲喂谷实类饲料不利于动物的消化，易造成浪费，将其粉碎后可为合理和均匀地搭配饲料提供方便。但粉碎的饲料也不可过细，与细粉相比，粗粉可以提高适口性，有利于动物反刍，提高饲料的能量利用率，防止动物瘤胃酸中毒。

（2）浸泡。玉米等谷实类饲料被粉碎后，与豆饼、糠麸混合浸泡。糠麸类饲料单独浸泡会黏稠、糊嘴。

（3）压扁。将原料用蒸汽加热到120℃左右，然后用压扁机压成1毫米厚的薄片，使其迅速干燥。由于被压扁的饲料中的淀粉经过了加热糊化，当用于饲喂动物时，其消化率明显提高。

此外，能量饲料的加工方法还有发芽、糖化、制粒等。

5. 蛋白质饲料

蛋白质饲料是指饲料干物质中粗蛋白质含量不小于20%、粗纤维含量小于18%的一类饲料，这类饲料的蛋白质含量高，其中豆类饲料含20% ~ 40%的粗蛋白质；饼粕类饲料含33% ~50%的粗蛋白质；动物类饲料的粗蛋白质含量最高，可达85%，而且粗蛋白质的品质好，限制性氨基酸含量丰富。血粉、羽毛粉等动物加工副产品尽管粗蛋白含量高，但其氨基酸不平衡，适口性较差。蛋白质饲料的无氮浸出物含量低于能量饲料；粗纤维含量因饲料品种而异，动物类饲料不含粗纤维，而饼粕类饲料的粗纤维含量为7.0% ~16.8%；蛋白质饲料含丰富的维生素 E 和 B 族维生素，鱼肝与鱼油还富含维生素 A 和维生素 D；矿物元素含量方面，鱼粉、肉骨粉中钙、磷含量比能量饲料略高。此外，动物类、豆类、饼粕类饲料含丰富的铁、锌。

蛋白质饲料的种类：植物性蛋白质饲料，包括豆类（如大豆、蚕豆、黑豆等）；饼粕类（主要是大豆、花生、葵花籽、棉籽、油菜籽、芝麻、胡麻等经压榨或浸提油后的副产物，压榨提油后的块状副产物称作饼，浸提出油后的碎片状副产物称为粕）；糟渣类（如酒糟、醋糟、豆腐渣、酱油渣、粉条渣等）；动物性蛋白质饲料（主要包括鱼粉、血粉、蚕蛹、肉粉、肉骨粉、羽毛粉、蚯蚓、蝇蛆等）；单细胞蛋白质（如酵母、真菌等）；非蛋白氮（如尿素、缩二脲、异丁叉二脲、铵盐等）。

在日粮配制中均需使用蛋白质饲料，但由于其干物质体积小，必须与其他饲料配合使用，并应当注意这类饲料中含有的某些有毒、有害物质，如豆类含有抗胰蛋白酶、脲酶、胡芦巴碱及凝血蛋白酶等；菜籽饼粕中含有硫葡萄糖苷酯类、单宁、芥子碱及皂角苷等，其中硫葡萄糖苷酯经芥子酶水解产生异硫氰酸酯和恶唑烷硫酮等毒物；棉籽饼粕中含有游离棉酚；亚麻饼粕中含有亚麻苦苷，可经酶水解成氢氰酸，易导致动物中毒。在将植物性蛋白质饲料作为动物的主要蛋白质源时，应给动物补充氨基酸添加剂，以平衡氨基酸。在反刍动物日粮中使用非蛋白氮时需严格控制用量，注意使用方式，以防止动物中毒。

6. 矿物质饲料

矿物质饲料是指天然生成的矿物和工业合成的单一化合物以及混有载体的多种矿物质配成的预混料，包括含有钙、磷、钠、镁、氯等常量元素的多种矿物质饲料。含有铁、铜、锰、锌、钴、碘、硒等各种微量元素的无机盐类或其他产品可用作添加剂。

用于为动物提供常量元素的矿物质饲料有食盐、钙源饲料（如石灰粉、贝壳粉、蛋壳粉、碳酸钙等）、磷源和钙磷平衡饲料（主要有磷酸、磷酸钠盐、磷酸钙盐及骨粉）以及天然矿产品，如沸石、麦饭石、海泡石、膨润土、凹凸棒石等，这些天然矿产品均有直接加入动物日粮的试验报道，但由于其所含常量元素和微量元素的浓度变异性大、含量低，试验效果不一，直接作为矿物质饲料并不理想。生产实践中常利用这些天然矿产品的吸附性、离子交换性、流散性和黏结性等特有的物理性状，将其用作饲料添加剂的载体和稀释剂。

7. 维生素饲料

维生素饲料是为给动物提供各种维生素的一类饲料，包括经工业化学合成、生物工程生产或由动、植物原料提纯精制形成的各种单一或混合制剂。维生素饲料常以添加剂的形式被应用于生产实践，产品包括脂溶性维生素类产品和水溶性维生素类产品，以及水产动物养殖中常用的类维生素物质，如对氨基苯甲酸和肌醇等。

8. 饲料添加剂

饲料添加剂是指各种用于强化畜禽饲料效果并有利于配合饲料生产和贮存的一类非营养性的微量物质，如各种防霉剂、抗氧化剂、保健剂、黏结剂、分散剂、着色剂、增味剂、益生素、酶制剂等。但在生产实践中，也常将氨基酸、微量元素、维生素等营养性的微量物质作为添加剂。因此，广义的饲料添加剂是在天然饲料的加工、调剂、贮存或饲喂过程中人工加入的各种微量物质的总称，包括营养性补充物与非营养性添加剂。

（三）日粮的配制

日粮的配制是麋鹿饲养管理的一个重要环节，只有调制出能够满足麋鹿在不同生长发育阶段的营养需要的日粮并给相应阶段的麋鹿食用，才能使麋鹿健康成长。

1. 日粮配制的依据

日粮配制应遵循饲养标准，其理论基础是动物营养学。饲养标准列出了在正常条件下动物对各营养物质的需要量。日粮配制主要以反刍动物的一般饲养标准为依据，并通过饲养实践不断加以完善。到目前为止，国内还未公布鹿的饲养标准，鹿的饲养者使用的都是一些通过饲养实践所获得的经验配方或典型日粮配方。

饲料成分和营养价值表能够客观反映各种饲料的营养成分和营养价值，对合理利用饲料资源、提高动物的饲养效率和降低饲养成本有重要作用，也是日粮配制应参考的依据。

设计日粮配方时，首先根据参考饲养标准选取适当的饲料，然后再查阅饲料成分和营养价值表，计算所设计的日粮配方是否符合饲养标准中对各种营养物质的要求。在设计日粮配方时，应根据当地饲料资源的实际情况，合理选用饲料，尽可能做到就近选用饲料。在满足麋鹿的营养需要的前提下，应选择质优价廉的饲料以降低成本。

2. 日粮配制的原则

在制定麋鹿的日粮配方时，首先要满足麋鹿的能量需要，在此基础上再考虑其蛋白质、矿物质、维生素等营养物质的需要。如果首先考虑麋鹿的其他营养物质的需要，则一旦配方中的能量不能满足麋鹿的需要，须重新调整饲料的配方。如果首先满足了其能量的需要，即使配方中氨基酸、矿物质及维生素的含量不足，也可以采用各类添加剂进行补充。

进行日粮配制时应注意营养成分之间和不同饲料之间的比例关系。每千克日粮中蛋白质与总能量的比例（即蛋能比，以克/千焦为单位）要适宜，当日粮中能量低时，蛋白质含量应降低；当日粮中能量高时，蛋白质含量也应提高。使用高能低蛋白或低能高蛋白的日粮饲喂麋鹿将会造成饲料的浪费。

进行日粮配制时要考虑麋鹿的生理特点和采食特征，同时需考虑日粮的体积与麋鹿的采食量的关系，日粮体积过大，则麋鹿难以吃进食物，无法摄入需要的营养物质；日粮体积过小，即使麋鹿的营养需求得到满足，但由于麋鹿的瘤胃充盈度不够，麋鹿也难免会有饥饿感。此外，精、粗饲料搭配比例适当才能使所配制的日粮达到营养合理、平衡，体积适中，适口性好的效果。同时，可合理选用营养添加剂。

进行日粮配制时还需注意气味、口味特殊的饲料，以免影响麋鹿的进食量。所用饲料必须新鲜、优质、无霉变，禁止使用被污染的、不洁的饲料。选用饼粕类饲料时需要采取去毒措施，并严格控制用量。使用的添加剂类饲料要符合饲料质量标准，特别注意其有毒元素的含量不能超标。大豆、豆饼等优质蛋白质饲料在反刍动物的瘤胃中降解率很高，应考虑采用物理、化学等方法进行保护处理，以提高通过瘤胃的饲料的蛋白含量，提高蛋白质饲料的利用率。另外，还要考虑饲料的粒度，以预测其通过瘤胃的速度和消化率的高低。通常，饲料粒度的直径以 1~2 厘米为宜。

进行日粮配制时要根据饲养实践及饲料成分和营养价值表充分利用本地区的现有资源，因地制宜、就地取材，选用品质好、品种多样、营养丰富、来源充足、成本低廉的饲料，合理利用植物性蛋白质饲料。应用现代新技术优化配方，使配制的日粮营养平衡、全价高效、优质、成本低，并能产生预期效果。对日粮中使用的各种添加剂要采用分次预混的方法将其混合均匀后再混入日粮中反复搅拌均匀，混合不均易导致动物中毒。

配制的日粮应保持相对稳定。如果突然改变日粮构成，会影响麋鹿瘤胃发酵，降低饲料的消化率，甚至会引起麋鹿发生消化不良或下痢等。

3. 日粮配制的步骤

日粮配制的一般步骤：根据饲养标准，确定营养需要量；确定满足粗饲料的喂量，优先选用当地主要的粗饲料，如青干草或青贮饲料等作为粗饲料；确定补充饲料的种类和数量，一般用混合精料来补充能量和蛋白质的不足，用矿物质饲料平衡日粮中钙、磷等矿物元素的含量。

孟玉萍等（2010）对北京麋鹿苑半散放麋鹿的采食量的研究表明，麋鹿的采食量为干物质 10.27 千克/（天·只），根据牧草含水量（73%）计算，麋鹿自由采食的牧草的鲜重为 38.037 千克/（天·只）。

北京麋鹿苑的精饲料配方：玉米 50%、豆粕 26%、麸皮 11%、大麦 10%、碳酸氢钙 2%、盐 1%。日粮的比例：精饲料、胡萝卜和苜蓿粉的混合料 1.1~4.5 千克，饲喂比例为 1:1:0.2（钟震宇等，2005）。

自 2015 年以来，北京麋鹿苑为了改善麋鹿瘤胃微生物健康菌群结构，增加饲喂青贮饲料，饲喂时主要将精饲料、粗饲料、青绿饲料、青贮饲料按一定比例混合均匀，精饲料、粗饲料（干苜蓿草）、青绿饲料（胡萝卜）、青贮饲料按照一定比例投喂，每天平均投喂每只成年麋鹿精饲料 1.5~2 千克、粗饲料 2~4 千克，胡萝卜 1.5~2 千克，青贮饲料 1~1.5 千克。

江苏大丰麋鹿保护区自 1986 年 8 月重引入麋鹿以来，在冬、春季节的人工补饲的饲料配方为 10% 大麦、20% 玉米、20% 豆饼、50% 麦麸，与草粉（大豆秸、花生秸、玉米秸和蓼草、马唐、狗尾草、苈草等混合粉碎成的粉末）按 1∶1 混合，每只麋鹿每天给予 3~5 千克精料，并给予每只麋鹿 1~2 千克胡萝卜（徐安宏等，2017）。2013 年以来，人工补饲料改用青贮玉米秸，并混合小麦麸、豆粕。青贮玉米、小麦麸及豆粕的比例按照麋鹿不同生长期和整体膘况在 3∶1∶1~4∶1∶1，每只每天给予 5~7 千克（徐安宏等，2017）。

第四节　麋鹿的饲养管理

一、饲养方式

（一）圈养

圈养也称为圈养舍饲，就是把麋鹿群包括成年雄麋鹿、成年雌麋鹿、幼鹿等放在人工修建的圈舍里，不仅由人直接饲喂专门配制的饲料，而且鹿群的一切活动受人的直接监控和限制，麋鹿在人的直接干预下生长和繁殖。该饲养方式具有集约经营管理的特点。采用这种饲养方式便于对麋鹿群进行科学管理，易于观察每只麋鹿的状况，便于采取预防和治疗疾病的措施，同时对麋鹿的选育、品质改良及其他措施的实施等提供了便利条件。但应注意必须为圈养麋鹿提供充足的饲料，否则会影响麋鹿的生长发育。同时，对麋鹿进行圈养要求具备一定的人力和物力，有足够的饲养管理设备，饲养成本相对比较高。

　　圈养麋鹿是在一定的外界环境条件下生长发育的，重要的外界环境因素一旦发生了变化，会影响麋鹿的生长发育。影响麋鹿的生长发育的主要因素包括饲料和饮水、温度和阳光、看护和管理等，其中最主要的、影响最大的因素是饲养条件。饲养条件对动物的生长速度、机体的发育、体重的增减以及遗传基础等均有很大的影响。

　　（二）半散放饲养

　　半散放饲养是利用天然障碍或人工修建的大型围栏等把麋鹿群养在饲料资源丰富的大面积场地内，场地内应有一定的饲养管理设备。可根据场地质量的好坏，在几个固定的地点定时给麋鹿群补充精饲料，并用固定的音响信号引导麋鹿群前来采食。盐具有麋鹿不可缺少的营养成分，应在场区内固定地点（通常在溪水边）堆放食盐，也可用泥土将食盐埋起来，雨后土壤上就会泛出盐霜，可供麋鹿自由舔食。在牧草欠缺的情况下，必须大量补充饲料。半散放的麋鹿群基本上处于半野生状态，麋鹿群可在大面积场地内自由活动和采食，此时其可充分采食天然饲料。

　　半散放饲养存在的主要问题之一就是饲草料。如果没有足够大面积的放牧场地和良好的饲养条件，采用半散放饲养方式很难保证麋鹿群长期的营养需要。使用过多的人工补充饲料则无法发挥半散放饲养的优越性，与一般的圈养方式几乎无区别。

　　若场地饲料条件差，可有效利用的面积不足，麋鹿群分布密度较大，则每年夏末牧草基本会被啃光，一些雌麋鹿特别是哺乳期的雌麋鹿常因饲料不足而体质较差。瘦弱的雌麋鹿到了夏季往往不发情，无法交配，产仔率低。在大围栏内自由放牧，对麋鹿群不易进行人工控制，不能采取有效的管理措施，致使鹿群在繁殖季节自由交配，幼鹿死亡率高。经过多年的自群繁殖，近亲交配的现象会比较严重，瘦弱、有缺陷的麋鹿会越来越多，其后果就是降低了整个麋鹿群的繁殖力，麋鹿群会出现退化现象。半散放的鹿群仍处于半野生状态，胆小怕人，一旦受惊就会四处逃窜。即使在冬季补饲时，也有少量的麋鹿不愿意回鹿舍。此外，采用半散放饲养方式对麋鹿群的统计工作也造成了很大困难。通常，一些牧草资源丰富的国家主要采用这种饲养方式。

（三）散放饲养

散放饲养实际上就是在自然条件下的放养，属于动物的引种、风土驯化等范畴。实践证明，麋鹿在适应生存环境方面有很大的可塑性。完全有可能把其引至以前曾有分布、后来又灭绝的地区或适合其生存的其他地区，使其在自然条件下繁殖和生长。

通常，对麋鹿群进行散放饲养需具备以下条件。

第一，需要通过周密细致的调查确定适合麋鹿群散放饲养的地区。第二，需要集中引种。一次少量引种往往达不到好的效果。多次大量引种才能加速麋鹿群的风土驯化过程。第三，需要采取有效的保护措施。散放饲养的麋鹿群不能无人管理。如果将麋鹿群散放于无人管理的地方，麋鹿第一年就可能死亡。特别要注意保护引种和散放人工饲养的麋鹿，防止其遭受猛兽和偷猎者的捕杀。第四，需要实施各种自然养殖措施，定期补充饲料，麋鹿群进入新环境后往往不能马上恢复其本来的生活习性，有时会由于饲料缺乏或其他原因而死亡。没有以上条件不可能使被散放在自然条件下的麋鹿的数量增加。如能采取保护和补充饲料的措施，则被散放的麋鹿大部分能存活，这不但能保持原来的数量，而且能使其逐年繁殖。

被散放的麋鹿生命力强、体质好，从半散放鹿场中引种尤为合适。引种的麋鹿经过人工繁殖几代后已成为半家养动物，因此放出的地点应当是自然保护区。应在麋鹿适应了当地环境后（通常为 1 ~ 2 年）再使其在自然条件下生活。

二、饲养管理的基本原则

对于不同的麋鹿群和处于不同生产时期的麋鹿的饲养管理技术有较为统一的要求和规定，即一般性的饲养管理措施。

（一）饲养原则

1. 以粗料为主、精料为辅

麋鹿属于草食性反刍动物，应以粗饲料为主，然后再根据季节和麋鹿的生长阶段用精料补充青粗饲料营养不足的部分。这也是饲养其他草食性动物必须遵循的基本原则。实践证明，麋鹿的食性广，能采食乔灌木枝叶等多种植物，也能采食各种农副产品及青贮饲料。因此，可尽量采取放牧、青刈等形式用粗饲料满足麋鹿的营养需要，而在枯草期或麋鹿生长旺期可用精料加以补充。这样既能广泛利用植物饲料，又能科学地满足麋鹿的营养需要，充分利用了反刍动物的消化特点。

2. 科学搭配饲料、力求多样化

保证饲料的多样化和全价性是提高机体代谢水平的必备条件。同时，饲料的多样化和全价性可使日粮具有全面的营养价值，提高麋鹿的食欲和适口性，促进其消化液的分泌，提高饲料的利用率。另外，要注意饲料的品质，坚持不喂腐烂、发臭、有毒的饲料，保证饲料的营养价值。目前，北京麋鹿苑和江苏大丰保护区在试喂青贮饲料、颗粒饲料和添加剂等方面都取得了良好的实践效果。

3. 定时、定量饲喂，严格遵守饲喂次数和顺序

每天定时、定量地饲喂各类饲料，可使麋鹿养成良好的进食习惯，有规律地分泌消化液，促进其对饲料的消化吸收。这一原则对饲喂反刍动物是很重要的。如果做不到每天定时、定量地饲喂，就会打乱麋鹿的进食规律，引起麋鹿消化液分泌和消化机能紊乱，导致麋鹿消化不良，容易患胃肠疾病，甚至生长发育停滞。

4. 变更饲料要循序渐进

麋鹿在夏、秋季节以采食青绿粗饲料为主，在冬、春季节则需加喂贮备饲料和精料。变更饲料时，新饲料的饲喂量要逐渐增加，使麋鹿的消化机能及微生物区系逐步适应新饲料。如果突然改变饲料，或喂大量的新饲料，就会增加麋鹿的瘤胃负担，影响其消化机能和饲料利用效果，甚至会引起麋鹿患胃肠疾病，这一点在季节性变料时要特别注意。

5. 注意饮水

水是动物生存的必需物质。麋鹿在采食后饮水量大，而且饮水次数多。供水量可根据季节、饲料性质及麋鹿的年龄、生理状态等而定。夏季高温时要注意加大提供的水量，冬季宜提供温水。同时，要注意水质消毒，以防止各种疾病的发生。牧场要尽量为麋鹿群创造良好的饮水条件，以便麋鹿能喝到充足的水。通常，过量饮水对麋鹿没有坏处，因此应当为

其提供充足的水。

6. 夜间补饲

麋鹿采食量较大，特别是在产仔旺季。夜间要注意补饲，尤其是在冬季，因为夜间较长，天气寒冷，麋鹿因御寒会消耗很多能量，而且白天采食时间不足，更要在夜间补饲。夜间补饲一方面可增加麋鹿的夜间运动量，另一方面可缩短饲喂的时间间隔。另外，夜间补饲也可以让麋鹿在夜间有充分的时间反刍和采食。

（二）管理原则

1. 实行科学管理

牧场必须建立一整套科学的饲养管理制度，有稳定的领导机构及技术力量，应该建立健全各种生产责任制和岗位责任制，科学地制订各种生产计划、繁殖计划、育种计划，使每个环节都有章可循，管理工作实现科学化、现代化。

2. 合理的分群管理

麋鹿基本上处在半野生状态，无论在生活习性还是生理机能上都保留了一些野生动物的特点，因此要做到妥善管理。由于性别和生长阶段不同，必须对麋鹿进行分群管理，即可按照性别、年龄和健康状况分群。同时，对老龄、体弱、患病的麋鹿要实行单独饲养，待其恢复正常后方可让其归群。

3. 做好卫生和疾病防治工作

麋鹿群虽然在野生状态下抗病力很强，但在饲养条件下，由于环境的变化，也会发生一些疾病，特别是一些群发性传染病。这些疾病的发生主要与环境卫生有关。为了做好疾病防治工作，一定要严格执行卫生防疫制度，需设防疫池、防疫沟等，饲料、饮水要清洁卫生，圈舍要勤打扫、保持干燥。对麋鹿粪便的处理要得当，对料槽、水槽等要进行定期的、严格的消毒。此外，还需要给麋鹿群做定期检疫，坚决杜绝常见传染性疾病的发生，使麋鹿群始终保持良好的健康状态。

4. 保持安静

麋鹿极其敏感，经常竖耳听声，稍有骚动就会惊慌失措，到处奔跑，有的甚至会翻越圈栏。因此，在日常的饲养管理工作中一定要尽量保持安静，饲养员的动作要轻，不要大声说话，尽量避免麋鹿被打扰。

5. 适当运动

被圈养的麋鹿的活动受到很大限制，如果不加强其圈内运动，其体质以及其他各项生理机能都会受影响，适当的圈内运动对其是极为有益的。运动不但可增强麋鹿的体质，促使麋鹿增加食饮量，而且能提高雄麋鹿的精液品质，保证雄、雌麋鹿有适宜的繁殖体况。可每天在圈内适时驱赶麋鹿，或者可有计划地结合放牧增加其运动量。

6. 经常观察麋鹿群

经常观察的项目主要有：

（1）精神状态。健康的麋鹿两眼有神，活泼，精力旺盛，爱活动。如麋鹿出现精神萎靡不振、长时间呆立不动、个体离群、两腿紧靠、经常卧地不起等现象，很可能是患了疾病，应找兽医对其诊断治疗。

（2）食欲和反刍。健康的麋鹿通常食欲好，食速快，反刍正常。病鹿则食欲不佳，吃得很少或不吃，出现这种情况应查找原因。应将麋鹿生病与饲料质量变坏而影响麋鹿采食的情况区别开来。反刍正常是健康麋鹿的基本特征之一，麋鹿反刍不正常或不反刍可能是疾病所致。

（3）鼻唇镜。健康麋鹿的鼻唇镜上经常呈湿润状态，病鹿的鼻唇镜则通常干燥无汗。

（4）体温。鹿的体温比较恒定，梅花鹿的正常体温为 37.5 ~ 38.5℃，最高为 39℃，平均为 38.5℃。麋鹿的正常体温与梅花鹿基本相同。幼鹿的体温比成年鹿稍高一些。麋鹿若生病，一般都会出现体温升高的现象。

（5）粪便。健康的麋鹿的粪便较干，落地后松散分离，呈散球状，其颜色为褐色或黄褐色。如果麋鹿的粪便很稀、带有黏液或血样物、气味酸臭，应进一步诊查其是否患有疾病。

（本章作者：程志斌、王丽斌、孟玉萍、张鹏骞、郭青云）

第七章　麋鹿的繁育

　　麋鹿之所以成为我国珍稀濒危物种，除受人类活动、原始栖息地发生大变化等因素影响外，更重要的是受其自身的繁殖策略影响。一般来说，动物繁殖有两种策略，即 r-对策和 K-对策。r-对策者以高生育力、快速发育、早熟、单次生殖、后代多而小的生物学特性使种群增长率最大化；K-对策者具有发育慢、迟生殖、产仔（卵）少、后代大，但多次生殖的生物学特性。在生存竞争中，K-对策者是以"质"取胜，而且 r-对策者则是以"量"取胜。往往 r-对策者不容易灭绝，而 K-对策者只要其栖息环境发生大变化就会成为濒危物种。麋鹿就属于 K-对策者，同时麋鹿又是食草动物，在食物链中处于底层，其体型和性格等原因决定了它逃避敌害能力差、较易被捕杀的特点，如果栖息环境发生大变化时食物来源受到限制，其就会面临灭绝的危险。

　　麋鹿在我国野外灭绝达数百年，为了挽救麋鹿，使其重新获得野外生存、繁殖的能力，必须深入了解麋鹿的繁殖特性，在人工条件下帮助其进行种群扩繁，才能使其持续地生存。本章阐述的麋鹿的繁殖特性、繁殖器官以及扩大种群选配技术等，对麋鹿种群数量的增长、种群质量的提高，以及开展麋鹿快速扩繁、种群进化、遗传多样性等研究具有重要指导价值，为野生放养麋鹿的工作提供充分的科学依据。

第一节 麋鹿的繁殖

一、麋鹿的生殖器官及其机能

（一）雄麋鹿的生殖器官及其机能

雄麋鹿的生殖器官由睾丸、附睾、输精管、尿生殖道、精索、副性腺（精囊腺、前列腺和尿道球腺）、阴茎、包皮、阴囊组成（图7－1）。

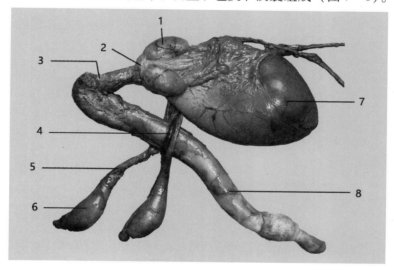

图7－1　雄麋鹿的生殖器官（钟震宇，白加德，2019）
1—精囊腺；2—前列腺；3—尿道球腺；4—输精管；5—精索；
6—睾丸；7—膀胱；8—阴茎

1. 睾丸

睾丸为雄麋鹿的生殖腺，位于腹壁外阴囊的两个腔内。睾丸头向上与附睾头相邻，睾丸尾向下，其后缘与附睾体相近，叫附睾缘；其前缘凸出，叫游离缘。睾丸的大小和重量具有明显的季节性变化，雄麋鹿非繁殖季节的睾丸的重量仅为繁殖季节的30%左右。

睾丸的表面被以浆膜，即固有鞘膜，其下为一层由胶原纤维和弹性纤维组成的致密的结缔组织构成的睾丸白膜，其厚约 1054 微米，有大量血管分布。睾丸白膜从睾丸头端向睾丸实质部伸入结缔组织索，构成睾丸纵隔，并向四周放射性地伸出许多结缔组织小梁，直达白膜将睾丸分成许多锥形小叶。每个小叶由 2~3 条曲精细管盘曲构成，曲精细管在小叶顶端汇合成直精细管，穿入睾丸纵隔结缔组织内形成睾丸网，最后由睾丸网分出 10~30 条睾丸输出管盘曲成附睾头（图 7-2）。

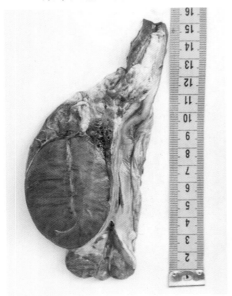
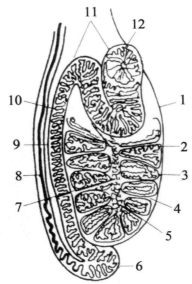

图 7-2 麋鹿的睾丸与附睾剖面及其组织构造示意图
1—睾丸；2—曲精细管；3—小叶；4—间质；5—直细精管；
6—附睾尾；7—纵隔；8—输精管；9—附睾体；
10—附睾管；11—附睾头；12—睾丸网

曲精细管是睾丸产生精子的场所，其直径约 200 微米，管壁厚度不均，由生精上皮构成。生精上皮有两种细胞：支持细胞和生精细胞。曲精细管上皮外有一层基膜，基膜处有肌样细胞，肌样细胞呈梭形，核长且不规则，其结构类似平滑肌。曲精细管之间有间质细胞、血管、淋巴管和神经分布。间质细胞较大，呈圆形或不规则形，负责合成和分泌雄激素（睾酮）。支持细胞也叫塞托利氏细胞（Sertoli cells），细胞呈不规则锥形，轮廓不太清晰；细胞染色质很稀疏，染色浅；其核为多形性，核仁明显；细胞基部紧贴基膜，细胞顶部伸向曲精细管管腔，有的支持细胞会游离到管腔（图7-3）。

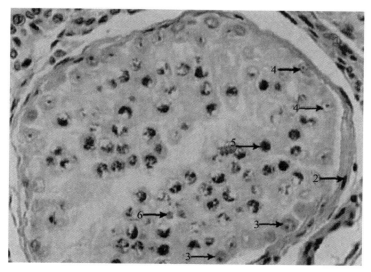

图7-3　麋鹿睾丸曲精细管（HE染色，40×10）（陈森，2012）
1—支持细胞；2—肌样细胞；3—精原细胞；4—支持细胞；
5—初级精母细胞；6—精子细胞

2. 附睾

雄鹿的附睾是一个功能强大的附属性器官，与睾丸附睾缘相邻，分为附睾头、附睾体和附睾尾3部分。附睾头包含20多条输出小管，位于睾丸头上部及睾丸游离缘，被膜厚度约为53微米，输出小管的上皮是假复层柱状上皮细胞，近腔处呈低柱状。

睾丸及附睾头中的精子活力差，无受精能力或受精能力差，存活时间短。附睾体厚度为400~1000微米，沿睾丸附睾缘延伸，由浆膜韧带与睾丸相连。附睾体很长，精子通过其中脱水收缩，获得一层具有保护作用的蛋白质外膜，并发育成熟。附睾管管壁上皮由近腔处的高柱状细胞和远腔处的基细胞组成，高柱状细胞也有静纤毛突向规则的管腔，具有吸收水分、浓缩精液的作用（图7-4）。输出小管和附睾管的上皮基膜外都有环形平滑肌，其通过收缩可将精液运送到附睾尾。附睾尾是贮存精子的地方，厚度为400~1000微米，附睾尾向下由附睾韧带与睾丸尾相连。附睾韧带由附睾尾延伸到总鞘膜，形成阴囊韧带。附睾尾精子的活动力和抵抗力较强，受精能力比附睾头的精子强得多。

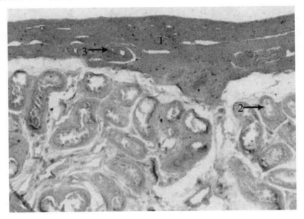

图7-4　麋鹿附睾管（HE 染色，10×4）（陈森，2012）

1—被膜；2—附睾管；3—动脉管

3. 阴囊

阴囊位于两后腿之间、耻骨前方，内有睾丸、附睾和部分精索。阴囊外层为较薄的皮肤，中层为由弹性纤维和平滑肌构成的肉膜，肉膜在睾丸囊正中将其分为左右互不相通的两半。总鞘膜在阴囊最内层，固有膜包在睾丸、附睾及部分精索的表面。阴囊在热天松弛，冷天皱缩，是维持精子正常生成的温度调节器官。

4. 输精管

输精管由附睾管延续而来，与通往睾丸的神经、血管、淋巴管、睾内提肌组成的精索沿附睾尾上行到附睾头，经腹股沟管进入腹腔，再向后进入骨盆腔，最后开口于尿道。输精管是肌性管道，管壁相当厚，管腔小。管壁由内向外分为黏膜层、肌层和外膜（图7-5）。输精管有褶皱的黏膜层被覆一层假复层柱状上皮，到管末端可能成了单层柱状上皮（图7-6）。管壁的肌层相当发达，为平滑肌纤维，分层不太明显，大致分内环、中环、外纵三层。输精管的膨大部固有层中有单分支管泡状腺，其分泌物参与精液的形成。外膜为浆膜，结缔组织间有丰富的血管。

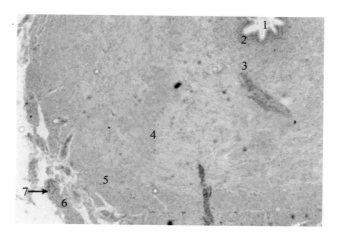

图7-5 麋鹿输精管（HE染色，10×10）（陈森，2012）
1—管腔；2—黏膜层；3—内环肌；4—中环肌；5—外纵肌；6—外膜；7—血管

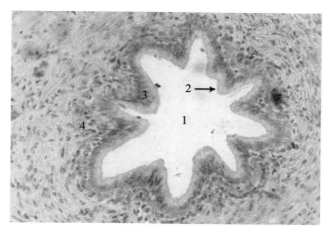

图7-6 麋鹿输精管黏膜层（HE染色，10×10）（陈森，2012）
1—管腔；2—静纤毛；3—假复层柱状上皮；4—固有层

5. 副性腺

雄麋鹿的副性腺包括精囊腺、前列腺和尿道球腺。雄麋鹿射精时副性腺分泌物与输精管壶腹部的分泌物混合形成精清，与精子共同构成精液。

精囊分泌乳白色黏稠液体，可提供精子代谢所需能量，刺激精子运动；前列腺分泌稀薄、淡白色液体，液体呈弱碱性，可使精子保持正常的生理特性；尿道球腺位于尿生殖道骨盆部后部的背侧，呈球形，在繁殖季节大如红小豆，在非繁殖季节小如小米粒。

6. 阴茎和包皮

阴茎是具有交配和排尿双重作用的器官，呈两侧稍扁的圆柱状。其表面有白膜，内部主要由纤维组织和海绵体构成。包皮是皮肤凹陷而发育成的皮肤褶，它起于阴囊腹壁，沿阴茎两侧向前延伸，止于阴茎头，在不勃起时，阴茎头位于包皮腔内。

（二）雌麋鹿的生殖器官及其机能

雌麋鹿的生殖器官由内生殖器官和外生殖器官两大部分组成。内生殖器官由卵巢、输卵管、子宫和阴道组成；外生殖器官包括尿道口、尿生殖前庭、阴唇、阴蒂。雌麋鹿的子宫为双角子宫（图7-7）。

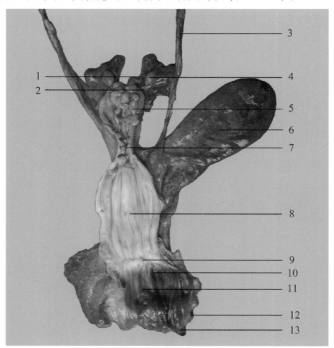

图7-7 雌麋鹿的生殖器官（钟震宇，白加德，2019）
1—输卵管；2—卵巢固有韧带；3—输尿管；4—卵巢；5—子宫阜；6—膀胱；
7—子宫颈；8—阴道；9—阴瓣；10—尿道口；11—尿生殖前庭；
12—阴唇；13—阴蒂

1. 卵巢

雌麋鹿左右各有一个卵巢，外观呈光滑的豆状，形状和大小与麋鹿的个体特征及年龄有关。雌麋鹿的卵巢附着于子宫阔韧带前方的卵巢固有韧带上，一般位于子宫角尖端外侧。卵巢前端连于输卵管系膜，输卵管系膜与卵巢固有韧带之间形成卵巢囊。卵巢的功能是产生卵子及分泌激素。雌麋鹿在长到 12~24 个月时首次排卵，1.5 岁达到性成熟。

雌麋鹿的卵巢由外周的皮质和中央的髓质构成，两者的分界不明显。卵巢皮质部拥有大量的初级卵泡，其主要由卵母细胞和周围的单层卵泡细胞构成。卵巢皮质部的基质是结缔组织，接近表面的结缔组织细胞与卵巢表面大致平行。靠近髓质处的部位为白膜，白膜表面有生殖上皮。髓质内有许多细小的血管神经，它们由卵巢门出入，卵巢外成群的门细胞具有分泌激素的作用，在妊娠时门细胞会增多。雌麋鹿在幼年时，其生殖上皮由柱状或立方细胞构成，随着雌麋鹿年龄的增长，这些细胞多变为扁平状。

2. 输卵管

输卵管是卵子进入子宫的必经通路，包在输卵管系膜内，其细而弯曲，长约25厘米，位于卵巢与子宫角之间。输卵管在接近卵巢处呈漏斗状，边缘有许多突起，呈瓣状，称为输卵管伞，其前端附着在卵巢前部。"漏斗"的中心有输卵管腹腔孔，与腹腔相通。输卵管前端（近卵巢端）的壶腹是卵子受精的地方，其后端较细，称为峡部。由于麋鹿的子宫角逐渐变细，成为输卵管，没有明显的宫管结合处。卵巢排出卵子后被输卵管接纳，借纤毛活动将卵子移入"漏斗"，进入壶腹。精子、卵子结合以及卵裂均在输卵管内进行。在卵巢激素影响下，输卵管分泌细胞在麋鹿发情时分泌大量黏蛋白及黏多糖，它是精子运载工具，也是精子、卵子及早期胚胎的培养液。输卵管及其分泌物正常是精子、卵子正常运行、发育的必要条件。

输卵管管壁的组织结构从内到外包括黏膜层、肌层和外膜，黏膜层上皮为单层柱状，黏膜向内凹陷形成纵形的褶皱（图7-8）。输卵管肌层包括靠近内膜层的环形肌层和靠近外膜的纵形肌层。输卵管的外膜结构不明显。输卵管外有其他附属组织存在。

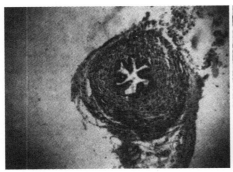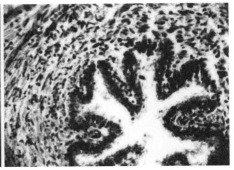

图 7 - 8　麇鹿输卵管组织横断面（左，10 × 10）和
黏膜层（右，40 × 10）（HE 染色）（段艳芳，2012）

3. 子宫

麇鹿的子宫为双角子宫，是胎儿孕育成熟的场所，由子宫角、子宫体及子宫颈 3 部分组成。子宫角是成对器官，向后连于子宫体。左子宫角长约 1 厘米，直径约为 3 厘米；右子宫角长约 3 厘米，直径约为 1 厘米。子宫角弯曲成螺旋形，先向前下方延伸，然后转向后上方，再向前，最后又转向后，连于输卵管。每侧子宫角各有 2 个子宫绒毛叶阜，长约 2 厘米。子宫体较短，长约 3 厘米，直径约为 1 厘米。子宫颈位于子宫体之后、阴道之前，长约 2 厘米，子宫壁很厚，前端与子宫体相通，其开口称为子宫颈内口。后端突入阴道内，其开口称为子宫颈外口。子宫颈内有 22 个皱褶，皱褶较紧，输精器不易通入，可顺子宫颈螺旋状结构旋转插入输精器。子宫颈是子宫的门户，应防止异物通过子宫颈而侵入子宫。子宫颈黏膜上皮为柱状细胞，内含发达的柱状细胞，在麇鹿发情时分泌较多黏液，黏液是交配的润滑剂。麇鹿妊娠时柱状细胞分泌黏液形成栓塞，闭塞子宫颈外口。麇鹿分娩时颈管张开，以便胎儿排出，子宫颈是精子的选择性贮库之一，它可将一些精子导入子宫颈黏膜隐窝内，滤剔缺损和不活动的精子，阻止过多精子进入受精部位。在雌麇鹿发情季节的一定时期，雌麇鹿子宫内膜分泌的前列腺素对卵巢发情周期的黄体有溶解作用，以致黄体机能减退，垂体前叶大量分泌促卵泡素，引起卵泡发育成长，导致雌麇鹿发情；分娩时子宫有力收缩以娩出胎儿；子宫内膜的分泌物和渗出物等为精子提供获能环境，又可为孕体提供营养，是胎儿发育的场所。

雌麋鹿的子宫壁从内向外可分为内膜、肌层和外膜。子宫内膜又称黏膜，由上皮和固有层组成。上皮为单层柱状，固有层为结缔组织，有基质细胞和腺体。其内膜层又可以分为功能层和基底层，内膜浅层中较厚的是功能层，其有大量的子宫内膜腺；基底层靠近肌层，较薄，分布着大量的血管。子宫肌层包括靠近内膜的环肌层和外周的纵肌层两部分，两肌层之间为血管层，存在大量的血管。子宫外膜由疏松结缔组织和间皮组成。子宫体的内膜层中有更多的腺体，而且子宫体的肌层比子宫角的肌层厚（图7-9）。

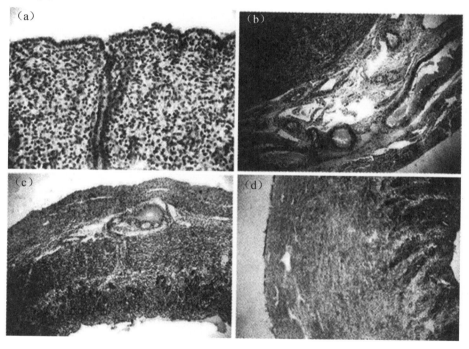

图7-9　麋鹿子宫的组织结构（HE染色）（段艳芳，2012）
（a）—子宫上皮（10×40）；（b）—子宫肌层（10×10）；
（c）—子宫角（10×10）；（d）—子宫体（10×10）

4. 阴道

阴道既是交配器官，也是产道，它位于盆腔内，背侧为直肠，腹侧为膀胱和尿道，后部为尿生殖前庭，阴道壁由上皮、肌层和黏膜层构成。黏

膜上有纵行皱襞，阴道前端和黏膜还有环状皱襞。

5. 外生殖器官

外生殖器官由尿生殖前庭、阴门和阴蒂组成。尿生殖前庭为由阴瓣至阴门裂的一段短管，长约3厘米，是生殖道与尿道的共同管道，在阴道口的下方有尿道开口，后方开口于阴门。黏膜形成许多纵行皱褶，在其壁上有一排前庭腺的开口。阴门位于肛门下方，二者之间的部位为会阴部。阴门两侧为阴唇，中间的裂缝称为阴门裂。两阴唇下相接处阴门下联合内侧有阴蒂，阴蒂主要由海绵组织和神经组织构成。

二、麋鹿的生殖机能发育及调控

动物的生殖机能发育广义上是指从动物出生前的性别分化和生殖器官形成到其出生后的性发育、性成熟和性衰老的全过程；狭义上是指动物出生后与性发育、性成熟、性衰老等有关的生理过程、行为及其调节。

（一）雄麋鹿的生殖机能发育及调控

雄麋鹿的生殖机能主要通过产生精子和交配等生理活动来实现。

1. 初情期

雄麋鹿的初情期是指雄麋鹿个体第一次释放有受精能力的精子，并表现出完整性行为的时期。从这一时期开始，雄麋鹿开始具有使雌麋鹿受孕的能力，同时雄麋鹿进入生殖器官及身体发育最迅速的生理阶段。但是，初情期的雄麋鹿的精液中的精子的活力和正常精子占比低于性成熟后的雄麋鹿，因而繁殖力低，初情期的雄麋鹿经过进一步发育后，生殖机能才完全成熟。

在正常条件下，雄麋鹿的初情期一般为出生后15个月左右，但会受外界环境、营养水平等因素影响。气候寒冷、日照时间短、营养水平低均会推迟雄麋鹿的初情期。在实践中确定初情期较困难，通常根据对雄麋鹿个体的体重、性腺的发育程度及精液品质进行检查结果来确定。一般而言，初情期雄麋鹿的体重为成年雄麋鹿体重的40%～50%。利用精液检查方法估测初情期时，雄麋鹿到达初情期的标准是雄麋鹿一次射精的精子总数不能低于2亿个，其中精子存活率应达到10%以上。

2. 性成熟和适配年龄

雄麋鹿性成熟的标志是开始产生成熟的、具有受精能力的精子，开始出现性行为。此时，雄麋鹿出现交配欲，交配后可能使雌麋鹿受孕。雄麋鹿的性成熟也表现在出现第二性征上，如鹿角。

雄麋鹿性成熟时体重一般能达到成年雄麋鹿体重的 75% ~ 85%。麋鹿为一雄多雌制。雄麋鹿通过吼叫、打斗等行为确定其在麋鹿群中的序位等级和地位，从而决定其交配地位，并且这种序位等级与年龄有关。雄性麋鹿一般在 3 岁后开始参与竞争，但一般到 5 岁后才有机会在竞争中取胜。因此，雄麋鹿发生交配行为往往在达到适配年龄以后。

麋鹿仅雄性有角。鹿角是大部分鹿科动物的第二性征，它是雄鹿保卫领域资源、进行交配期进攻和防御竞争对手的武器，也起着向其他雄性个体展示自己力量和战斗力的作用。此外，鹿角也是雌性个体选择配偶时衡量雄性的交配能力和基因质量的依据。由于鹿角是哺乳动物中唯一每年都可以进行全部更新的器官，鹿角的形态特征、左右角枝的对称性等与麋鹿繁殖成功率之间有一定关系。

3. 雄麋鹿的求偶及其调控

麋鹿的性活动有明显的季节性。在非繁殖季节，雄麋鹿的睾丸处于静止状态，也是雄麋鹿的生茸期，无性活动。麋鹿是群体等级序列较为严格的动物，在发情季节优势雄性个体占有大群的雌性。因此，雄麋鹿性行为的表现形式为求偶、吼叫、占群、爬跨、射精、交配结束、炫耀等，这是由体内激素、体外激素和感官刺激共同作用引起的行为反应。求偶行为是雄麋鹿通过特殊的姿势和行为诱使雌麋鹿接受交配的性行为表现，通常包括嗅外阴、嗅尿、卷唇；标记行为包括尿喷洒、泥浴、腺体标记；占群行为包括角斗、驱逐成年雄麋鹿、约束雌麋鹿；性行为包括下颌压雌麋鹿、爬跨、交配；炫耀行为包括饰角、吼叫、角触地面等。

在 5 月，雄麋鹿嗅外阴、卷唇、尿喷洒等求偶行为，泥浴行为，追逐雌麋鹿和腺体标记行为发生频次高且持续时间长，而嗅尿、吼叫、饰角、角触地面、驱逐成年雄麋鹿、约束雌麋鹿、下颌压雌麋鹿、爬跨和交配等行为在 6 月的发生频次高且持续时间长，说明 6 月是麋鹿交配盛期（图 7 - 10）。雄麋鹿出现吼叫、装饰、追逐、嗅外阴、卷唇等行为后，很快会发生阴茎勃起并用下颌压雌麋鹿，接着迅速进行爬跨、交合等行为。在交配过程中，雄麋鹿将精液射到雌麋鹿子宫颈附近的阴道部位。雄麋鹿在交配中的射精时间短，一般仅在数秒钟内完成射精。射精后雄麋鹿立刻结束交配。

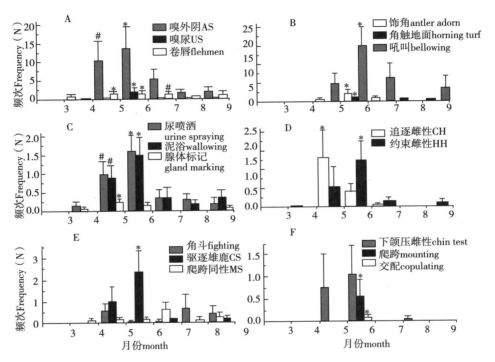

图7－10　雄麋鹿繁殖行为发生频次的月变化（李春旺，2000）

求偶期的雄麋鹿很少采食，其采食行为只占所有行为的1%。求偶期的麋鹿"群主"几乎连续2~3周不吃或很少吃东西，其所控制的雌麋鹿数多达20~30只。求偶期的雄麋鹿常常在沼泽地里滚一身黑泥，不时发出短促的吼叫，并用鹿角挑起地上的青草和藤蔓挂在鹿角上。求偶期的雄麋鹿会为了争夺雌麋鹿进行角斗（图7－11），角斗行为与其能否成功繁殖密切相关，角斗的胜败决定了其在群体中的等级位次，也就决定了其占有雌麋鹿的数量。占优势的雄麋鹿会驱逐其他企图靠近雌麋鹿群的雄麋鹿，垄断其与雌麋鹿交配的机会（图7－12）。雄麋鹿的求偶情况与年龄有关，一般3岁以下的雄麋鹿为繁殖群中的"单身汉"；3岁以上、5岁以下的雄麋鹿一般只能成为繁殖群中的"挑战者",只有 5 岁以上的雄麋鹿才可能成为"群主"。一般的老年雄麋鹿在繁殖期又退居"挑战者"的地位,直到失去繁殖能力。在一个求偶期内,"群主"往往是不断变化的,由于占群雄麋鹿的体力消耗大,占群雄麋鹿常常被获胜的"挑战者"取而代之,于是在长达两个多月的求偶期中,不同的占优势的雄麋鹿会一只接一只地占有雌麋鹿群。在每年 6—8 月,典型交配单位是一个由一只占优势的雄麋鹿控制的雌麋鹿群,其多在距离水域较近的低洼地,其他雄麋鹿在雌麋鹿群外围形成单性麋鹿群。

图 7 – 11 雄麋鹿的角斗行为

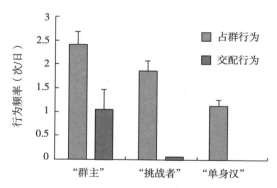

图 7 – 12 不同序位雄麋鹿的占群行为和交配行为（李春旺,2001）

雄麋鹿的性行为是雄麋鹿通过感觉器官接受到关于雌麋鹿的感官信息,在神经系统和内分泌系统对这些感官信息进行整合后产生的。在繁殖季节，雄麋鹿会向体外释放性激素，通过嗅觉刺激诱使异性产生性行为，雄麋鹿通过视觉和听觉感受发情的雌麋鹿外观、姿态和叫声的刺激促使其性行为的发生。睾丸间质细胞分泌的雄激素是刺激雄麋鹿产生性行为的主要激素，经血液中的性腺类固醇激素（SGS）到达中枢神经的特定感受器（位于下丘脑前视区，独立于下丘脑－垂体－睾丸轴调节系统之外），可以将激素信号转变为性冲动，引起性腺以外的生殖器官发生反应。雄激素的分泌受下丘脑和垂体分泌功能的正向调节，同时也可以通过负反馈机制抑制促性腺激素释放激素（GnRH）和睾丸对促间质细胞素（ICSH）的分泌，以保持血清中雄激素浓度相对恒定。

　　雄麋鹿的雄激素分泌与其繁殖活动密切相关。在繁殖季节，雄麋鹿血清中的睾酮水平明显高于非繁殖季节（表7－1），经粪样检测其睾酮浓度明显高于非繁殖季节（图7－13）。雄麋鹿的性行为集中在6—7月。雄麋鹿的繁殖行为是受睾酮调节的，睾酮分泌的季节性波动是雄麋鹿繁殖行为季节性变化的生理基础。自主神经系统对雄麋鹿的勃起和射精起支配作用，脊髓荐骨节的副交感神经支配雄麋鹿的勃起行为，交感神经通过刺激平滑肌的收缩来控制雄麋鹿的射精行为。

表7－1　不同繁殖状态下圈养雄麋鹿的血清中睾酮和皮质醇浓度（李春旺，2003）

（单位：纳克/毫升）

发情状态	睾酮浓度	皮质醇浓度
发情前（n=3）	0.19±0.09	72.87±27.58
发情（n=3）	87.64±16.13	72.16±33.11
发情后（n=4）	0.37±0.24	54.28±13.49

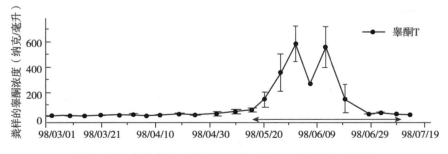

图7－13　麋鹿粪样中睾酮含量的月变化（李春旺，2000）

4. 麋鹿的精液

麋鹿的精液是由精子和精清组成的细胞悬液。精子是一种高度分化的大单倍体雄性生殖细胞，具有独特的形态结构、代谢过程以及运动能力，表面覆盖一层脂蛋白膜。精清主要由副性腺分泌，有少量的睾丸液和附睾液，是精子的载体和营养液。雄麋鹿的精液呈乳白色，一次射精量为 0.7～4 毫升，平均精子活力等级为 60%～80%，精子密度平均为 1～1.8×10⁹/毫升。

精子全长约 60 微米，其中头部约 9 微米、颈部约 1 微米、尾部约 50 微米。其头部呈扁卵圆状，绝大部分被浓缩且密度较高的精核所占据，顶体似帽状扣在精核之上，约占头部的 2/3，其前部较为膨大；颈部较短，位于头部和尾部之间；尾部分为中段、主段和终段，可通过电镜图观察到（图 7-14）。

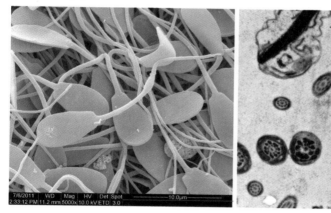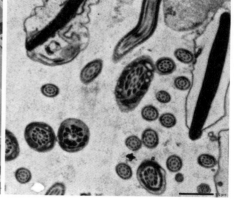

图 7-14　麋鹿精子的扫描电镜图像（左）和透射电镜图像（右）

雄麋鹿精液的质量和射精量受个体特征、年龄、营养、季节和温度、健康状况等因素影响。不同个体、同一个体在不同年龄时精液质量的差异很大，一般雄麋鹿在 5 岁左右时精液质量最好。营养水平对精液质量影响较为显著，营养不足会使精液质量下降；营养过剩，则会导致雄麋鹿过肥，性欲下降，畸形精子增多。雄麋鹿的精液在繁殖季节质量好且数量多，在非繁殖季节则精液少且质量差，甚至不产生精液，在求偶高峰期的雄麋鹿的精子质量和精子活力高于求偶初期，求偶高峰期雄麋鹿的精液中精子密度低于求偶初期。

（二）雌麋鹿的生殖机能发育及调控

雌麋鹿的生殖机能发育过程一般分为初情期、性成熟期、体成熟期和繁殖能力停止期。

1. 初情期

初情期是雌麋鹿第一次发情并排卵的时期。雌麋鹿的生殖道和卵巢在初情期前发育缓慢。雌麋鹿出生后第一年生长发育特别快，当1岁左右时体重为成年雌麋鹿的60%左右，即进入初情期。在初情期前，雌麋鹿卵巢上反复出现卵泡生长、退化、消失再出现的现象，直到初情期卵泡才能发育成熟、雌麋鹿才能排卵。雌麋鹿的初情期的发生时间与个体大小、气候、营养等因素有关，个体大、营养水平较高的雌麋鹿的初情期较早；由于雌麋鹿是季节性发情动物，其初情期受出生季节影响较大。

2. 性成熟期和适配年龄

雌麋鹿在初情期后，生殖器官发育成熟、发情和排卵正常并具有正常的生殖能力，则称为性成熟。雌麋鹿一般在1.5岁达到性成熟，在散放和半散放麋鹿种群中，由于是自然交配，部份雌麋鹿在1.5岁左右接受交配，并在来年产仔。

3. 体成熟期

动物出生后达到成年体重的年龄的阶段，称为体成熟期。雌麋鹿在2岁时耳长、尾长已达成年麋鹿的耳长、尾长。雌麋鹿3岁时体重达成年雌麋鹿的约89%，体长达成年雌麋鹿的约97.5%。雌麋鹿4岁时体长已基本达到成年雌麋鹿的体长，体重通常已达到成年雌麋鹿的体重。雌麋鹿在1~5岁时的体重增长分为4个阶段：2岁前是体重快速增长期，2岁是体重缓慢增长期，3~4岁达到成年雌麋鹿体重，5岁以后体重开始缓慢下降（表7-2）。初次繁殖年龄的雌性动物的妊娠率和产仔率随体重增加而提高，学界普遍认为雌性动物在其体重达到成年体重的70%时才有可能妊娠，2岁雌麋鹿的体重几乎达到成年体重的70%，因此雌麋鹿的初次繁殖年龄应该在2岁。

表 7-2　1~5 岁雌麋鹿的体重和体尺变化（钟震宇，2008）

年龄（岁）	数量（只）	体重（千克）	体长（厘米）	肩高（厘米）	头长（厘米）	耳长（厘米）	胸围（厘米）	尾长（厘米）	后足长（厘米）
1	11	105.1±1.3	147.7±1.7	108.3±1.1	32.5±0.4	17.5±0.3	110.0±2.0	30.2±1.6	45.1±0.4
2	5	162.2±5.7	172.2±3.4	114.2±1.6	37.4±0.4	19.1±0.9	129.2±2.2	30.8±0.5	47.2±0.7
3	6	159.3±8.1	172.7±2.3	116.3±1.9	36.8±0.5	18.6±0.4	130.2±3.8	34.1±2.5	46.0±0.8
4	4	161.5±5.1	173.5±3.4	115.3±0.8	36.5±0.6	18.9±0.5	132.0±5.4	34.4±3.6	45.0±0.4
5	7	158.0±4.2	172.0±2.3	117.0±0.5	37.0±0.6	18.6±0.4	128.9±1.9	30.9±1.3	45.3±0.5

4. 繁殖能力停止期

雌麋鹿的繁殖能力有一定的年限，老年时繁殖能力停止。麋鹿的繁殖能力停止期与寿命有一定关系。雌麋鹿的繁殖能力停止期一般在 14 岁以后，具有繁殖能力的最年长的雌麋鹿的年龄为 17 岁。

麋鹿的繁殖习性与光周期、食谱、生存状态等外界因素有一定的关系。目前，麋鹿主要以圈养、半散养、野生的形式存在，各种生存状态下的麋鹿在繁殖习性上也存在差别。

三、雌麋鹿的发情与交配

雌麋鹿为季节性多次发情的动物。在非发情季节，雌麋鹿的卵巢机能处于静止状态，不会排卵，此阶段为乏情期。雌麋鹿在发情季节会出现多个发情周期，根据发情征象可将其分为发情前期、发情期、发情后期和休情期。雌麋鹿发情时，在促性腺激素（GTH）的作用下，卵巢中的卵泡迅速发育并分泌雌激素，引起生殖器官和性行为的一系列变化，刺激雌麋鹿产生性欲和性兴奋，为生殖道提供受精条件，最后卵泡破裂排卵，能够受精、妊娠。

（一）雌麋鹿的发情征象

雌麋鹿的发情征象主要包括 3 方面，即卵巢变化、生殖道变化和行为变化。卵泡发育、成熟和雌激素的产生是雌麋鹿发情的原因，而外部生殖器官的变化和性行为变化是雌麋鹿发情的外部表现。

1. 卵巢变化

雌麋鹿一般在发情开始前 3~4 天，卵泡开始生长，发情前 2~3 天卵泡迅速发育，卵泡内膜增生，卵泡液分泌增多，卵泡体积增大，卵泡壁变薄且突出于卵巢表面。至发情征象消失时卵泡发育成熟，体积达到最大。在激素作用下，卵泡壁破裂，卵子从卵泡内排出。

2. 生殖道变化

雌麋鹿在发情时，随着卵泡分泌的雌激素增多，孕激素分泌减少；在排卵后，雌激素减少，孕激素增加。在雌激素和孕激素的交替作用下血管、黏膜、肌肉以及黏液的性状发生变化。雌麋鹿发情时生殖道血管增生并充血，阴部充血、水肿、松软，阴道黏膜充血、红肿，子宫颈松弛，子宫黏膜的分泌能力增强，有黏液分泌。雌麋鹿排卵前分泌的黏液量大且稀薄，排卵后分泌的黏液减少且变浓稠。

3. 行为变化

雌麋鹿在发情周期中，受雌激素和孕激素的交替作用，性行为出现周期性变化。雌麋鹿在发情时，发育的卵泡分泌雌激素，并在少量孕酮作用下刺激神经中枢，引起雌麋鹿性兴奋，并使雌麋鹿表现出烦躁不安、摇尾游走、低沉鸣叫等行为。雌麋鹿在发情初期会出现兴奋不安、减食、喜动、吧嗒嘴、鸣叫、接近雄麋鹿但拒绝交配的行为；在发情旺期，其外阴明显肿大，产生少量蛋清样分泌物，雌麋鹿会出现低头、翘尾、拱背、耳朵向后偏转、尿频、常发出低吟声、主动亲近雄麋鹿，以及用颈、下颌摩擦雄麋鹿背部，静立，歪尾接受雄麋鹿爬跨的行为。雌麋鹿从非繁殖季节到繁殖季节的第一次发情的行为表现不明显，时间持续 8～10 天。在繁殖季节，雌麋鹿早期（3—5 月）的发情行为主要是亲近幼鹿，如嗅仔、舔仔和摩擦幼鹿的脸，同时这个阶段也是哺乳和断奶阶段；到 6—8 月雌麋鹿的发情行为表现明显，出现尿频、送臀、离群独处和接受爬跨等行为（图 7-15）。影响性行为的因素有遗传因素、外界环境和气候、性经验和交配前性刺激。成年后的雌麋鹿性行为较稳定，在阴雨天气、早晚凉爽时性行为都明显活跃。

（二）雌麋鹿的发情周期

雌麋鹿只有在发情季节才能排卵。我国雌麋鹿的发情季节一般在 6—8 月，发情高峰期主要集中在 6—7 月。雌麋鹿的发情周期为 17～25 天，每

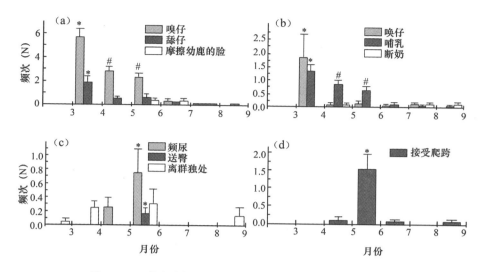

图 7 - 15 雌麋鹿繁殖行为频次的月变化（李春旺，2000）

次发情持续时间为 20 ~ 24 小时，发情旺期持续时间为 6 小时。雌麋鹿产后第一次发情期为产后 40 天左右。半自然状态下的放养麋鹿具有典型的季节性繁殖特点，繁殖季节更集中。

1. 发情周期

根据雌麋鹿的性行为表现及生殖器变化可以将其发情周期分为发情前期、发情期、发情后期和休情期 4 个阶段。

发情前期是雌麋鹿卵泡发育的准备时期。在这一时期，上一个发情周期形成的黄体退化萎缩，新的卵泡开始生长发育；雌激素开始分泌，使整个生殖道血管的血液供应量增加，引起毛细血管扩张，阴道和阴门黏膜轻度充血、肿胀；子宫颈略为松弛，子宫腺体略生长，腺体分泌活动逐渐增加，分泌少量的稀薄黏液，阴道黏膜上皮细胞增生，但雌麋鹿尚无性欲产生。

发情期是雌麋鹿达到性欲高潮的时期。在这一时期，雌麋鹿愿意接受雄麋鹿交配，卵巢上的卵泡迅速发育；雌激素分泌增多，强烈刺激生殖道，使阴道及阴门黏膜充血肿胀明显，子宫黏膜显著增生，子宫颈充血，子宫颈口开张，子宫肌层蠕动加强，腺体分泌增多，有大量透明稀薄的黏液排出。

发情后期是雌麋鹿排卵后黄体开始形成的时期。这一时期雌麋鹿由性欲强烈的状态逐渐转入安静状态；卵泡破裂排卵后，黄体开始形成并分泌孕酮作用于生殖道；生殖道充血肿胀的现象逐渐消退，子宫肌层蠕动逐渐减弱，腺体活动减少，分泌的黏液量少而稠；子宫颈管逐渐封闭，子宫内膜逐渐增厚；阴道黏膜增生的上皮细胞脱落。

休情期是黄体活动时期。雌麋鹿的性欲已完全消失，精神状态恢复正常。在休情期的前期，黄体继续发育增大，分泌孕酮作用于子宫，子宫黏膜增厚，子宫腺体高度发育且子宫乳分泌增多，供胚胎发育。如雌麋鹿未受孕，增厚的子宫内膜回缩，腺体缩小，分泌活动停止，黄体开始退化萎缩，卵巢有新的卵泡开始发育，进入下一个发情周期的前期。

雌麋鹿的个体特征、家系、环境条件、营养水平等因素影响其发情周期。不同家系或不同个体的发情周期长短不一。纬度、光照、气温和湿度等环境条件均对雌麋鹿发情和发情周期有影响，尤其是光照和温度。例如，我国麋鹿的发情季节在6—8月，而在英国是7—12月。此外，饲养水平过高或过低均可影响雌麋鹿的发情。

2. 雌麋鹿在发情周期的生殖激素变化

雌麋鹿的孕酮浓度在近发情时低于2.0纳克/毫升，在发情第3~4天明显增加，在整个黄体期平均为3.6纳克/毫升，平均峰值达到5.6纳克/毫升，直到发情周期的第16~19天，孕酮浓度突然下降，雌激素浓度上升，引起雌麋鹿发情。雌麋鹿排卵前，卵泡分泌大量雌激素，对下丘脑和垂体产生正反馈作用，使排卵前促黄体素（LH）达到峰值，继而导致排卵。排卵前LH的峰值一般发生在雌麋鹿发情开始后15小时左右，其作用是先刺激然后迅速抑制孕激素的合成，使孕激素浓度下降。在发情周期内只要孕酮浓度下降，4天内就会有一个卵泡发育。

雌性动物的发情周期实质是卵泡期和黄体期的交替循环，而卵泡的生长发育与排卵以及黄体的形成和退化受神经激素的调节和外界环境因素的影响。发情周期是通过雌二醇对GnRH分泌物的反馈作用来调控的，从而引起了繁殖季和季节性乏情期之间LH脉冲分泌的差异。雌麋鹿粪样中的雌二醇和孕酮水平有明显的季节变化，作为雌二醇主要降解产物的雌三醇在4月初也有一个明显的高峰值，并且与雌二醇的变化趋势一致（图7—

16）。雌麋鹿粪样中的雌激素水平在分娩前较高，而在发情期并无显著上升，雌麋鹿粪样孕酮在分娩前一个月达到第一个峰值，在交配后出现第二个峰值。

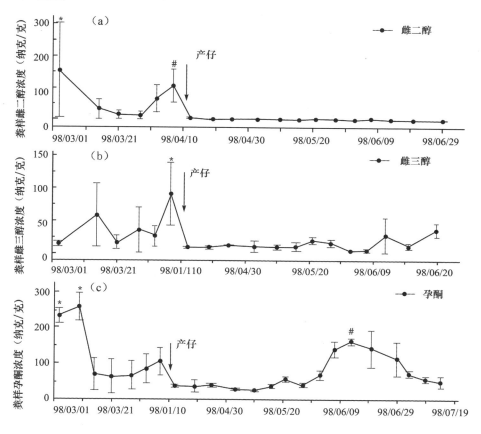

图7-16 雌麋鹿粪样中生殖激素的月变化（李春旺，2000）

3. 雌麋鹿的发情鉴定

通过发情鉴定可判断雌麋鹿是否发情、发情正常与否、处于哪个阶段，以确定何时为其配种。雌麋鹿的发情特征既有共性，也有个体的独特性，进行发情鉴定时应区别对待。进行发情鉴定常用以下3种方法。

（1）直接观察法。根据雌麋鹿的发情表现，确定其发情状态，在繁殖季节应有专人每日定时多次仔细观察，并做好记录，尤其早晚时间，应每次观察2小时左右，以了解其发情变化的全过程，准确认定其发情状况。

（2）试情法。根据雌麋鹿对被放进雌麋鹿鹿舍的试情雄麋鹿的性行为反应来判断其发情与否和发情时期，该方法准确可靠，是对雌麋鹿进行人工授精时必须采用的方法。在配种期间，每天定时将试情雄麋鹿放入雌麋鹿鹿舍内，让雄麋鹿自由接触雌麋鹿，雌麋鹿站立不动，接受雄麋鹿爬跨和交配即发情。取一条长5厘米、宽3厘米的细软白布，四周缝上布带，制成"试情布"，并将其拴在试情雄麋鹿腰部，兜住其阴茎，但不影响雄麋鹿爬跨与射精，这样试情雄麋鹿的精液就会射在"试情布"里了。该方法简便实用，可随时更换试情雄麋鹿，但要注意检查、调整"试情布"的位置。

（3）直肠触摸法。将雌麋鹿固定，工作人员用手通过雌麋鹿的直肠壁轻轻触摸其卵巢并判断其卵巢的大小、形状和卵泡的形态变化，以更准确地确定雌麋鹿所处的发育时期，以及时输精配种。

（三）雌麋鹿的季节性乏情

动物乏情是指长期不发情，卵巢处于相对静止状态，无周期性的功能活动。乏情有生理乏情和病理乏情之分。生理乏情包括雌麋鹿妊娠和泌乳期间不发情、非发情季节不发情和因衰老不发情，病理乏情包括营养不良、疾病等引起的暂时性或永久性卵巢活动减少导致的不发情。

在非繁殖季节，雌麋鹿卵巢上的卵泡无周期性活动，生殖道无周期性变化。季节性乏情的时间因个体和环境而异。在我国，雌麋鹿的季节性乏情期是10月至次年4月。在季节性乏情期中期（12月—初年1月）雌麋鹿的血液平均LH浓度显著高于季节性乏情期早期（10—11月）和晚期（2—3月），分泌频率在季节性乏情中期（5.6 ± 0.85阵发次/18小时）和晚期（4.6 ± 0.83和4.2 ± 0.24阵发次/12小时）高于发情早期（2.2 ± 0.39和2.4 ± 0.41阵发次/12小时）。实际上雌麋鹿3月已进入产仔期，由于产后泌乳期间卵巢活动机能受到抑制而不发情，其持续时间为30~60天，这时因泌乳刺激而诱发外周血液中催乳素（PRL）浓度升高，抑制了GnRH的释放，进而使促卵泡素（FSH）分泌减少和LH合成量降低，导致雌麋鹿不发情。

（四）雌麋鹿的卵泡发育及排卵

卵泡在发育过程中，卵泡细胞外的两层卵巢皮质基质细胞形成卵泡膜，卵泡的血管性内膜细胞和纤维性外膜能合成雄激素，内膜上的卵泡细胞和颗粒细胞转化为雌激素，雌激素升高是导致雌麋鹿发情的直接因素。当雌麋鹿未达到性成熟时，在其外周的皮质部只观察到原始卵泡、初级卵泡、次级卵泡［图7－17（a）］和闭锁卵泡，没有成熟卵泡。原始卵泡位于卵巢皮质的浅部，体积小，数量较多。原始卵泡呈球形，由中央的一个初级卵母细胞和周围一层扁平的卵泡细胞构成。卵母细胞核大而圆，染色浅；卵泡细胞较小，核扁圆，染色深。卵泡细胞与卵母细胞之间有缝隙。闭锁卵泡是卵泡在发育中退化而成的，卵细胞结构不清晰，可观察到大量的深染的细胞核聚集成团［图7－17（b）］。雌麋鹿的初级卵泡在性成熟前是由白膜下面的新生层产生的。初级卵泡是由原始卵泡发育而来的，中央的卵母细胞体积增大，外周的卵泡细胞数量增多，由单层扁平状变为单层柱状，卵母细胞与卵泡细胞之间出现透明带。在雌麋鹿初情期以前，卵巢的皮质内含有许多初级卵泡，为雌麋鹿的繁殖奠定了基础。次级卵泡是由初级卵泡发育而来的，中央的卵母细胞继续增大，外周的卵泡细胞数量继续增多，由单层变为多层，外层为结缔组织，内层疏松，含有较多的血管［图7－17（c）］。

卵泡在发育成熟后自行破裂排卵并形成黄体。排卵是成熟卵泡在LH峰的作用下产生的，雌麋鹿排卵前LH峰至排卵的间隔时间为24小时左右，排卵在两个卵巢上交替发生，每次只有1个卵巢排卵。在发情周期会出现2~4个优势卵泡发生波，卵泡发生波越多则发情周期越长。卵巢上的卵泡数量很多，每个卵泡均有同等的发育机会，而优势卵泡往往直径大、生长发育速度快，从而抑制劣势卵泡发育，致使绝大多数卵泡不破裂而发生闭锁和退化。

（五）雌麋鹿的黄体发育

排卵后，原排卵处的颗粒膜形成皱褶，增生的卵泡细胞呈索状，从卵泡腔周围呈辐射状延伸到腔的中央形成黄体［见图7－17（d）］。黄体由粒黄体细胞和膜黄体细胞构成，粒黄体细胞大，染色浅，位于黄体的中央；膜黄体细胞表面不平坦，细胞小，染色深，位于黄体的周围。黄体是一种暂时性的分泌器官。黄体在一开始增长很快，在排卵后第3天可达最大体积的50%~60%，10天左右增长至最大体积。雌麋鹿如果未妊娠，黄体增长至最大体积后立即开始退化，由粒黄体细胞转化为黄体细胞，随着微血管的退化，供血减少，黄体体积逐渐变小且数量减少，颗粒层细胞逐渐被纤维细胞所代替，黄体细胞间形成结缔组织，最后整个黄体被结缔组织代替，形成一个变白的斑痂，残留在卵巢上。如果雌麋鹿妊娠，则黄体转化为妊娠黄体，一直到妊娠结束才退化。

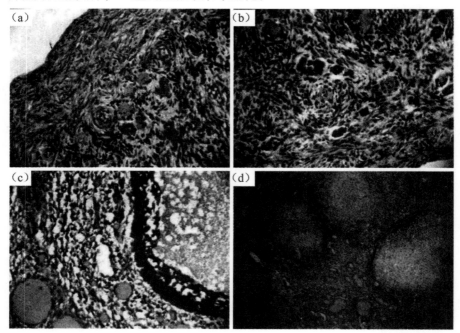

图 7 – 17　雌麋鹿卵巢皮质部的组织构造图（段艳芳，2012）
（a）—原始卵泡和初级卵泡；（b）—闭锁卵泡；（c）—次级卵泡和血管；（d）—黄体

（六）麋鹿的交配

目前，麋鹿交配主要靠自然交配（图 7 – 18）。在雌麋鹿发情期内，雄麋鹿追逐雌麋鹿，闻嗅雌麋鹿的尿液和外阴之后卷唇，若发情雌麋鹿已进入发情盛期，则驻立不动，接受爬跨，雄麋鹿两前肢放在雌麋鹿肩侧或肩上，当阴茎插入阴门后，在数秒钟内完成射精动作。在 45 ~ 60 天的实际交配期里，"群主"的交配次数为 40 ~ 55 次，高峰日可达 3 ~ 5 次。雌麋鹿受配次数为 1 ~ 1.6 次，其中仅交配 1 次的占 80% 左右。自然交配是不受人为控制的原始交配方式，尤其是在"群主"控制交配机会的情况下易引起近亲交配，使种群繁殖力和遗传性能发生退化。

图 7－18 麋鹿的自然交配

四、麋鹿的受精与妊娠

雄麋鹿一次射入雌麋鹿阴道内的精子有 30 亿～50 亿个，精子在 12～24 小时后到达雌麋鹿输卵管壶腹受精部位与卵子结合，形成胚胎附着在子宫上，胚胎经过生长发育形成新个体的过程即妊娠。

（一）受精

受精是两性配子（精子和卵子）相互作用，结合产生新个体即合子的过程。精子和卵子在受精前要经过运行、获能等一系列变化和活动。

1. 精子在受精前的运行和变化

雌麋鹿的受精部位通常在输卵管壶腹部，而精液射在阴道内，精子到达输卵管壶腹部需要 2～24 小时，雄麋鹿射出的大量精子中仅有极少数能到达输卵管壶腹部。这与雌麋鹿的生殖器官的解剖特点有关，雌麋鹿的子宫颈内壁通常由 4～6 个横向皱褶彼此嵌合，即使在发情状态下，其张开的程度也较小，交配时雄麋鹿的阴茎不能插入子宫颈内，只能将精液射于子宫颈的阴道部附近，并且雄麋鹿的副性腺不发达，射精量小且精子密度大

（3亿~40亿个/毫升）。此外，雌麋鹿阴道的长度与雄麋鹿阴茎勃起后的长度相当（阴道长为20~30厘米），这些解剖特点决定了麋鹿为阴道内射精的动物。

麋鹿交配完成后，精子沿子宫颈、子宫向输卵管方向运行，到达输卵管壶腹部，遇见卵子而受精。精子从射精部位到达受精部位需要经过两道生理屏障，即子宫颈和宫管结合部（输卵管峡部）。

精子从射精部位到达受精部位经过的第一道生理屏障为子宫颈，子宫颈黏膜上的裂隙、沟槽、隐窝和黏液共同形成了一个复杂的环境，主要靠精子本身的活动通过子宫颈。子宫颈分泌细胞的黏液具有流动的特性，并具有明显的周期性。在非发情期，黏液中的黏胶纤维分枝形成网状结构，黏液很稠，精子不易通过。发情时，网状结构松散，黏胶纤维分枝平行排列，间隙大，形成精子通过的通道。凡不能进入子宫颈的精子或被细胞吞噬，或随阴道黏液排出体外。进入子宫颈的精子大部分会进入子宫颈的隐窝，形成精子贮库，然后在较长时间内缓慢地释放出来。进入子宫的精子迅速地通过子宫到达子宫输卵管的宫管结合部，宫管结合部成为阻碍精子到达受精部位的第二个屏障，在肌肉的收缩作用下，精子通过宫管结合部到达输卵管壶腹部以便与卵子结合。

2. 卵子在受精前的运行和变化

卵子在输卵管内的运行依赖于输卵管的收缩、液体的流动和纤毛的摆动。由卵巢排出的卵子被紧贴卵巢表面的输卵管伞接纳后，借助其纤毛颤动沿伞部的纵皱通过漏斗口进入壶腹部，较快地通过壶腹部后在壶腹、狭部连接部位停留2~3天，再通过狭部进入子宫。卵子维持受精能力的时间与卵子的质量和输卵管的生理状况有关，而卵子质量又与雌麋鹿的营养水平有关，营养水平高的雌麋鹿所排的卵子的质量好。

哺乳动物的卵子大多在输卵管壶腹上部受精。皮质颗粒在排卵后继续向卵周围移迁，通常当皮质颗粒数量达到最多时，卵子的受精能力最高。透明带表面露出许多终糖残基，其具有识别同源精子，并与同源精子发生特异结合的作用。卵子质膜在受精前较不稳定，这与受精作用有关，也可能在输卵管内进一步形成。

3. 受精

受精是指精子和卵子结合，产生合子即受精卵的过程。在这一过程中，精子和卵子经历一系列严格有序的形态、生理和生化变化，使单倍体的雌、雄生殖细胞共同构成双倍体的合子。合子是新个体发育的起点。受精的实质是把精子的遗传物质引入卵子内，使双方的遗传性状在新的生命中得以表现。

到达输卵管壶腹部的精子若遇到卵子就会与卵子结合。精子在雌麋鹿生殖道内的分布是不均匀的，越接近受精部位，精子数越少，其原因是子宫颈、子宫和输卵管连接部、输卵管峡部以及壶腹部的连接部有阻止过多精子通过的功能，到达壶腹部的精子只有数百个。即便如此，由于卵子的表面积比较大，一个精子钻入受精部位的机会很多。在受精前，精子要经过形态和生理、生化的变化，才能获得受精能力，这一现象称为精子获能。

被卵巢排出后的卵子由输卵管伞接纳，沿着伞部的纵行皱褶运行，通过漏斗口进入输卵管的壶腹部稍做停留。卵子到达输卵管壶腹部时，与壶腹部的液体混合后才能具备受精能力。

精子和卵子在生理成熟并完成各种变化后相遇结合，形成一个新的细胞——合子（受精卵）。一般情况下，卵子从外到内有放射冠细胞、透明带和卵黄膜3层结构，受精时精子依次穿过这3层结构进入卵子。精子核形成雄原核，卵子核形成雌原核，然后两原核相向移动，彼此接触合并，两组染色体合并成一组染色体。从两个原核的彼此接触到两组染色体的结合过程称为配子配合。合子将来发育成的新个体的性别在此时就已经决定，即与卵子结合的精子如果是Y染色体，则合子将来发育成雄性个体；如果是X染色体，则将来发育成雌性个体。

（二）妊娠

妊娠又称怀孕。胚胎在雌麋鹿体内的发育过程是从卵子受精到发育成熟的胎儿出生。在此期间，雌麋鹿的全身状态特别是生殖器官会相应地发生一系列生理变化。雌麋鹿的妊娠期是从最后一次配种日期直至胎儿正常分娩日。

1. 妊娠的识别和建立

在雌麋鹿妊娠的初期，孕体（胎儿、胎膜和胎水构成的综合体）能产生信号（激素）并传给母体，母体遂即产生一定的反应，从而识别胎儿的存在，至此孕体与母体之间建立起密切的联系，即妊娠的识别。孕体和母体之间产生了信息传递和反应后，双方的联系和互相作用通过激素的媒介和其他生理因素而固定下来，从而确定开始怀孕，即妊娠的建立。黄体的存在和它的内分泌机能正常是正常妊娠的先决条件，因此对妊娠的识别和建立首先涉及周期黄体不发生退化和转变为妊娠黄体。妊娠后，胚胎产生的激素信号作用于子宫和卵巢上黄体，增强黄体抵抗 $PGF_{2\alpha}$ 溶解黄体的作用力，使其不退化，从而维持和促进黄体在妊娠期间的形态和内分泌机能。

雌麋鹿妊娠识别的时间一般早于周期黄体消失 3~4 天，妊娠识别的时间在配种后 14~21 天。

2. 妊娠期

妊娠期是指从受精卵开始形成到胎儿正常产出前的一段时间。不同文献记载的麋鹿的妊娠期不尽相同，有的文献记载的是 270 天，有的记载的是 285 天、293 天，一般认为麋鹿妊娠期为 280 天左右，据此可推算雌麋鹿预产期。

麋鹿的妊娠日期取决于遗传因素，但可因母体、年龄、胎儿性别以及环境因素略有差异。老龄雌麋鹿妊娠期长，年轻雌麋鹿妊娠期短。怀雄性幼鹿的雌麋鹿妊娠期比怀雌性幼鹿的雌麋鹿长 1~2 天，这可能是因为胎儿性别不同，内分泌机能有差别，影响母体分娩时间，从而影响母体妊娠期的长短。季节与光照对雌麋鹿的生活和胚胎的生长发育影响很大，因而与雌麋鹿的妊娠期有关。

3. 妊娠后雌麋鹿的变化

雌麋鹿妊娠后，胚胎的出现和存在会引起母体发生许多形态及生理的变化。

妊娠后，雌麋鹿的新陈代谢旺盛，食欲增加，消化能力提高，因此，雌麋鹿的营养状况会改善，表现为体重增加，毛色有光泽。在适宜的营养条件下，青年雌麋鹿本身在妊娠期仍能正常生长，除非交配过早。若妊娠期的青年雌麋鹿营养摄入不足，则体重会减轻，甚至会导致胚胎损失，尤其是其妊娠的后1/3期的饲养水平特别影响胎儿的发育。妊娠末期，雌麋鹿不能消化足够的营养物质以供给迅速发育的胎儿，致使消耗妊娠前半期贮存的营养物质，因此雌麋鹿在分娩前往往很消瘦。要使妊娠麋鹿正常生长，又要保证胎儿发育良好，妊娠期的营养应是首要问题。在妊娠后半期，由于胎儿骨骼发育的需要，母体内钙、磷含量往往会降低，如饲养时矿物质缺乏，妊娠麋鹿往往会出现后肢跛行，牙齿也易因受缺钙的影响而磨损较快。

妊娠麋鹿的血液组织形态不变，但血液容量增加，血液的凝固性增强，细胞的沉降速度加快；胆固醇、钾的含量及生理性醋酮增加，碱度降低；糖消化提高，因此肝内肝糖增加。

妊娠麋鹿会出现水分分布的巨大变化，其机制和扩张的子宫静脉压的增加有关。在妊娠后期，常可以发现妊娠麋鹿的水肿由乳房到脐部扩展至后肢。

随着胎儿的生长，母体内脏器官容积缩小，这就使妊娠麋鹿排粪、排尿次数增多，而每次排粪、排尿量减少。妊娠末期，雌麋鹿的腹部轮廓也发生变化，且其行动谨慎，容易疲倦、出汗。

雌麋鹿妊娠后，黄体作为妊娠黄体继续存在，从而中断发情周期。在妊娠早期，这种中断是不完全的，一些雌麋鹿由于卵巢的卵泡活动，妊娠早期仍可出现发情。虽然此时卵泡发育接近排卵前的体积，然而这些卵泡最终会变为闭锁状态。妊娠麋鹿卵巢的黄体以最大的体积持续存在于整个妊娠期，并不突出于卵巢表面。

妊娠后随着胎儿体积的增大，妊娠子宫逐渐沉入腹腔，卵巢也随之下沉。随着妊娠的进展，子宫逐渐增大，使胎儿得以伸展，子宫的变化经历增生、生长和扩展3个时期。子宫内膜由于孕酮的致敏而增生，发生在胚胞附植之前，其主要变化为血管分布增加、子宫腺增长、腺体卷曲及白细胞浸润，子宫的生长在胚胞附植后开始，包括子宫肌的肥大、结缔组织基质的广泛增长、纤维成分及胶原含量的增加。在子宫扩展期间，子宫生长减慢而其内容物加速度增长。子宫的生长和扩展首先是由孕角和子宫体开始的，在整个妊娠期，孕角比空角大得多，二者始终不对称。妊娠的前半期子宫体的增长主要是子宫肌纤维肥大及增长，妊娠的后半期则是胎儿使子宫壁扩展，因此子宫壁变薄。妊娠时子宫颈内膜的脉管数量增加，并分泌一种封闭子宫颈管的黏液，即子宫颈栓。子宫颈栓往往量较多且经常更新，排出时常附着于阴门下角。由于子宫的下沉及扩展，子宫阔韧带内及子宫壁内血管也逐渐变得较直，为了供应胎儿的营养，血量增加，血管变粗，动脉血管内膜的皱褶变厚，而且它和肌肉层的联系疏松，血液流过时所造成的脉搏从原来清楚的跳动变为间隔不明显的颤动。这种间隔不明显的颤动叫妊娠脉搏。孕角出现妊娠脉搏比空角早，且更明显。

妊娠初期，雌麋鹿的阴唇收缩，阴门裂紧闭。随妊娠期的进展，阴唇的水肿程度增加，初孕鹿在 6 个月时出现水肿，经产鹿在 7 个月时出现水肿。妊娠后雌麋鹿的阴道黏膜的颜色变为苍白，黏膜上覆盖从子宫颈分泌出来的浓稠黏液，因此阴道黏膜并不滑润。在妊娠末期，雌麋鹿的阴唇、阴道变得水肿、柔软。

五、分娩与助产

（一）分娩预兆

随着胎儿的发育成熟和分娩期的临近，雌麋鹿的生殖器官与骨盆都会发生一系列生理变化，以满足排出胎儿和哺乳幼鹿的需要。雌麋鹿的行为及全身状况也会发生相应的变化，这些变化通常称为分娩预兆。可根据这些变化预测雌麋鹿分娩的时间，以便做好产前准备，确保母鹿和幼鹿安全。

1. 乳房的变化

雌麋鹿的乳房在分娩前迅速发育，膨胀增大，有的还会出现浮肿。在分娩前 18 天左右其乳腺发达，乳头下垂，乳头表面有蜡状光泽，并在乳头中能挤出少量初乳和胶样液体，产前 2 天左右，乳头中充满初乳，出现漏乳现象后数小时至 1 天即可分娩。

用妊娠麋鹿分娩前乳头和乳汁的变化情况来估计分娩时间虽比较可靠，但其受雌麋鹿营养状况的影响较大，并和雌麋鹿乳头管的松紧程度有密切关系，营养不良的雌麋鹿有时没有漏乳现象。因此，不能仅依靠乳房、乳汁的变化情况来判断妊娠麋鹿的分娩时间。

2. 外阴部的变化

在分娩前数天到1周，妊娠麋鹿外阴开始肿胀，阴唇逐渐变松软、肿胀且体积增大，阴唇皮肤上的皱褶展平并充血稍变红，从阴道流出的黏液由浓稠变稀薄，如见黏液流出则接近分娩。

3. 骨盆的变化

妊娠麋鹿的骨盆韧带从分娩前1～2周开始软化，到分娩前的1～2天，荐坐韧带变得非常松软，外形几乎消失，尾根两侧下陷，只能摸到一堆松弛组织，其通常称为"塌窝"。在荐坐韧带软化的同时，荐髂韧带同样也变得柔软，使荐骨后端的活动性增强。

4. 行为的变化

雌麋鹿在妊娠后期食量增加，采食时间增多，脱换夏毛的时间推迟，腹围明显增大，表现为两臀间未被毛的皮肤在尾部左右显露。雌麋鹿在分娩前6～10天食量骤减，活动量减少并常卧伏或静立。大多数雌麋鹿在产前15小时左右离开麋鹿群。临产雌麋鹿的表现有焦躁不安，疾步行走，抬尾，尿频，易惊、频频翘尾，阴门红肿并不时用吻、颊蹭阵痛的腰、腹处，离群选择分娩地点。

雌麋鹿产前离群主要是为了寻找分娩地点，一旦选定地点便在那里徘徊，且不时嗅地。雌麋鹿若受到干扰，即会放弃该地点，到距离较远处重新选择一个合适的地点。通常情况下，离群是雌麋鹿临产的重要标志，但也不排除疾病和外界干扰导致雌麋鹿离群的可能性。临产雌麋鹿如果离群时间过长（一般超过3天），则发生难产的可能性较大。雌麋鹿产前选择的分娩地点与雌麋鹿在群体中的序位有关，序位高的雌麋鹿在较开阔的、离群体较近的地方分娩，受其他麋鹿干扰的顾虑较小，大部分雌麋鹿选择在远离鹿群的安静小树林和苇丛中分娩。

（二）分娩过程

雌麋鹿的整个分娩过程从子宫肌和腹肌出现阵缩开始，到胎儿和附属物排出为止。整个分娩过程在习惯上被分为子宫颈开口期、胎儿娩出期和胎衣排出期3个阶段，时间由几十分钟到几小时不等。

1. 子宫颈开口期

它是整个分娩过程的第一个阶段。分娩开始时子宫不断收缩，将胎儿、胎水排向子宫颈，使子宫颈开张，胎膜破裂，胎水流出。这一阶段雌麋鹿仅有阵缩现象，没有努责现象。

在子宫颈开口期中，雌麋鹿一开始阵缩轻微，间歇期较长，继而阵缩强而短。阵缩是由子宫角端向子宫颈发生波状收缩，使胎水和胎儿向子宫颈移动，并逐渐使胎儿的前置部分进入子宫颈管和阴道。由于这时阴道神经节受到刺激，进而加强了腹肌的作用，腹肌和子宫阵缩共同形成了很大的娩出力，这时胎儿的胎向和胎势都发生了相应的变化。由于血液循环发生障碍，二氧化碳贮积导致胎儿出现反射性活动，与之相应的子宫肌和腹肌的收缩使胎儿上举，由下胎位变为上胎位，卷曲胎势变成了伸展状态。子宫颈折开口时间为 0.5 ~ 1.0 小时。此时，每 15 分钟左右出现一次子宫收缩，每次持续 15 ~ 30 秒，到接近下一阶段前收缩频率、强度和持续时间都有所增加，而间歇时间缩短。

2. 胎儿娩出期

此阶段从子宫颈口充分开张开始，胎儿被全部排出为止。在这一阶段，母体的阵缩和努责发生作用，其中努责是排出胎儿的主要力量。在产出期到来之前，胎儿的前置部分已锲入产道，由于阵缩的加剧和母体的努责，胎儿最终被排出。正常情况下从羊水流出到胎儿产出需 10 ~ 60 分钟，如 4 小时内胎儿不能被娩出，则为难产，应考虑助产。一般初产雌麋鹿所需时间较长，正常在 30 ~ 60 分钟，经产雌麋鹿所需时间较短，在 10 ~ 30 分钟。

分娩时，雌麋鹿起卧不安，常卧着间歇阵缩，不时回头视腹，四肢伸直，当胎儿的前肢、头颈露出阴门时，胎儿前置部分以侧卧胎势通过骨盆及其出口，之后雌麋鹿的姿势有站式分娩和卧式分娩 2 种。站式分娩是胎儿头部娩出后，雌麋鹿站起，后肢叉开，臀部稍下降，取强努责姿势将胎儿娩出，脐带在胎儿落地的瞬间被拉断。卧式分娩是雌麋鹿取卧姿，靠腹部阵缩及后躯猛然抬起的力量将胎儿娩出，脐带在雌麋鹿起身时被拉断。根据对 506 次雌麋鹿的分娩活动的观察记录的分析，发现努责、头部贴地、头部上仰这类用力动作的发生频率占 62.7%，而站起走动、舔蹭腹部、头部贴腹这类放松动作发生的频度率37.3%，其中，头部贴地、头部上仰多在分娩结束前出现（图7-19）。

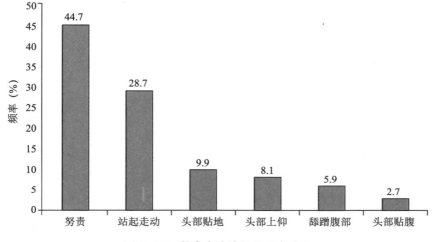

图7-19 雌麋鹿分娩行为观察结果

在产出期中，胎儿较宽部分的排出需要较长的时间，特别是头部，当胎儿通过骨盆腔时，雌麋鹿努责表现最强烈。正生胎向时，当胎头露出阴门之后，雌麋鹿稍微休息，继而将胎儿胸部排出，然后努责缓和，其余部分随之迅速排出，仅胎衣留于子宫内。此时，雌麋鹿不再努责，休息片刻后就能站起来照顾新生幼鹿。

3. 胎衣排出期

胎衣是胎膜的总称，包括部分断离的脐带。胎衣排出期从胎儿被排出后开始，胎衣完全被排出为止。

在胎儿被排出之后，母鹿就开始安静下来，几分钟之后，子宫再次出现轻微的阵缩及微弱的努责。这个阶段的阵缩特点：时间较长，每次100~130秒，间隔时间也较长，每1~2分钟一次。胎儿娩出后2~4小时母鹿开始排出胎衣。胎衣一般是被自然排出的。雌麋鹿的胎衣没有排出的情况很少，如4小时以上胎衣不被排出，应考虑对其进行治疗。

胎衣的排出主要是由于子宫的强烈收缩，胎儿胎盘和母体胎盘中排出大量血液，减小了绒毛和子宫黏液腺窝的张力。当胎儿被排出后，胎儿胎盘的血液循环即停止，绒毛体积缩小，与此同时母体胎盘需血量减少，血液循环减弱，子宫黏膜腺窝的紧张性降低，使两者的间隙增大，再借露在体外的胎膜牵引，绒毛便从子宫黏膜腺窝脱出而分离。绒毛从子宫黏膜腺窝中脱落时，母体胎盘的血管不会受到破坏，因此，母体在排出胎衣时不会出现流血现象。

（三）难产和助产

1. 难产

麋鹿的难产率在鹿科动物中最高。根据发生难产的原因不同，常见的难产可分为产力性难产、产道性难产和胎儿性难产三大类，前两类是母体异常引起的，后一类是胎儿异常造成的。

产力性难产包括阵缩及努责微弱、阵缩及破水过早和子宫疝气等。阵缩及努责微弱是雌麋鹿分娩时子宫及腹壁收缩次数少、时间短和收缩强度不够引起的。其根据在分娩过程中发生的时间不同可分为两种情况：一种是在分娩开始时就发生的原发性阵缩及努责微弱；另一种是在分娩开始时正常，之后子宫肌和腹肌疲劳引起的继发性阵缩及努责微弱。原发性阵缩与努责微弱引起的原因多半是雌麋鹿营养不良、体质瘦弱、年老、运动不足、肥胖，或全身性疾病（如心包炎、瘤胃弛缓）、子宫炎产前内分泌失调，或胎儿过大、胎水过多。继发性阵缩及努责微弱通常是长时间排不出胎儿或不能完全把胎儿排出，最终导致雌麋鹿过度疲劳，阵缩减弱或完全停止收缩。

产道性难产包括子宫捻转、子宫颈狭窄、阴道及阴门狭窄和子宫肿瘤等。

胎儿性难产主要是由胎儿的姿势、位置和方向反常而引起的，有时是由胎儿和骨盆的大小不相适应引起的。胎儿过大、胎儿畸形都可引起难产，这类难产占难产总数的70%以上。在胎儿异常中，因胎儿头颈和四肢较长，容易发生姿势性难产，尤其容易发生头颈侧弯和前肢异常造成的难产。

2. 助产

雌麋鹿顺产时胎儿前蹄先出，蹄尖向上，当胎儿腰部以上暴露后，雌麋鹿瞪目用力将其产下。一般顺产的初产雌麋鹿1小时内完成分娩，顺产的经产雌麋鹿30分钟内完成分娩。临产雌麋鹿分娩超过4小时或者离群时间超过3天，则很可能是难产，应及时助产。

助产前应及时判明雌麋鹿难产的原因，重点检查胎儿及产道。检查胎儿的胎势、胎位、胎向、胎儿进入产道的程度、胎儿是否有生命，以便确定助产的方法和方式。检查后如确定是正生，可将手指伸入胎儿口腔、轻拉胎儿舌头，轻压胎儿的眼球并轻拉其前肢，视其有无口吸吮、舌收缩、眼球转动和前肢伸缩等现象。如果倒生，则检查时手要触摸脐带以查明其有无搏动或拉胎儿的后肢。

在检查胎儿的同时，要检查产道的干燥程度，判明产道是否有损伤、水肿、狭窄，检查子宫颈的开张程度及骨产道是否畸形和有肿瘤等，并要观察流出的黏液的颜色和气味是否正常。

在进行助产时要尽力保全母鹿和幼鹿安全，避免产道受损伤和感染，以保持雌麋鹿的再繁殖能力，因此需要仔细操作，考虑周全。

助产时首先要把难产雌麋鹿搬入夹板式保定装置或助产笼内，使雌麋鹿站立，接受助产。实施手术者事先应做好自身消毒，避免细菌感染雌麋鹿产道。实施手术者将手伸入雌麋鹿阴道内，慎重检查胎势、胎位及胎向，判明胎儿是死胎还是活胎，弄清难产的原因，并采取相应的助产措施。如果是异常胎位，首先将胎儿推回雌麋鹿子宫内，然后再调整胎位。通常可将露出的胎儿肢体用助产绳绑住，在雌麋鹿努责的间歇拉出胎儿。但不要用力过猛，雌麋鹿产道干燥时可注入一些肥皂水或润滑油。如果是头位难产，首先注意校正幼鹿头和两前肢的位置，借助助产绳和双手将胎儿校正后随努责间歇逐渐拉出胎儿。如果是尾位难产，先用一手握住胎儿的两后肢，一手伸入子宫腔内把胎儿尾根部向下压，随着努责用力向下方迅速拉出胎儿。如果是腹部垂直向难产，先用绳缚住胎儿后肢，将胎儿前肢向雌麋鹿子宫内推入，调整为尾位后再拉出胎儿。如果是骨盆开张不全造成的难产，经检查诊断后，立即采取碎胎手术，以免雌麋鹿受损。如胎儿尚未死亡，亦可实行剖宫产。除特殊情况外，一般不采取剖宫产。无论是哪种情况，在牵拉胎儿时要注意保护雌麋鹿的会阴部，特别是初产雌麋鹿，在胎头通过其阴门时若不注意保护其会阴部则会引起其会阴撕裂。

在圈养时可以采取一些措施预防雌麋鹿难产，措施主要如下。

一是抓好育成雌麋鹿的初配时机。雌麋鹿如果进入初情或性成熟期后就参加配种，由于尚未发育成熟，分娩时仍处在发育阶段，骨盆狭窄，容易因产力不足而引起难产。当然，初配年龄过大的雌麋鹿由于骨盆联合牢固，开张困难，分娩时也易发生产道性难产。因此，抓好育成雌麋鹿的初配时机是预防其难产的重要措施。

二是保证雌麋鹿的正常产力。妊娠期间雌麋鹿摄取养分不足、患慢性疾病，以及运动量不足、长期近亲繁殖等都会影响雌麋鹿的体质，进而易导致其产力不足，造成产力性难产。因此，保证妊娠期雌麋鹿的营养水平，做好雌麋鹿的选育工作，使雌麋鹿加强运动，防止其生病，不仅可提高雌麋鹿的产力，而且也可减少其产出死胎、畸形胎的可能性。

三是保证胎儿生长发育条件的稳定性。雌麋鹿的生活环境的稳定性和适宜性是保证胎儿正常生长发育的前提。圈舍条件不稳定，鹿舍过小或密度过大、料槽狭小等都会造成雌麋鹿运动和采食时拥挤。运动过于激烈、突然受惊吓或食用带有刺激性的食物都易造成胎儿的正常胎位、胎势发生变化，导致胎儿性难产。因此，在饲养管理上应多加重视，实行科学的保胎措施，可大大减少雌麋鹿的难产现象，提高其繁殖水平。

（四）产后幼鹿的护理

幼鹿出生后，雌麋鹿会对其进行一系列的护理行为，主要有舔仔、哺乳、藏仔等。雌麋鹿舔仔对于保证新生幼鹿成活具有重要意义。首先，雌麋鹿将幼鹿身上的黏液及胎膜舔净，可以减少幼鹿体表热量的散失。其次，舔舐可以刺激幼鹿站立，首次吮乳和排出胎粪。雌麋鹿舔舐幼鹿的一般顺序：胎儿面部（头部）→颈部→背部→四肢→腹部（幼鹿站起后）→肛门（幼鹿吮乳时）。

1. 母幼关系的建立

幼鹿出生后雌麋鹿即开始舔舐，并吃掉幼鹿身上的羊膜和尿囊膜，通过幼鹿身上的气味和味道，雌麋鹿可以区别亲生和非亲生幼鹿。新生幼鹿被雌麋鹿舔舐，一方面可减少其体表热量散失，另一方面有刺激仔鹿站立和首次吮乳等作用，这是建立母幼关系的第一步。多数幼鹿出生后1小时内可站立，并向雌麋鹿做探索性接近。多数雌麋鹿会主动让幼鹿向其乳房移动。初生幼鹿无畏惧感，人可接近，母鹿和幼鹿经2~3天的接触后就建立起亲密关系，幼鹿逐步形成机警、胆怯等野生习性。雌麋鹿对娩出后不动或变冷的幼鹿往往会很快失去兴趣，将之抛弃。

2. 仔鹿吮乳

幼鹿的吮乳动作与其他反刍动物有相似之处，通常采取站立式，母鹿和幼鹿头尾相反，幼鹿四肢左右叉开，臀部下压，头部上举，吻端向上，衔住乳头后不时用力上顶。新生幼鹿站立不稳，寻找乳头和吮乳都很困难。这时母性强的雌麋鹿会主动让幼鹿接近其乳头，并抬起靠近幼鹿一侧的后肢，同时臀部稍下降，背部微弓，以配合幼鹿吮乳。在幼鹿吮乳时，雌麋鹿会舔幼鹿的肛门及臀部，这对刺激幼鹿排粪有一定作用。出生最初一周内幼鹿每天（白天）吮乳 3～5 次，一周后跟群活动。

首次哺乳过程会持续约 1 小时。幼鹿采取间歇式多次吮乳方式，每次吮乳时间和间隔逐渐延长。吃饱初乳的幼鹿可随雌鹿短距离走动。

3. 雌麋鹿护仔

产后一周内的幼鹿吃足初乳后特别偏爱呆在隐蔽处，雌麋鹿常会将幼鹿诱入安全的地方休息，并守护在它附近 100～200 米处，警惕周围是否有人或动物进入幼鹿休息区域，少数雌麋鹿常会不顾一切地向进入该区域的人或动物发起进攻，同时发出吼叫声。

4. 雌麋鹿藏匿幼鹿

初生幼鹿在入群活动前，大部分时间在睡眠中度过。产后 3～5 天内，雌麋鹿随群活动采食时，会将幼鹿藏匿，并在较固定的时间去哺乳，而后携幼鹿进行少量活动，又将其易地藏匿。产仔 8 天后，雌麋鹿不再藏匿幼鹿而将其带入群中，令其完全随群活动。幼鹿入群时间的早晚依雌麋鹿的母性强弱和群中幼鹿数量的多少而定。据观察，雌麋鹿在藏匿幼鹿时将其带到一个特定地点，届时幼鹿并不立即卧下，而是从母亲鹿身边离开，缓缓走向距母鹿大约 10 米的地方卧下。此时雌麋鹿迅速离开，张望四周，并按非直线路径迂回返群，以防幼鹿被发现。幼鹿的藏匿地点多数是在至少两面在 1～5 米内有较高密的遮挡物（树丛、苇丛、深草丛等），而一面在约 10 米内为较开阔的坡地或平地的地方，或者是周围近处两侧有高大树林或墙壁遮挡，另外两侧为起伏的开阔地的地方。幼鹿出生 3 天后采食少量干草并饮水，入群后初期多紧随雌麋鹿，约 10 天后鹿群中的幼鹿喜聚集在一起，追逐、顶斗、站立拍打等行为时有发生。两周后幼鹿开始吃草料。

六、排乳与哺乳

（一）排乳

乳汁在腺泡上皮细胞内形成后，连续分泌入腺泡腔。当乳汁充满腺泡腔和细小乳管时，依靠腺泡腔周围的肌上皮和输乳管平滑肌的反射性收缩，将乳汁周期性地转移到乳导管和乳池内。

当乳头和乳房皮肤受到适当刺激（如哺乳）时，乳汁由乳导管及腺泡排出，这一过程称排乳。在两次哺乳之间，乳汁的分泌量并不均衡。刚排乳后的乳房，内压下降，乳汁的生成量和分泌量增多。随着乳导管及乳池的充满，乳房内压又升高，压迫腺泡上皮细胞，使泌乳速度减慢或泌乳停止，因此有规律地为雌麋鹿挤奶或让雌麋鹿有规律地哺乳是必要的。最先排出的是乳池乳。当乳头括约肌开放时，乳池乳只需依靠本身的重力作用就可顺利排出。腺泡和导管内的乳必须经排乳反射的作用才会排出，这些乳称为反射乳。

（二）哺乳

雌麋鹿平均哺乳期大约为 3 个月。麋鹿产后 1~3 天的乳为初乳，含有丰富的球蛋白、清蛋白、白细胞、母源抗体、酶、维生素和溶菌素等，新生幼鹿主要依靠初乳中的抗体和免疫球蛋白形成被动免疫，以增强抗病能力。初乳中还含有大量的维生素 A、维生素 C、维生素 D 和无机盐，特别是镁盐有促进胎便排出的作用。雌麋鹿在哺乳期分泌大量乳汁供给幼鹿，产后泌乳量逐渐增加，一般在产后 30~45 天内达到泌乳量高峰，高峰持续45~50 天，然后逐渐下降。

在圈养的情况下，如果遇到雌麋鹿扒仔、咬仔、弃仔或无乳以及幼鹿不能站立吃奶的情况，要对这些不能吃到奶的幼鹿进行人工哺乳，尤其是初乳的人工哺乳，幼鹿若吃不到初乳，则成活率达不到 10%。雌麋鹿的初乳为黄色、淡黄色或黄白色，异常浓稠，黏性大，稍有咸味和臭味。为幼鹿进行人工哺乳时最好用新鲜初乳，如果是凉乳或冻乳，饲喂时需将其加温到 37~38℃。人工哺乳的次数和数量因幼鹿出生天数的不同而不同（表

7−3）。

表7−3 幼鹿人工哺乳标准

出生天数	日哺乳次数	哺乳量（毫升/次）	日哺乳量（毫升）
1~7	6~8	20~50	120~160
8~14	6~8	50~200	250~1000
15~35	4~6	200~300	800~1800
36~49	3~4	300~450	900~1800
50~63	2~3	450~600	900~4800
64~90	1~2	600~800	600~1200

　　用牛奶人工乳哺育幼鹿时应注意少量多餐，适当添加助消化药物。幼鹿在出生30日前主要以鲜牛奶为主要食物，在出生60日时开始采食少量青草，从以奶为主到乳料各半，在出生90日时即可断奶，以采食青草和补饲精料为主。人工采集鲜牛奶后，需要对鲜牛奶加热消毒，加热时应注意恒温，温度不宜过高，否则会造成牛奶的营养成分被破坏，然后冷却鲜牛奶，将其温度降至50~60℃，饲喂时应少量多餐，以保证幼鹿的正常生长发育。另外，人工哺乳用羊奶的效果比牛奶好，因为羊奶中低级脂肪酸比牛奶高，羊奶中脂肪球比牛奶细且均匀，不易凝集，更容易消化吸收。由于幼鹿的胃尚未发育健全，分解长链脂肪酸的能力差，常饮牛奶会导致其消化不良。

　　人工哺乳时要特别注意观察幼鹿是否发生便秘、下痢和佝偻病等疾病，一旦出现症状要及时治疗。初生幼鹿吃初乳后，一般会在半天内排出胎便，如果超过一天尚未排便，并伴有轻微腹痛、不安等症状就视为便秘，此时应用温肥皂水给幼鹿灌肠，或者用1/4支开塞露注射其直肠，用湿毛巾清洗其肛门，如果幼鹿还是不排便，则用手指按摩其腹部直肠，帮助其排便。在人工喂养幼鹿的过程中，下痢是比较常见的疾病，幼鹿发病初期，可见白色糊状或清粥样粪便，若幼鹿的体温为39~41℃即给幼鹿服用磺胺脒1克/次，乳酶生2克/次，干酵母2克/次；肌内注射硫酸庆大霉素2毫升/次，乙酰甲喹2毫升/次，每日一次。如果幼鹿出现严重脱水症状，立刻停止饲喂，给其静脉注射5%葡萄糖和生理盐水。人工喂养到第二周的时候，幼鹿容易出现佝偻病，主要表现为运动障碍，如无法站立，用腕部站立行走，弯背弓腰，步态僵硬，行走踉跄。这时要给其补充钙和维生素 A、维生素 D 胶丸，每次给其喂钙片 5 粒，维生素 A、维生素 D 胶丸 1 粒，每日 1 次。

第二节　麋鹿的遗传和选育

随着国际自然保护联盟（International Union of Conservation of Nature，IUCN）将保护遗传多样性作为保护生物多样性的 3 个基本层次之一，人们开始充分认识到濒危物种遗传管理的重要性。早在 19 世纪，人们就发现近亲交配降低了物种的繁殖与生存能力，部分人工圈养的种群在高度近亲交配之后灭绝了，遗传多样性的降低增加了种群灭绝的可能性。分子生物学的产生和发展，为人们研究物种间和物种内氨基酸和核酸序列的差异奠定了基础。从分子水平上研究物种的进化机制、探讨物种之间的进化关系，对保护濒危物种的遗传多样性十分重要。

一、麋鹿的遗传多样性

生物个体存在于变化的环境中，这种变化包括气候变化、污染、地震，也包括病毒入侵、细菌感染、新的竞争物种出现等，一个物种或者种群（尤其是小种群）如果缺乏遗传多样性，就缺少了适应变化的进化基础，就有可能在变化的环境中灭绝。

麋鹿的染色体只有一种形态（$2n = 68$），不存在染色体数目多态的现象，而现存鹿科动物中普遍存在染色体数目多态的现象，如中亚马鹿（$2n = 66$ 或 67）和梅花鹿（$2n = 64$、65、66、67 或 68）。

麋鹿在最初进入欧洲后，曾经经历过近亲交配导致的衰退，英国乌邦寺在麋鹿种群数量达到 600 只时开始淘汰毛色、体型、性情和繁殖能力不良的个体，使大量有害基因被清除，随着种群增长，经过自由竞争等种内调节，麋鹿的优良性状得以保存。麋鹿在中国已形成了三大种群和几十个小种群，其遗传多样性水平并没有提高。麋鹿在种群发展过程中曾出现过生命力衰退、寿命缩短、畸形个体出现、野性丧失等严重的近亲交配导致的衰退现象。造成麋鹿遗传多样性低的原因有基础种源较少及麋鹿的交配策略等，通过了解其遗传多样性探讨麋鹿种群管理和进化潜力保存问题，为实施相关遗传管理措施奠定基础。

（一）父母亲本较少导致遗传多样性低

重引入中国的麋鹿均来源于英国乌邦寺，最初乌邦寺麋鹿种群的数量较少，仅为 18 只，其子一代麋鹿可能都是同一头雄麋鹿的后代，属于严重的近亲交配种群。1945 年，乌邦寺的麋鹿近亲交配系数为 0.16 ~ 0.26，我国重引入的麋鹿至 1995 年左右近亲交配系数已高达 0.2 ~ 0.3。

孟浩等（2014）选取了北京麋鹿生态实验中心的 13 只麋鹿，通过分析麋鹿 mtDNA 控制区（D 环区）序列发现，在所测得的麋鹿样本序列中同源性达 99.81%，有 3 种单倍型和 6 个变异位点，单倍型多样度（Hd）为 0.295，单倍型多样性变化（CVH）为 0.024，由此可得出核苷酸多样度（Pi）为 0.039%。这说明麋鹿样本群体多态性不高，在线粒体遗传时亲本可能来自同一母本的遗传后代，遗传多样性较低，可能不利于种群进化。

通过对北京麋鹿苑麋鹿种群进行扩增片段长度多态性（AFLP）检测，获得了麋鹿的遗传多样性参数：平均观察等位基因数（Na）为 1.0675，平均有效等位基因数（Ne）为 1.0379，平均 Nei's 基因多样性指数（H）为 0.0230，平均 Shannon 信息指数（I）为 0.0349，这表明麋鹿的等位基因杂合度较低，种群遗传多样性处于较低水平（匡叶叶，2011）。

（二）麋鹿的交配策略导致遗传多样性低

麋鹿采用一雄多雌繁殖方式，优势雄性个体通常占有大量的雌性。优势雄麋鹿会驱逐其他企图靠近雌麋鹿群的雄麋鹿，垄断了与雌麋鹿交配的机会，这不利于麋鹿维持较高的遗传多样性。由于体力消耗大，优势雄麋鹿常常被"挑战者"取而代之，在一个繁殖季节，优势雄麋鹿轮流占群，这种现象一定程度上有利于遗传多样性的保存。

总的来说，麋鹿的这种交配策略使种群内近亲交配率较高，不利于遗传多样性的保存。实验中可利用 Ballon 和 Foose 公式$\left(N_e = \dfrac{4N_m N_f}{N_m N_f} \right)$计算麋鹿的有效种群大小，式中 N_e 为有效种群大小，N_m 为种群中雄性个体数，N_f

为种群中雌性个体数。

蒋志刚、李春旺和曾岩（2006）假设在一个麋鹿繁殖群体中有 80 只可繁殖麋鹿，其性比为 1:1。当只有 2 只优势雄麋鹿占群繁殖时，其有效种群大小为 7.62；当 4 只优势雄麋鹿占群繁殖时，其有效种群大小为 14.5；当 6 只优势雄麋鹿占群繁殖时，其有效种群大小为 20.9。可见，交配策略使得麋鹿的有效种群变小（图 7–20），遗传多样性降低。而实际的情况是在一个麋鹿繁殖群体中能占群繁殖的雄麋鹿最多有 6~7 只。因此，在雌雄比例为 1:1 时，考虑到麋鹿的交配策略，麋鹿的有效种群大小通常只有其实际种群大小的 1/4 左右。

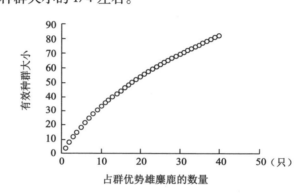

图 7–20　占群优势雄麋鹿的数量与麋鹿有效种群大小的关系

（三）麋鹿的交配策略造成近亲交配率较高

麋鹿交配策略与雄麋鹿的年龄有关。一般 2 岁以下的雄麋鹿为"单身汉"，交配机会很少；3 岁以上、5 岁以下的雄麋鹿一般只能成为"挑战者"；只有 5 岁以上的雄麋鹿才可能成为"群主"；老龄雄麋鹿又退居为"挑战者"，直到失去繁殖能力。与年龄有关的繁殖交配策略和麋鹿的占群，使得群体中"父亲"与"女儿"的繁殖价高峰期不同步，当"女儿"的繁殖价达到其一生中最高的时期时，"父亲"繁殖价的高峰期已经过去，从而避免或减少了近亲交配现象（图 7–21），有利于遗传多样性的保存，但是在一个封闭繁殖的小种群内，其作用是十分有限的。

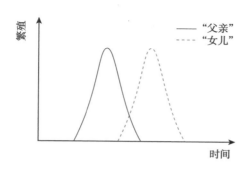

图7-21 考虑年龄情况下麋鹿"父女"交配机会

　　麋鹿是集群性动物，封闭繁育的种群对其遗传多样性有一定影响。若一个由80只麋鹿构成的种群的近亲交配系数为0.2637，由于近亲交配的影响，该种群的有效种群大小仅为其实际种群大小的79.1%，有效种群大小为63，封闭繁育会使种群的近亲交配系数逐代上升。当奠基群分别为这个有效种群的1/2、1/4、1/8和1/16时，近亲交配系数会逐代上升。当有效种群大小为3时，近交系数在第八代即上升到接近1（图7-22）。因此，要降低种群的近亲交配系数，必须保持一个较大的繁殖种群来提高遗传多样性。

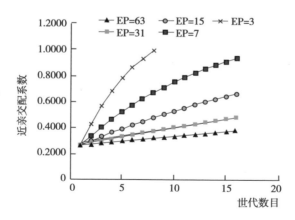

图7-22 不同世代数目下麋鹿有效种群大小与近亲交配系数的关系推算

　　除了麋鹿本身的繁殖策略及前述的两种因素影响其遗传多样性外，栖息地变迁、人为活动干扰、自然灾变也会影响麋鹿的遗传多样性。麋鹿是濒危物种，通过人为参与调控麋鹿的繁殖策略对保存麋鹿的进化潜力、保存现有遗传多样性十分重要。

在一个封闭繁育的迁地保育群体中近亲交配系数一定会上升，要保存麋鹿的遗传多样性，需科学评估其实际种群大小，增加种群数量，减缓群体近亲交配系数上升的速率。在组成繁育群时，应尽可能将亲缘关系较远的个体组成群体，保持繁殖群的相同性比。

应建立祖代繁育基地，隔离亲缘关系近的雄麋鹿和雌麋鹿。还应建立麋鹿繁殖群的遗传谱系档案，检测每一只参与繁殖的麋鹿的遗传结构，记录繁殖的麋鹿的谱系，开展谱系分析。

组成迁地保护的奠基群体时应分析麋鹿繁殖群的遗传谱系档案，将优势雄麋鹿迁地交换，注意保留原种群的遗传多样性和新建立的奠基群体的遗传代表性。

二、麋鹿的选种

目前的麋鹿繁育工作还是以保护和扩繁为主，麋鹿主要靠自然交配繁殖。为了加快麋鹿的繁育和增加麋鹿的遗传多样性，可以在人为参与下改变近亲交配率高和遗传多样性低的现状。因此，在麋鹿处于半野生状态和圈养状态下应制订育种工作计划，以便有目的地进行鹿群育种工作。

（一）育种工作计划的编制

在编制计划时，首先对鹿群进行鉴定、整顿，要考虑鹿群生活区域的自然条件、鹿群的类型以及分布数量等特点，做好计划工作。

清查鹿群的基本情况：包括鹿群所在地的自然地理、气候、经济条件，鹿群结构，麋鹿的体质、外貌特点、繁殖力，以往的鹿群形成过程和亲缘关系。

制定育种工作任务：需明确鹿群逐年增长的数量和育种目标等。鹿的主要育种指标有繁殖力（发情率、受胎率、产仔率、繁殖成活率），生产力（如鹿角重量等），生长发育过程中的体尺、体重指标，体质外貌指标等。

制定育种的具体措施：提出保证完成育种工作计划的各项具体措施和方法。例如，建立健全育种档案和记录制度，确定选种的具体指标及选配时可能应用的方法，加强幼鹿培育，制定麋鹿饲养的管理操作规程，建立饲料基地和实行饲料轮供措施，加强卫生防疫，明确并一项项地认真落实各种鉴定标准和鉴定方法。

（二）种鹿的选择和调换

为降低近亲交配系数和提高遗传多样性，必须选择优良的雄麋鹿，同时要适当控制一个种群内"群主"交配的雌麋鹿数量，或者在不同种群间调换雄麋鹿。

选择种鹿时，应根据其优良特性及基本特性，选择双亲生产性能高、体型大、体质强健、体型优美、耐粗饲、适应性强、抗病力强的麋鹿作为种鹿，还应考虑其后裔测定情况。至于种鹿的年龄，一般雄麋鹿为 4～10 岁，雌麋鹿为 3～10 岁。雄麋鹿要体形匀称，体质健壮，角粗大、无畸形、角型对称、分支发育良好。雌麋鹿要性情温顺，母性强，泌乳量大，繁殖力强，无恶癖，体形匀称，体质健壮，乳房及乳头发育良好。

麋鹿调换和迁移应注意以下条件。

一是具备良好的生产性能。作为良种不仅本身要高产，其祖辈和子代也应该高产，并且具有稳定的遗传性能。

二是系谱清楚。良种不但要充分考虑其鹿角重量的遗传力，而且要系谱清楚。

三是外貌符合麋鹿的典型特征。良种必须符合麋鹿的典型特征：结构紧凑结实，轮廓清晰明显；被毛有光泽，毛色遗传具有品种特征；角柄粗圆，角形端正，眼大明亮，四肢坚实，排列匀称；生殖器官正常、发育良好。

四是繁殖性能良好。良种应发情早、性欲旺盛、配种能力强，配种成功率在90%以上，繁殖成活率在80%以上，受胎率在80%以上，泌乳量高，生育的幼鹿生长发育良好。

五是适应能力强。良种不仅应在培育地表现优良，在引种地也应具有良好的表现。

第三节　麋鹿繁殖人工技术的应用

一、人工授精技术的应用

2008 年，通过北京麋鹿生态实验中心的科技攻关，首例通过人工授精技术孕育的麋鹿诞生。

我国于 1953 年开始进行鹿的人工授精研究，但人工授精技术主要在梅花鹿、马鹿上应用较为成熟，而近年来人工授精技术也开始应用于麋鹿。人工授精技术的应用是麋鹿繁殖技术的一项重大突破，可以提高优良雄麋鹿的利用率，可科学地选种选配，有计划地利用优良雄麋鹿减少雄麋鹿间的顶架、伤亡。人工授精能克服区域界限，扩大良种应用范围，同时减少疾病传播，顺利完成麋鹿的配种繁育工作。冻精可长期保存，运输方便，不受雄麋鹿寿命的限制。麋鹿人工授精技术是一项人工辅助繁殖手段和方法，目前麋鹿人工授精技术尚处于起步阶段，尽管雌麋鹿经人工授精能够成功受孕产仔，但受胎率很低。但是，此项技术对于麋鹿性状的改良、濒危状态的改善和种群遗传学管理均具有十分重要的意义。

雌麋鹿人工授精的成功与否，与雌麋鹿的健康情况及能否正常排卵、雄麋鹿的精液质量和人工输精技术有关，其中雌麋鹿是决定人工授精成败的关键因素。选中接受人工授精的雌麋鹿应是健康的、具有繁殖能力的，配种期雌麋鹿不应过瘦或过肥。在雌麋鹿正常发情、排卵的前提下，品质优良的雄麋鹿的精液是保证受精和胚胎发育的重要条件，应选择具有种的特性、生产力高、遗传力高、遗传性能稳定的种鹿采精，同时要注意输精器材的卫生。输精是人工授精的技术环节，适时而准确地将定量的优质精液输到发情雌麋鹿生殖道内的适当部位是保证雌麋鹿有较高受胎率的关键。

（一）采精前的准备

1. 器材的清洗与消毒

采精用的所有人工授精器材均应保证清洁无菌。器材在使用之前要严格消毒，在每次使用后必须洗刷干净。器材用洗涤剂洗刷后，务必立即用清水多次冲洗干净、不留残迹，洗涤剂是2%～3%的碳酸氢钠溶液或1%～1.5%的碳酸钠溶液。玻璃器材消毒采用电热鼓风干燥箱进行高温干燥消毒（温度为130～150℃，消毒20～30分钟），也可采用高压蒸汽消毒20分钟。橡胶制品采用酒精浓度为75%的棉球擦拭消毒，最好再用酒精浓度为95%的棉球擦拭一次，以加速去除残留在橡胶上的水分和气味，然后用生理盐水冲洗。金属器械可用新洁尔灭等消毒溶液浸泡，然后用生理盐水等冲洗干净；也可用75%的酒精棉球擦拭；或用酒精灯消毒。润滑剂和生理盐水等可隔水煮沸20～30分钟；或通过高压蒸汽消毒，消毒时为避免玻璃瓶爆裂，要去掉瓶盖或在瓶盖上插上大号注射针头，瓶口用纱布包裹。药棉、纱布、棉塞、毛巾、软木塞等其他用品可采用隔水蒸煮消毒或高压蒸汽消毒或一次性用品。

2. 假阴道的准备

假阴道是模仿雌麋鹿阴道内环境条件而设计制成的一种人工阴道，由外筒（又称外壳）、内胎、集精杯（瓶、管）、气嘴和固定胶圈等基本部件组成。假阴道在安装前应先检查其外筒、内胎是否有破损、裂缝、沙眼、老化、发黏等不正常情况，以防止其发生漏水、漏气而影响采精。安装好的假阴道必须具备适宜的温度（35～37℃）、恰当的压力（内胎入口处自然闭合成"Y"形）和一定的润滑度等基本条件才能顺利采得雄麋鹿的精液。假阴道的温度过低则不能刺激雄麋鹿产生性欲，温度过高则会影响精子活力。假阴道的压力不足，雄麋鹿不会射精或射精不完全；若压力过大，不仅会妨碍雄麋鹿插入阴茎和射精，还可造成内胎破裂和精液外流。若假阴道润滑度不够，雄麋鹿阴茎不易插入，并有摩擦痛感；若润滑剂过多，则往往会混入精液而影响精液的质量。

3. 采精场所的准备

采精要有良好的、固定的场所与环境，以便雄麋鹿建立起固定的条件反射，同时保证人畜安全和防止精液被污染。为此，采精场所应该宽敞、平坦、安静、清洁和固定。采精场所的地面既要平坦，但又不能过于光滑，最好能铺上橡皮垫以防打滑。采精前要将场所打扫干净，并配备喷洒消毒和紫外线照射灭菌设备。采精也可在室外露天进行。

4. 活台鹿的准备

麋鹿人工采精一般使用活台鹿，即与雄麋鹿同种的雌麋鹿。活台鹿应选择健康无病（包括性病、其他传染病、体外寄生虫病等）、体格健壮、大小适中、性情温顺而无踢腿等行为的雌麋鹿。一般使用具备上述条件的发情雌麋鹿最理想。活台鹿应保定在采精架内，并用保定绳或三角绊固定两后肢。

5. 雄麋鹿的准备

采精雄麋鹿的年龄应在 4 ~ 7 岁，且体重大于 200 千克，营养均衡，体质健康，一直被半散放饲养管理。试情雄麋鹿应选择年龄在 5 ~ 7 岁，体质健康，性情温顺，经 1 ~ 2 周调教后可听从试情员指挥的雄麋鹿。

在雄麋鹿接受调教期间，要特别注意改善和加强饲养管理，以保持其健壮的体况，同时最好在每日早上雄麋鹿精力充沛和性欲旺盛时进行调教，尤其是在高温天气下，不宜在中午或下午进行。当雄麋鹿不适应时，试情员要耐心，多接近，勤诱导，绝不能强迫、抽打、恐吓或对其进行其他不良刺激，以防其产生性抑制而给调教工作造成更大障碍。有些雄麋鹿性烈，试情员须特别注意安全，提防被突然袭击。另外，试情员还要注意保护雄麋鹿生殖器官免遭损伤和保持其清洁卫生。

采精前，应擦洗雄麋鹿下腹部，用 0.1% 浓度的高锰酸钾溶液等洗净其包皮外部并抹干，挤出包皮腔内的积尿和其他残留物并抹干。

（二）采精及精液保存

1. 采精方法

人工授精技术中应用最广泛的采精方法为电刺激采精法，假阴道采精是最理想的采精方法。

电刺激采精需使用电刺激采精器，电刺激采精器包括电刺激器和直肠探子两部分。电刺激器电源电压为 220 伏，输出可调电压为 3 ~ 12 伏。直肠探子是利用一根硬质塑料管，上面装有 3 个固定的互相绝缘的金属环，由两根导线分两极引出，并由插销与刺激器的输出插座相连接。

采精前用吹管注射器肌内注射法对要接受电刺激采精的雄麋鹿肌内注射 2 毫升鹿眠灵注射液，约 5 分钟后雄麋鹿便可逐渐被完全麻醉。采精前调试好采精器，将集精杯底层加满水并保持水温在 35～37℃。

使被麻醉的雄麋鹿侧卧并将其保定好，将其头部稍垫高，拉出舌头，以防其瘤胃内容物倒流和呼吸不畅。采精前，掏尽雄麋鹿直肠内的粪便。剪掉雄麋鹿包皮周围的毛，用清水冲洗其阴茎和包皮腔，去除污垢，再用生理盐水冲洗干净，最后用消毒过的干燥纱布擦干包皮和龟头。将极棒用水蘸湿，缓缓伸入雄麋鹿直肠，深度为 20 厘米左右，并用力使极棒尖部紧贴直肠腹面，将电压调至零位，打开电源开关，电压由低向高，并在每档通断交替刺激 5～10 次，经过 2～3 分钟龟头开始充血、膨胀；将龟头从包皮内拖出，继续升高电压，使之充分充血、膨胀，当电压通到射精档次时（一般在电压为 3～10 V 时）雄麋鹿会射精，可在该档继续交替刺激（每次通电 5 秒）使其射精，也可再升高一档刺激，使其充分射精。进行电刺激采精的同时可辅以按摩雄麋鹿的阴茎和睾丸。

用多个集精杯分段接取精液。集精杯要放在保温广口罐里，随用随取。完毕后，将电压调零，关闭电源，取出直肠极棒，并将其擦净、消毒。对被麻醉的雄麋鹿肌内注射 4 毫升鹿醒灵注射液，5 分钟后雄麋鹿即可站立。

另外，目前麋鹿处于野生或者半野生状态，驯化程度不高，因此其他采精方法如假阴道法、按摩法等还不适宜使用。

2. 采精频率

控制对雄麋鹿的采精频率，对维持其正常的性功能、保持健康体质和最大限度地提高采精数量和质量都是十分重要的。采精频率要根据睾丸定期内产生精子的数量、附睾的贮精量、每次射精量和雄麋鹿的营养水平确定。睾丸的发育和精子产生数量除遗传因素外，主要与麋鹿的营养水平密切相关。因此，若雄麋鹿的营养水平高，可以适当增加采精频率。但是不顾客观条件随意增加采精次数，不仅会导致雄麋鹿未老先衰，使用年限缩短，而且会导致其精液减少和质量下降，还会直接影响受配雌麋鹿数量以及受配雌麋鹿的发情期、受胎率和产仔数量。

3. 精液品质的检查

为了鉴别精液品质的优劣应对采集的精液进行品质检验，根据检验结果，决定使用原精或将精液按一定比例稀释后使用。采集的精液一部分供人工授精用，另一部分用于冷冻保存。

一般雄麋鹿精液品质的常规检查项目包括精液量、色泽、气味、云雾状情况、pH 值、活率、密度等。精液外观检查主要通过肉眼观察，对精液品质做出初步估测。

雄麋鹿的精液量一般为 0.7～4 毫升，因个体、年龄、采精方法及技术水平、采精频率和营养状况等而有所变化，但精液量超出正常范围太多或精液量太少都必须立即寻找原因。精液量太多可能是过多的副性腺分泌物或其他异物（如尿、假阴道漏水）的混入等造成的；精液量过少可能是采精方法不当等原因以及生殖器官机能衰退等造成的。

雄麋鹿正常的精液一般为乳白色或灰白色，而且精子密度越高，颜色越深，其透明度就越低。如果精液颜色异常，则为不正常现象。如果精液带有浅绿色或黄色，则是混有脓液或尿液的表现；若带有淡红色或红褐色，即含有鲜血或陈血的表现。这样的精液应该弃而不用，并应立即停止采精，与兽医会诊寻找原因并确定诊疗方案。

精液略带腥味，如有异常气味，可能是混有尿液、脓液、尘土、粪渣或其他异物的表现，应废弃。色泽和气味检查可以结合进行，使鉴定结果更准确。

精液因精子密度高而混浊不透明，因此用肉眼观察刚采得的新鲜精液时可看到云雾状气体，这是精子密度大、运动非常活跃的表现，据此可以初步估测精子密度和活率的高低。云雾状显著者可用"＋＋＋"表示，比较显著者可用"＋＋"表示，不够显著者可用"＋"表示，不呈云雾状者则用"－"表示。

新鲜精液因精清比例较小呈弱酸性，pH 值为 6.5～6.9，但因个体、采精方法不同，精清的比例大小不一。测定精液 pH 值的最简单方法是用 pH 试纸比色，通过目测即可得结果。还有一种方法是取 0.5 毫升精液，滴上 0.05 毫升的溴化麝香兰，将二者充分混合均匀后置于比色计上比色，便可测知精液 pH 值。用电动比色计测定精液的 pH 值更准确，但使用的玻璃电极球不应太大，一次测定的样品量要少。

精子活力与雌麋鹿受胎率密切相关，是评定精液品质优劣的主要指标之一。一般在采精后，稀释保存和运输前后以及输精前后都要检查精子活力。

常见的精子活力检查方法是目测评定法。通常采用显微镜将精液样品放大 200 ~ 400 倍，对其进行目测评定。用生理盐水、5% 的葡萄糖溶液或其他渗稀释液稀释后再行制片，精液样品检查标本的制作方法有 3 种，即平板压片法、悬滴法、精液检查板法。平板压片法是在普通载玻片上滴一滴精液，然后用盖玻片均匀覆盖整个液面，做成压片。这种方法简便，但精液容易变干而影响精子活力。悬滴法是在盖玻片中央滴一滴精液，然后将盖玻片翻转覆盖在凹玻片的凹窝处，制成悬滴检查标本。这种方法虽然不易变干，但由于精液厚度不匀，在观察时容易产生误差。精液检查板法可使被检查的精液样品的厚度均匀地保持在 50 微米，因此观察时不易产生误差。使用时，将精液滴在检查板的中央 S 处，过量的精液会自动流向四周，再盖上盖玻片，将其置于具有恒温装置的显微镜载物台上，将恒温装置前后左右移动。使检查板的中央置于视野中，然后调节焦距进行精子活力评估。精子活率受温度的影响很大，温度过高，精子活动会异常剧烈，温度过低，则精子活动会减慢。这两种情况都会导致评定结果不准确。因此，应在 37 ~ 38℃ 环境下进行精子活率检查。在检查精子活率时，应将向前运动的精子与呈现旋转、摆动等异常运动的精子严格区别开来。

精子密度检查也是目前评定精液品质优劣的常规检查中的一个主要项目，但一般只需在采精后对新鲜原精液做一次性的密度检查。目前，测定精子密度的主要方法是目测法、血细胞计数法和光电比色计测定法。此外，还有硫酸钡比浊法、细胞容量法、凝集试验法和快速电子法等。在实践中最常用目测法，可与精子活力检查同时进行。精子密度可被粗略地分为"稠密""中等""稀薄" 3 个等级。由于各种动物的正常精子密度本来差异就很大，不同动物精液的密度等级的划分和判定标准也不相同。正常情况下，麋鹿的精子密度最大为 10 亿 ~ 20 亿个/毫升，精子密度划分等级的标准为 15 亿个/毫升以上为"稠密"，10 亿 ~ 15 亿个/毫升为"中"等，10 亿个/毫升以下为"稀薄"。目测法评定精子密度同样有较大的主观性，因而误差较大，但方法简便。

4. 精液的稀释

在生产实践中，为了扩大精液容量，提高一次射精量可配雌麋鹿数量，必须将精液稀释。只有经稀释处理后，精液才能被有效地保存和运输。因此，精液的稀释是充分体现和发挥人工授精优越性的重要技术环节。

稀释液是包括稀释剂、营养剂（葡萄糖、果糖、乳糖等糖类以及鲜奶及奶制品、卵黄等）、保护剂（缓冲物质、非电解质和弱电解质、防冷刺激物质、抗冻物质和抗菌物质等）和其他添加剂（酶类、激素类、维生素类、其他成分等）的混合溶液。根据不同用途，可选择不同种类的稀释液。扩容稀释液适用于采精后立即稀释精液，以单纯扩大精液容量，此类稀释液常以简单而等渗的糖类和奶液为主体。常温保存稀释液适用于精液在常温下短期保存的情形，其以糖类和弱酸盐为主体，pH偏低（呈弱酸性）。低温保存稀释液适用于精液低温保存的情形，其以卵黄或奶类为主体，具抗冷休克的特点。冷冻保存稀释液适用于精液超低温冷冻保存时，以甘油、二甲基亚砜等为主体，具抗冻的特点。冷冻保存稀释液目前已有几十种配方，同时还有配套的解冻液。

若保证每毫升被稀释的精液中含有 500 万个有活力的精子，稀释倍数可达百倍以上，对受胎率无大影响。在一般情况下，只进行 10 ~ 40 倍稀释。精液若在采精后数小时内使用，宜直接采原精液进行输精。被稀释后的精液的保存方法以及保存时间与被稀释倍数有关，如精液冷冻保存就不能像常温、低温保存那样做较高倍数的稀释。

5. 精液的保存

精液被稀释后即可保存。现行保存精液的方法，按保存温度可以分为常温保存（15 ~ 25℃）、低温保存（0 ~ 5℃）、冷冻保存（ - 79℃干冰或 - 196℃液氮）3 种。

常温保存的温度在 15 ~ 25℃，由于保存温度不恒定，又称室温保存。在这一温度范围内，稀释液提供的弱酸性环境使精子的运动和代谢只受到一定的抑制，因此只能在一定时间限度内延长精子的存活时间和保持精子的受精能力。常温保存不需要特殊控温和制冷设备，处理手续简便。采用常温保存以延长精子的存活时间，除主要利用稀释液中的有关成分所创造的弱酸性环境，抑制精子运动和代谢外，还依靠稀释液给精子补充足够的外源性能源（营养物质）和在稀释液中添加适当剂量的抗菌物质以抑制细菌等微生物的滋生。有的还在稀释液中加入调节和维持正常 pH 值的缓冲物（如柠檬酸钠、碳酸氢钠），或在稀释液中加入明胶以阻碍精子运动。此外，适当降低保存温度和设法保持温度恒定，以及隔绝空气造成缺氧环境，对强化常温稀释液的保存效果也有一定作用。

低温保存是将稀释后的精液置于 0～5℃ 的低温条件下保存，一般是放在冰箱内或装有冰块的广口保温瓶中冷藏。在这种低温条件下，精子运动完全消失，处于一种休眠状态，代谢降到极低水平，而且混入精液中的微生物也受到限制，因此精子的保存时间相对延长。低温保存简单、有效，保存时间可达 1 周之久。低温保存精液时，要严格按照逐步降温的操作规程进行，防止精子冷休克的发生。低温保存精子的方法是待精液被稀释并分装后，先用数层纱布或棉花包裹精液容器，再在纱布或棉花外包裹塑料薄膜袋用于防水，然后将其置于 0～5℃ 的低温环境中。一般经历 1～2 个小时，精液温度可缓慢降至 0～5℃。为防止精子冷休克，还可使用含卵黄或奶类的稀释液，卵黄浓度一般为 20%～30%。在整个保存期间应尽量维持保存温度的恒定，防止温度升温。

冷冻保存是将采集好的精液稀释（将与精液等温但成分和甘油浓度不同的稀释液于降温前 1 次、降温过程中 2 次或平衡前 1 次沿精液试管壁缓缓加入，混匀）。在 0℃ 冰箱中水浴降温平衡 5 小时。在冰箱中将平衡好的精液吸入 0.25 毫升的细管，用聚乙烯醇粉封口，置于离 -196℃ 液氮（或 -79℃ 干冰）面 2 厘米的冷冻架上，盖好容器盖，冷冻 5 分钟后投入液氮中。抽样并在 35℃ 的水浴锅中解冻 20 秒，然后做镜检，对活率 0.35 以上的精液做标记，并装入纱布袋中保存。

（三）输精

1. 输精前的准备

输精前应对雌麋鹿进行麻醉后保定，以便操作安全。输精人员的手掌和手臂、输精用的器械和用具、雌麋鹿的外阴部及其周围都必须经洗涤和消毒，以防雌鹿生殖道发生感染。对低温和冷冻保存的精液要进行升温和解冻，并对精液进行活力检查，符合输精质量要求的精液（液态保存精液活力不低于 0.6，冷冻保存精液活力不低于 0.3）才能使用。常温或低温保存的精液要求缓慢升温到 35℃ 左右。夏天可采取自然升温法，即将精液置于室内 20 ~ 30 分钟即可。在冬季，可先用冷水浸泡低温保存的精液，然后逐渐加入温水，使之缓慢升温到所需温度。

2. 试情和输精的适宜时间

雌麋鹿的发情鉴定以试情为主、外部观察及直肠触摸卵巢为辅。试情以雄麋鹿爬跨雌麋鹿、雌麋鹿站立不动为主要发情标志，若雌麋鹿对雄麋鹿有求偶表现，但不接受雄麋鹿爬跨，应再试情或对其进行直肠触摸判定。也可用试情法来判断输精适期，试情应选择体格健壮、性欲旺盛的雄麋鹿进行输精管结扎，初期每 4 小时试情 1 次，把试情雄麋鹿放入雌麋鹿圈内，雄麋鹿逐个嗅闻雌麋鹿，当雌麋鹿接受雄麋鹿爬跨而站立不动时，立即把雄麋鹿赶走，之后试情频率改为每 2 小时试情 1 次，记下发情的雌麋鹿的号码，立即给发情的雌麋鹿进行人工输精。

适宜输精时间是根据雌麋鹿的排卵时间，精子与卵子的运行速度和到达受精部位（输卵管壶腹部）的时间，以及它们可能保持受精能力的时间和精子在雌麋鹿生殖道内完成获能的时间等综合决定的。输精的最佳时间一般是雌麋鹿接受爬跨后的 8 ~ 10 小时，初配雌麋鹿发情时间相对短些，平均在 6 ~ 8 小时，应以 2 次输精为佳，以便刚刚完成获能并已到达受精部位的生命力强的精子和排出不久的卵子相遇而受精。尤其是当使用冷冻精液输精时更应注意适时授精，鹿经过冷冻后的精液的精子在雌麋鹿生殖道内的可能存活时间比液态保存的精液特别是新鲜精液短。在实践中，常用发情鉴定来判定输精适宜时间，一般是早晨发情的雌麋鹿，于当天下午或傍晚输精；下午特别是傍晚发情的雌麋鹿于次日早晨输精。

3. 输精的方法

整个输精操作过程均应做到慢插、适深、轻注、缓出。输精量和输入有效精子数与雌麋鹿的体型、胎次、生理状态，以及精液保存方法、精液品质、输精部位和输精人员的技术水平等都有关。液态保存的精液的有效精子数一般比冷冻精液多，而细管冷冻精液的有效精子数比安瓿或颗粒冷冻精液少一些。当精液品质较差时输精量应适当增加，以保证输入的有效精子数达到规定标准。输精方法有阴道开张器输精法和直肠把握子宫颈输精法两种。

阴道开张器输精法是输精人员一只手持涂有少量灭菌的润滑剂的阴道

开张器插入雌麋鹿阴道使阴道张开，借助额灯等光源寻找子宫颈外口。然后，另一只手将吸有精液的输精器的导管尖端小心插入子宫颈内 1～2 厘米，缓慢注入精液，操作完成后拿走输精器，接着取出阴道开张器。为了防止雌麋鹿拱背而使精液倒流，可在输精时和输精后由助手用力按捏雌麋鹿背腰部，并稍待片刻后再将雌麋鹿缓慢牵回圈舍。输精过程中如果雌麋鹿左右摆动，则应暂时中止操作，并立即将阴道开张器和输精器交由一手握住，使两者一起随着雌麋鹿同方向摆动，以免输精器突然折断。等雌麋鹿安定后再继续输精。此法能直接看到输精管插入雌麋鹿的子宫颈口内，适合初学者操作。但此方法操作过程烦琐，容易引起雌麋鹿骚动，易使雌麋鹿的阴道黏膜受伤，且因输精部位浅，精液容易倒流，受胎率较低。因此，此方法目前已很少被采用。

直肠把握子宫颈输精法是输精人员左手握紧成锥形，慢慢地伸入雌麋鹿的直肠，向雌麋鹿直肠内灌入肥皂水，排除宿粪。然后，用右手将雌麋鹿的阴门撑开，用左手将吸有精液的输精器从阴门先倾斜向上插入阴道 5～10 厘米，即通过阴道前庭避开尿道口后，再向前水平插入直抵子宫颈外口。随后右手伸入雌麋鹿直肠，隔着直肠壁探明子宫颈的位置，并将子宫颈半捏于手中，使子宫颈下部紧贴在骨盆腔底上。在双手配合下，使输精管导管尖端对准子宫颈外口，并一边活动一边向前插，当感觉穿过 2～3 个子宫颈内横行的月牙形皱褶时，即可缓慢向子宫颈内注入精液。输精完毕后，先抽出输精器，然后抽出手臂。输精过程中，输精器不可握得太紧，应随雌麋鹿摆动而摆动，以防输精器的导管折断。输精器插入阴道和子宫颈时要小心，不可用力过猛，以防黏膜损伤或穿孔。输精结束后向雌麋鹿肌内注射促排卵素（LRH-A3），剂量为 12.5 微克。

由于此方法将精液注入子宫颈深部，雌麋鹿受胎率较高；用具较少，操作安全，雌麋鹿阴道不易感染；对雌麋鹿无疼痛刺激。但初学者较难掌握此方法，在操作时要特别注意握子宫颈的手掌的位置，不能太靠前，也不能太靠后，否则都不易将输精管插入子宫颈的深部。

对细管冷冻精液进行输精时必须使用细管输精器。使用时将解冻后的精液细管棉塞端插入输精器推杆约 0.5 厘米，然后推杆退回 1～2 厘米，剪掉细管封口部，拧紧螺丝，外面套上塑料保护套，拧紧固定圈，使保护套固定在输精器上，套管中间用于固定细管的游子，应连同细管轻轻推至塑料套管的顶端轻缓推动推杆，见精液将要流出时，即可准备输精。

二、同期发情技术的应用

利用生殖激素如 GnRH、FSH、孕马血清促性腺激素（PMSG）等可以诱导不发情的雌麋鹿发情，使排卵少的雌麋鹿多排卵。利用前列腺素及其类似物可治疗持久黄体等，使患繁殖障碍的雌麋鹿恢复正常的生殖机能。利用孕激素类药物可以保胎，从而保持和提高雌麋鹿的繁殖力。

利用生殖激素可以人为地促使一群雌麋鹿在预定的时间内集中发情，以便有计划地合理组织配种。应用同期发情技术能使雌麋鹿的配种、妊娠、分娩等过程相对集中，便于科学化管理，节省人力、物力和费用，不但能使具有正常发情周期的雌麋鹿集中发情，而且还能诱导乏情状态的雌麋鹿发情，因此可以提高繁殖率。

现行的同期发情药物，根据其性质大体分为 3 类。第一类是抑制发情的孕激素类物质，如孕酮、甲孕酮、炔诺酮、氯地孕酮、氟孕酮、18-甲基炔诺酮、16-次甲基甲地孕酮等，这些药物能抑制卵泡生长，延长黄体期，其用药方法有阴道栓塞法、埋植法和注射法。阴道栓塞法是将泡沫塑料、棉团经灭菌后浸吸一定量的药液，塞于雌麋鹿的子宫颈附近，这样药液会缓慢但持续不断地释放至周围组织，被机体吸收，经一定时间后取出泡沫塑料、棉团。此方法的优点是一次用药，比较方便，缺点是处于第一发情期的雌麋鹿受胎率较低，且易发生栓塞脱落。埋植法是将药装在带孔的小管内，埋植于雌麋鹿皮下，经若干天后取出，埋植期间药物被机体缓慢吸收，此方法可用作群体处理。此方法用药量小，不易丢失。注射法是每日将一定量的药物经皮下或肌内注射给雌麋鹿，连续若干天后停药。此法能较准确地把握药量，但操作过程较烦琐。

第二类是促进黄体退化的前列腺素及其类似物，包括 15-甲基前列腺素、前列腺素甲酯、氧前列烯醇、氟前列烯醇等，其用药方法是将少量前列腺素溶液直接注入子宫或通过肌内注射给雌麋鹿，给药 1 ~ 2 次即可。只有空怀且正处在黄体期的雌麋鹿的子宫灌注效果优于肌内注射，且用药量小。

第三类是在应用上述激素的基础上，配合使用的促性腺激素，如 FSH、LH、PMSG、人绒毛膜促性腺激素（HCG）和 GnRH 及其类似物。使用这些促性腺激素可以增强雌麋鹿发情同期化，并促使卵泡更好地成熟和排卵，提高雌麋鹿的受胎率。如北京麋鹿生态实验中心使用阴道内孕酮释放装置（CIDR）和 PMSG 对雌麋鹿进行同期发情诱导。在被麻醉的雌麋鹿体内放入 CIDR，第 12 天后取栓，同时给雌麋鹿肌内注射 PMSG，剂量为 400 国际单位。对去栓 24 小时后的雌麋鹿进行发情鉴定，58～59 小时后进行全群麻醉保定。

做同期发情处理的雌麋鹿多数卵泡发育正常并能排卵，但很多无外部发情征象，性行为表现不存在或表现非常微弱，原因可能是激素未达到平衡状态。但雌麋鹿第二次自然发情时，其外部征象、性行为和卵泡发育则趋于一致。

（本章作者：钟震宇、张树苗、孟玉萍、陈颀、单云芳）

第八章　麋鹿的生理生化

动物机体的生理指标是探查其生存状态的内在指标，包括血液生理生化、应激、繁殖、营养、消化、免疫能力、麋鹿遗传多样性监测数据采集等多项指标。

第一节　麋鹿的血液生理生化指标

血液是心脏和血管腔内循环流动的一种红色不透明粘稠液体，由血细胞和血浆组成，后者含血浆蛋白等各种营养成分及无机盐、氧、细胞代谢产物、激素、酶和抗体等。血液有运输、调节体温、防御及调节渗透压和酸碱平衡等功能，因此，在蛋白质代谢、免疫调节、能量传递及机体生长发育等方面发挥着重要作用。血液生理生化指标在同种动物机体内相对稳定，因此检测麋鹿的血液生理生化指标可间接了解其健康、免疫、营养及代谢状况等。另外，在一些脏器疾病的诊断中，血液生理生化指标测定发挥着重要作用，有助于对疾病早期发展情况进行鉴定。此外，血液生理生化指标检测方法简便、对麋鹿造成的损伤小，易于实施。因此，监测麋鹿的血液生理生化指标对保护麋鹿具有重要意义。

孙大明等（1994）检测了江苏大丰保护区的麋鹿的部分血液生理生化指标，钟震宇等（2009）测定了北京麋鹿苑的麋鹿的 35 项血液生理生化指标。但由于麋鹿的生活环境差异及繁殖状态、年龄组成不同，以及临床血液检测技术的差异，两次检测的测定值有所不同。李俊芳等（2017）检测了北京麋鹿苑 50 只麋鹿的多项生理生化指标，并根据正常参考值范围的测定方法，用平均数加减 1.96 个标准差计算得到麋鹿的各项生理生化指标的正常值参考范围（表8-1、表8-2）。

表8-1 麋鹿血液生理指标测定值（李俊芳，2017）

指标	结果	参考范围
白细胞数目 WBC/（$10^9 \cdot L^{-1}$）	4.6±0.8	3.7~6.3
淋巴细胞数目 LYMPHN/（$10^9 \cdot L^{-1}$）	1.32±0.35	0.6~2.1
单核细胞数目 MONON/（$10^9 \cdot L^{-1}$）	0.2±0.01	0.17~0.22
中性粒细胞数目 NEUT/（$10^9 \cdot L^{-1}$）	2.58±0.42	1.7~3.5
淋巴细胞 LYMPH/%	31.66±7.14	17~47
单核细胞 MONOP/%	5.26±0.46	4.2~6.3
中性粒细胞 NEUTP/%	63.08±6.92	48.4~77.8
红细胞数目 RBC/（$10^{12} \cdot L^{-1}$）	7.65±0.63	6.32~9
血红蛋白 HGB/（$g \cdot L^{-1}$）	124.6±8.62	106.3~142.9
红细胞压积 HCT/%	37.34±2.56	31.9~42.8
平均红细胞体积 MCV/fL	48.92±1.53	45.6~52.2
平均红细胞血红蛋白含量 MCH/pg	16.24±0.5	15.1~17.3
平均红细胞血红蛋白浓度 MCHC/（$g \cdot L^{-1}$）	333.4±2.87	327.3~339.5
红细胞分布宽度变异系数 RDW-CV/%	15±0.39	14.1~15.9
血小板数目 PLT/（$10^9 \cdot L^{-1}$）	165.6±18.47	126.4~204.8
平均血小板体积 MPV/fL	6.14±0.24	5.6~6.7
血小板分布宽度 PDW	15.4±0.35	14.6~16.2
血小板压积 PCT/%	0.1±0.01	0.07~0.12
嗜酸细胞 EOP/%	0.98±0.13	0.7~1.3

表8-2 麋鹿血液生化指标测定值（李俊芳，2017）

指标	结果	参考范围
丙氨酸氨基转移酶 ALT/（$U \cdot L^{-1}$）	42.16±13.62	15.46~68.86
碱性磷酸酶 ALP/（$U \cdot L^{-1}$）	196.32±72.02	55.16~337.48
肌酸激酶同功酶 CK-MB/（$U \cdot L^{-1}$）	159.26±58.27	45.05~273.47
α-羟丁酸脱氧酶 α-HBD/（$U \cdot L^{-1}$）	454.39±112.27	234.34~674.44
直接胆红素 DBIL/（$\mu mol \cdot L^{-1}$）	0.51±0.07	0.37~0.65
胆碱酯酶 CHE/（$U \cdot L^{-1}$）	3.18±1.59	0.06~6.3
载脂蛋白 apo-B/（$mg \cdot dL^{-1}$）	0.41±0.26	0~0.92

续表

指标	结果	参考范围
天门冬氨酸氨基转移酶 AST/（U·L^{-1}）	52.61±9.69	33.62~71.6
无机磷 P/（mmol·L^{-1}）	4.24±0.4	3.46~5.02
二氧化碳 CO$_2$/（mmol·L^{-1}）	37.69±1.22	35.3~40.08
肌酸激酶 CK/（U·L^{-1}）	210.01±46.69	118.5~301.52
甘油三酯 TG/（mmol·L^{-1}）	0.04±0.04	0~0.12
乳酸脱氢酶 LDH/（U·L^{-1}）	470.98±106.15	262.93~679.03
载脂蛋白 apo-A1/（mg·dL^{-1}）	0.15±0.09	0~0.33
高密度脂蛋白胆固醇 HDL-C/（mmol·L^{-1}）	1.14±0.17	0.81~1.47
低密度脂蛋白胆固醇 LDL-C/（mmol·L^{-1}）	0.14±0.06	0.02~0.26
γ-谷氨酰转肽酶 γ-GT/（U·L^{-1}）	37.94±9.81	18.71~57.17
总胆红素 TBIL/（μmol·L^{-1}）	1.76±0.44	0.9~2.62
氯 Cl/（mmol·L^{-1}）	99.83±3.12	93.71~105.95
总钙 Ca$^{2\pm}$/（mmol·L^{-1}）	2.23±0.07	2.09~2.37
总蛋白定量 TP/（g·L^{-1}）	68.06±3.65	60.91~75.21
肌酐 CR/（μmol·L^{-1}）	150.48±32.83	86.13~214.83
尿酸 UA/（μmol·L^{-1}）	0.96±0.47	0.04~1.88
白蛋白定量 ALB/（g·L^{-1}）	40.69±5.56	29.79~51.59
血尿素氮 BUN/（mg·dL^{-1}）	25.43±11.2	3.48~47.38
酸性磷酸酶 ACP/（U·L^{-1}）	166.2±23.2	120.73~211.67
淀粉酶 AMS/（U·L^{-1}）	220.3±9.6	201.48~239.12

第二节　麋鹿的繁殖、应激、代谢和免疫特性

选择有代表性的激素、酶等指标可真实反映机体的不同功能或某种状态下机体的应激或免疫情况。血浆/血清、唾液、粪便和毛发中某些代表性激素或酶等的指标可反映机体的繁殖、应激、代谢及免疫特性。其中，血浆/血清可反映这些指标的瞬时变化，唾液可反映这些指标几小时内的变化，粪便反映这些指标数小时至数十小时内的变化，而毛发能反映这些

指标在数天至数月的变化，各种测定方法具有不同的适用范围。近年来，通过非损伤性采样获得的粪便被广泛应用于野生动物的生理学研究。对于麋鹿而言，测定其生理指标主要是通过血浆和粪便。粪便因方便收集且携带信息丰富而逐渐成为测定应激性高的麋鹿的生理指标的首选材料。通过采集麋鹿的粪便测定其生理指标，能在不打扰其正常生命活动的前提下辅助监测麋鹿种群和个体的繁殖、应激、免疫等状态，为麋鹿疾病的监测、防控及管护提供参考。

一、繁殖生理指标

引起动物繁殖行为的最直接的内分泌因子是生殖腺分泌的性激素。动物的性激素（睾酮、雌二醇、孕酮）能反映其繁殖生理状态。当机体繁殖生理机能异常时，动物体内的性类固醇激素分泌水平会出现波动，并表现于血液和粪便中。血液或粪便中的性激素值过高或过低，表明该个体的繁殖生理状态可能偏离了正常范畴，其偏离程度可作为诊断该个体繁殖生理状况的依据之一。不同地区及季节的麋鹿的睾酮、雌二醇、孕酮分泌水平存在差异，这种差异表明麋鹿的睾酮、雌二醇、孕酮的指标参数应有一定波动范围。

（一）睾酮

睾酮的分泌水平与季节性繁殖的偶蹄类动物的繁殖活动密切相关。江苏大丰保护区雄麋鹿血浆中的睾酮水平在6月繁殖季显著高于其他月份（解生彬等，2018）。在北京麋鹿苑，雄麋鹿粪便的睾酮含量在不同季节也有波动，第一季度为39.08~68.70纳克/克，第二季度为36.99~117.49纳克/克，第三季度为34.08~80.65纳克/克，第四季度为32.08~78.09纳克/克，且5月睾酮含量最高（图8-1）。麋鹿血浆和粪便中的睾酮水平在繁殖季节（尤其是交配期）均高于非繁殖季节，这说明睾酮与雄麋鹿的交配行为密切相关。可见，睾酮的季节性波动是雄麋鹿繁殖行为季节性变化的生理基础。

（二）雌二醇

雌二醇是雌激素的主要成分，能直接反映雌麋鹿的生殖机能。北京麋鹿苑雌麋鹿粪便中的雌二醇含量在不同季节有不同的波动情况，从第一季

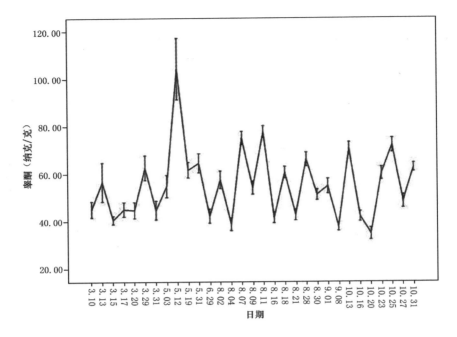

图8-1 北京麋鹿苑雄麋鹿粪便内睾酮含量变化

度到第四季度雌二醇含量波动范围分别为 4954.08～19630.03 皮克/克、
2454.08～6630.67 皮克/克、4554.08～76630.45 皮克/克和 4754.08～
7630.00 皮克/克，在雌麋鹿群处于分娩前期的 3 月下旬存在一次较为集中
的峰值（图 8-2）。

（三）孕酮

孕酮又称黄体酮或孕激素，与雌激素既有拮抗作用又有协同作用，可
进一步促进雌麋鹿第二性征的发育成熟，也具有维持雌麋鹿妊娠的作用。
北京麋鹿苑雌麋鹿的粪便内的孕酮含量从第一季度到第四季度的波动范围
分别是 171.56～378.21 纳克/克、169.11～1088.45 纳克/克、215.08～
596.06 纳克/克和 195.08～596.17 纳克/克，不同季节雌麋鹿粪便内孕酮
含量变化区间存在一定差异（图 8-3）。3 月雌麋鹿粪便内孕酮含量达到
峰值，8—10 月仍维持相对较高水平，这可能与妊娠有关。

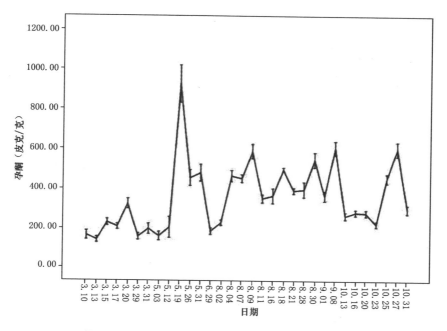

图 8 - 2　北京麋鹿苑雌麋鹿粪便内雌二醇含量变化

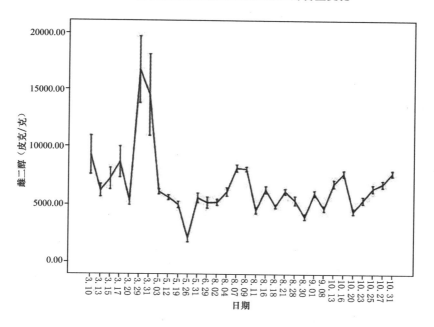

图 8 - 3　北京麋鹿苑雌麋鹿粪便内孕酮含量变化

二、应激指标

皮质醇是糖皮质激素的主要生理活性成分，也是衡量动物应激状态的重要指标。野生动物的应激生理状态是机体应对各种生存胁迫因子而产生的一种生理适应状态。过高或过低的应激水平都不利于动物的生存适应，过低的应激水平表明动物不能对各种应激源做出及时、有效的反应，而过高的应激状态又会损害动物正常的生理活动，甚至引发疾病。应激反应可对机体健康产生广泛的影响，有研究使用高、中、低3种强度的应激刺激后发现轻微应激对免疫应答有抑制趋势，中度应激可增强免疫应答，而强烈的应激反应则显著抑制细胞免疫功能的发挥。通常认为皮质醇的分泌与动物紧张程度有关，环境刺激和社群竞争压力能引起动物肾上腺皮质醇分泌的增加。

北京麋鹿苑麋鹿的粪便内皮质醇含量从第一季度到第四季度的波动范围分别是 354.08～2363.00 纳克/克、374.08～2557.00 纳克/克、383.08 纳克/克～2631.00 纳克/克和 1432.08～2530.00 纳克/克（图 8-4）。

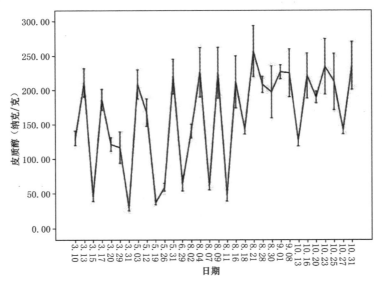

图 8-4　北京麋鹿苑麋鹿粪便内皮质醇含量变化

三、代谢指标

甲状腺素是甲状腺分泌的氨基酸衍生类激素，它是控制下丘脑代谢稳态调节和整合的关键内分泌因子之一。甲状腺素具有调节物质与能量代谢、促进机体生长发育的作用，因此其分泌水平可衡量动物的营养状况，调节动物的消化系统和代谢率。甲状腺素的变化与机体消耗状态有关，因此，甲状腺素变化可作为监测动物营养代谢活动的间接指标。北京麋鹿苑麋鹿的粪便内甲状腺素含量从第一季度到第四季度分别为 84.08～117.00 纳克/克、49.08～102.00 纳克/克、45.08～108.00 纳克/克和 54.08～82.00 纳克/克（图8－5）。

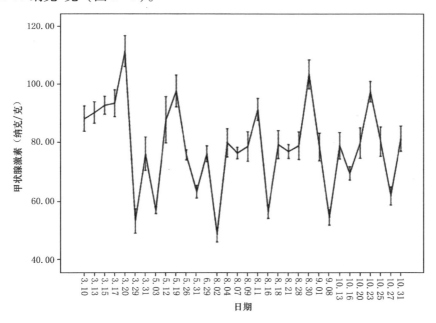

图8－5 北京麋鹿苑麋鹿粪便内甲状腺激素含量变化

四、免疫指标

免疫球蛋白对野生动物的健康状况及生存状态具有良好的指示作用，对机体免疫球蛋白含量进行测定，有利于预防野生种群发生疾病，为自然管理人员对野生动物进行监测和有效管护提供依据。

在正常生理状况下，机体会维持稳定的免疫生理状态，而一旦有病原体入侵，免疫球蛋白的分泌量就会增加以做出必要的免疫反应。因此，免疫球蛋白是反映动物机体免疫状态和自身健康状况的一个良好指标，对IgA、IgG 及 IgM 生理常值进行测定有助于对麋鹿健康状况进行评估，并预防麋鹿发生疾病。

（一）IgA

IgA 可分为血清型和分泌型两种，其中血清型 IgA 具有抗感染的作用，而分泌型 IgA 具有抗菌、抗病毒和中和毒素等多种作用。因此，IgA 是机体重要的抗感染免疫物质。北京麋鹿苑麋鹿的粪便内 IgA 含量从第一季度到第四季度的波动范围分别是 61. 08 ~ 299. 00 纳克/克、84. 08 ~ 205. 00 纳克/克、75. 08 ~ 1363. 00 纳克/克和 73. 08 ~ 2050. 00 纳克/克（图 8 - 6）。

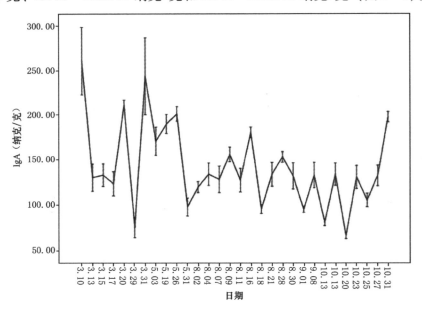

图 8 - 6　北京麋鹿苑麋鹿粪便内免疫球蛋白 IgA 含量变化

（二）IgG

IgG 主要由脾淋巴结中的浆细胞合成和分泌，以单体形式存在，是动物血清中的主要抗体，在机体免疫中起保护作用，并能有效地预防相应的感染性疾病。北京麋鹿苑麋鹿的粪便内 IgG 含量从第一季度到第四季度的波动范围分别为 21.08 ~ 249.00 纳克/克、61.08 ~ 246.00 纳克/克、56.08 ~ 151.00 纳克/克和 44.08 ~ 156.00 纳克/克（图 8 - 7）。

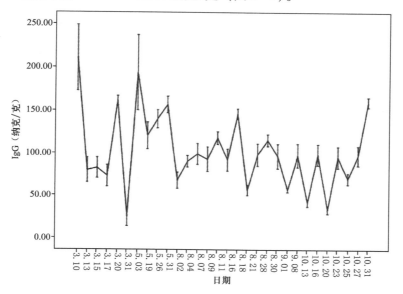

图 8 - 7 北京麋鹿苑麋鹿粪便内免疫球蛋白 IgG 含量变化

（三）IgM

在抗原刺激的免疫反应中，IgM 是浆细胞最先分泌的免疫球蛋白，它可作为活化 B 细胞的抗原受体做出免疫反应，因此，IgM 是初级免疫反应的最主要免疫球蛋白。北京麋鹿苑麋鹿的粪便内 IgM 含量从第一季节到第四季度的波动范围分别为 68.08 ~ 306.00 纳克/克、61.08 ~ 123.00 纳克/克、81.08 ~ 236.00 纳克/克和 61.08 ~ 175.00 纳克/克（图 8 - 8）。

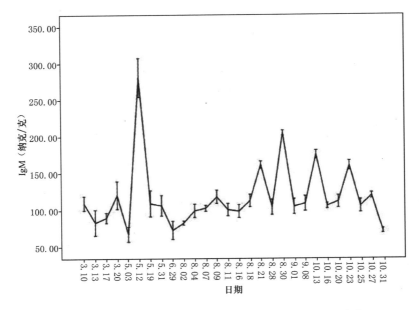

图 8-8 北京麋鹿苑麋鹿粪便内免疫球蛋白 IgM 含量变化

（本章作者：张树苗、白加德、李俊芳、郭青云、李夷平）

第九章　麋鹿的疾病与防治

第一节　魏氏梭菌病

2000—2009 年，北京麋鹿苑共计有 64 例麋鹿出血性肠炎病例，2010年 3 月，湖北三合垸 45 只野生麋鹿死于魏氏梭菌引起的出血性肠炎，2011年，北京动物园多只麋鹿死于 C 型魏氏梭菌引起的出血性肠炎。魏氏梭菌病是由魏氏梭菌（*Clostridium perfringens*）引发的一种急性、致死性传染病，临床上表现为出血性、坏死性肠炎。

一、病原学

魏氏梭菌又称产气荚膜梭菌，是引起动物坏死性肠炎、肠毒血症、软肾病、鹿猝死症和人创伤性气性坏疽等疾病的主要病原之一。

魏氏梭菌为革兰氏阳性（旧培养物为阴性）、两端钝圆的粗短大杆菌，有荚膜，有芽孢，无鞭毛，不运动。

魏氏梭菌的致病因子是菌体产生的毒素。该菌根据所产生分型毒素不同分为 A、B、C、D、E、F、G 7 种毒素类型，所有魏氏梭菌均可产生 α毒素。

魏氏梭菌的生长特性：该菌为厌氧菌，在培养基上通常呈单层或双层排列；菌落为表面光滑隆起、边缘整齐的淡灰色圆形菌落，周围呈 β 溶血环。

魏氏梭菌的芽孢抵抗力很强，在 95℃下经 2.5 小时方可被杀死。它对菌必治、诺氟沙星高度敏感。

二、临床症状

轻型症状：突然发病，体温升高，食欲减退，不安，排水样稀粪，呼吸困难。

重度症状：食欲废绝，排黏液性血样稀粪，出现血尿，脱水。眼眶下陷，腹壁紧缩，结膜苍白。

倒地状态：倒地后抽搐，四肢做划桨运动，脖颈歪斜，四肢末梢温度下降。

死体状态：腹部迅速胀大，口腔流红色、泡沫状水样物。

三、病理变化

肠道：小肠黏膜出血，表现为小肠变红，肠道充满气体，切开可见小肠黏膜弥漫性出血，肠道内容物为红色或暗红色液体；直肠黏膜可见出血点；盲肠充满气体，黏膜出血严重，内容物呈暗红色，甚至可见血凝块；结肠、盲肠和直肠浆膜出血严重；肠系膜淋巴结呈暗红色，肿大。

胃：可见皱胃和瘤胃黏膜有出血点，瘤胃鼓气。

心：肿大，心肌外观色淡，心室扩张，心耳外观可见出血点和出血斑。

肝：肿大，可见大小不一的土黄色坏死灶，表现出不同程度的坏死。

肺：肿大，粉红色与暗红色相间，切口流出血液。

肾：肿大，被膜易剥离，表面可见土黄色斑块，质脆，肾脏糜烂，切面模糊。

脾：肿大，切面出血。

四、实验室诊断

直接涂片镜检：用病死麋鹿的肝、脾、肾和肠道病变部位做涂片，进行革兰氏染色并镜检。镜下可见呈蓝紫色的革兰氏阳性大杆菌，两端钝圆，有荚膜。

产气荚膜梭菌的分离培养及纯化：无菌采集病死麋鹿的肠病变部位、肠内容物或粪便等，将其加入灭菌营养肉汤培养基中增菌，在43℃厌氧环境中培养24小时。然后接种到胰胨-亚硫酸盐-环丝氨酸琼脂基础培养基

（TSC）上，在43℃厌氧环境中培养24小时。观察菌落的形态，将黑色可疑菌落再接种到血琼脂平板上，在43℃厌氧环境中培养24小时。选择直径1~2毫米、具有双溶血性环的菌落，做涂片镜检。再对疑似菌落进行纯分离培养，得到纯分离株。

生化鉴定：将上述厌氧分离物接种于生化培养基上，在37℃环境下培养24~48小时后观察，该菌能还原硝酸盐，产生硫化氢，可分解葡萄糖、乳糖、蔗糖、麦芽糖、果糖，并产酸、产气，不分解甘露醇。此外，可进行暴烈发酵试验，该菌可使牛乳培养基"暴烈发酵"。

用PCR检测进行毒素型鉴定：取纯分离株接种于营养肉汤培养基，在43℃厌氧环境中培养12小时增菌。将增菌培养物置于1毫升的离心管中，8000 g离心1.5~2分钟，加入100微升TE混匀作为DNA模板。根据产气荚膜梭菌的α、β、ε、ι、CPE和NetB毒素的基因序列及国内外公开发表的引物序列合成通用引物（表9-1）。采用多重PCR检测产气荚膜梭菌α、β、ε、ι毒素，反应体系中加入α、β、ε、ι毒素上、下游引物，DNA模板，PCR Mix等进行PCR扩增，反应程序为94℃预变性5分钟，94℃变性30秒、53℃退火30秒、72℃延伸1分钟，共35个循环，72℃再延伸10分钟，4℃时结束反应。对cpe和NetB基因分别进行PCR检测，反应体系为cpe/NetB上、下游引物，DNA模板，PCR Mix等。cpe基因的反应程序为94℃预变性5分钟；94℃变性30秒、55℃退火30秒、72℃延伸1分钟，共30个循环；72℃再延伸10分钟，4℃时结束反应。NetB基因的反应条件为94℃预变性5分钟；94℃变性30秒、56℃退火30秒、72℃延伸30秒，共30个循环；72℃再延伸10分钟，4℃时结束反应。

表9-1　PCR引物序列

毒素	基因	引物序列5'-3'	片段长度（bp）
α	cpa	5'-GCTAATGTTACTGCCGTTGA-3' 5'-CCTCTGATACATCGTGTAAG-3'	324
β	cpb	5'-GCGAATATGCTGAATCATCTA-3' 5'-GCAGGAACATTAGTATATCTTC-3'	196
ε	etx	5'-GCGGTGATATCCATCTATTC-3' 5'-CCACTTACTTGTCCTACTAAC-3'	665

续表

毒素	基因	引物序列 5′ – 3′	片段长度（bp）
ι	*iap*	5′ – ACTACTCTCAGACAAGACAG – 3′ 5′ – TTTCCTTCTATTACTATACG – 3	446
CPE	*cpe*	5′ – GGAGATGGTTGGATATTAGG – 3′ 5′ – GGACCAGCAGTTGTAGATA – 3′	233
NetB	*netB*	5′ – GCTGGTGCTGGAATAAATGC – 3′ 5′ – TCGCCATTGAGTAGTTTCCC – 3′	383

用无菌双蒸水做空白对照。对 PCR 产物进行 2% 琼脂糖凝胶电泳。用凝胶成像仪观察扩增条带，在空白对照泳道无条带，其他泳道出现目的基因的清晰条带或无条带，根据分离株产生的目的毒素基因确定产气荚膜梭菌的毒素及毒素型。

动物回归试验：取分离菌株的厌氧培养液体 0.5 毫升，用以肌内注射豚鼠 5 只，豚鼠 38 小时内可全部死亡。

设对照组豚鼠 2 只，每只注射 0.5 毫升生理盐水，于 24、48、72 小时进行观察，对照组豚鼠健康存活。

对死亡豚鼠进行剖检，见注射部位有大量带血的气泡样水肿液。取其肝、脾做涂片，进行革兰氏染色，可查到革兰氏阳性大杆菌，有荚膜，形态与注射的菌株相同。

五、防治措施

病鹿和假定健康鹿隔离饲养。对病鹿更换饲料，添加青嫩多汁、富含蛋白质和维生素的饲料；焚烧、深埋病死鹿，不可利用。

彻底清扫圈舍及被污染的场地，用 20% 的漂白粉进行消毒，再用 5% 的烧碱液彻底消毒；提高圈舍内温度，保持良好的通风条件。

魏氏梭菌对强力霉素、四环素、阿米卡星、菌必治、诺氟沙星等高度敏感，可给予病鹿上述药物，大量输液可调节其体液平衡。对未发病的鹿应立即更换饲料，并在饲料中添加诺氟沙星，在其饮用水中加 0.1% 的高锰酸钾液。

对麋鹿群进行紧急预防接种，皮下注射魏氏梭菌多联浓缩苗 2 毫升。

麋鹿群每年应在春、秋季各接种一次魏氏梭菌多联浓缩疫苗。

尽量避免应激因素（如寒冷、闷热、气候剧变、营养不良、饲料突变、长途运输等），勿使麋鹿因抵抗力下降而发病。

第二节　大肠杆菌病

大肠杆菌病是由致病性大肠杆菌引起的肠道传染性疾病。常见的症状有败血症、猝死症、肠毒血症和严重胃肠炎，以发生肠炎、肠毒血症为主要特征。

一、病原学

本菌为革兰氏阴性，无芽孢，一般有数根鞭毛，多数有荚膜或微荚膜、两端钝圆的短杆菌。

该菌在普通培养基上易于生长，于37℃下24小时形成透明浅灰色的湿润菌落；在肉汤培养中生长旺盛，肉汤高度浑浊，并形成浅灰色易摇散的沉淀物，一般不形成菌膜。生化反应活泼，在鉴定上具有意义的生化特性是M.R.试验阳性和V.P.试验阴性。不产生尿素酶、苯丙氨酸脱氢酶和硫化氢；不利用丙二酸钠，不液化明胶，不能利用枸橼酸盐，也不能在氰化钾培养基上生长。由于能分解乳糖，在麦康凯培养基上生长可形成红色的菌落，这一点可与不分解乳糖的细菌相区别。

大肠杆菌主要表面抗原有菌体抗原（O）、表面（荚膜）抗原（K）和鞭毛抗原（H），并依据这些抗原进行血清分型。O抗原在菌体胞壁中属多糖、磷脂与蛋白质的复合物，为菌体内毒素，耐热。抗O血清与菌体抗原可出现高滴度凝集。K抗原存在于菌体表面，多数为包膜物质，有些为菌毛，如K88等。有K抗原的菌体不能被抗O血清凝集，且有抵抗吞噬细胞的能力。可用活菌制备抗血清，以试管或玻片凝集做鉴定。H抗原为不耐热的蛋白质，存在于有鞭毛的菌株，与致病性无关。致病性大肠杆菌与肠道内大量存在的非致病性大肠杆菌在形态、染色、培养特性和生化反应等方面无任何差别，但在抗原构造上有所不同。已有报道从死亡麋鹿身上分离出了 O3 型、O20 型和 O154 型大肠杆菌（孙大明等，1993；郭定宗等，2016）。

本菌对外界因素抵抗力不强，在 60℃下 15 分钟即可死亡，一般消毒药均易将其杀死。

二、发病机制

致病性大肠杆菌与非致病性大肠杆菌在形态、培养特性和生化反应等方面没有区别，但其抗原构造却不同。致病性大肠杆菌可产生内毒素和肠毒素而引起不同的病理过程。大肠杆菌内毒素是大肠杆菌外膜中含有的脂多糖，耐高热，在 100℃下经 30 分钟才会被破坏；当菌体崩解时被释放出来，其中的类脂 A 成分具有内毒素的生物学功能，是一种毒力因子，易引发败血症。

大肠杆菌肠毒素有两种：不耐热毒素（LT）和耐热毒素（ST）。LT 有抗原性，分子量大，在 60℃下经 10 分钟会被破坏，可激活肠毛细血管上皮细胞的腺苷环化酶，增加环腺苷酸（cAMP）产生，使肠黏膜细胞分泌亢进，发生腹泻和脱水；而 ST 无抗原性，分子量小，须 60℃以上经较长时间才会被破坏，可激活回肠上皮细胞刷绒毛上的颗粒性的鸟苷环化酶，增加环鸟苷酸（cGMP）产生，同样会引起分泌性腹泻。

此外，致病性大肠杆菌的定植因子（如菌毛、黏附素或 F 抗原）可与黏膜表面细胞的特异性上体结合而定植于黏膜上皮，是大肠杆菌引起多数疾病的先决条件。

三、临床症状及病理变化

急性死亡，伴有天然孔出血；若病程稍长可见便血。

心脏出血，内有凝血块；冠状沟有散在出血点。

肺脏淤血、出血，且有明显的炎性渗出物，胸腔内积血。

肝脏肿大，切面流出血液，并可见淤血斑。

小肠外观呈红色，充气，内容物为红色液体，黏膜广泛出血；肠系膜淋巴结肿大，切面可见出血斑；腹腔有大量血性腹水。

四、实验室诊断

直接涂片镜检：用病死麋鹿的肝、脾、肾和肠道病变部位做涂片，进行革兰氏染色并镜检。镜下可见散在的、形态一致的两端稍钝圆的中等大小杆状菌，革兰氏染色为阴性。

大肠杆菌的分离培养及纯化：无菌采集病死麋鹿的肝、肠等病变部位及肠内容物、粪便，接种于麦康凯琼脂平板，在37℃下培养18～24小时后，菌落若呈圆形、表面光滑、边缘整齐、呈亮红色，则被判定为疑似菌落。对疑似菌落进行纯分离培养，得到纯分离株。

生化试验：将上述分离物接种于微量发酵罐中，在37℃下培养24～48小时，可观察到该菌能分解甘露醇、葡糖糖、麦芽糖、棉籽糖、木糖、蔗糖、山梨醇并产酸、产气，不分解肌醇、淀粉，V-P试验结果为阴性，甲基红试验结果为阳性。

动物回归试验：将分离到的活菌菌液以0.2 mL/只的标准对试验小鼠进行腹腔注射，8～72小时试验小鼠陆续发病和死亡。

设对照组小鼠2只，每只注射0.2 mL生理盐水，于72小时内观察结果。结果发现，对照组小鼠健康存活。

对死亡小鼠进行剖检，可见明显的实质器官的病理变化，并能从小鼠多个实质器官中分离出与注射菌株相同的大肠杆菌。

此外，还可采集病死麋鹿的肝、肠等组织，或从麦康凯琼脂平板挑取经纯培养的疑似菌落，提取DNA，根据大肠杆菌的特异性引物，采用PCR方法进行菌种鉴定或血清型鉴定。

五、防治措施

由于大肠杆菌感染通常表现为猝死，出现症状时再治疗往往效果不佳。在发现1只病鹿后，应立即排查进行隔离，有条件的则应转场，进行环境消毒。大肠杆菌易产生抗药菌株，宜交替用药，如果条件允许，最好先做药敏性试验后再选择用药。王明月等（2018）对分离的6株大肠杆菌进行了药敏试验，筛选出庆大霉素、链霉素、环丙沙星、新霉素、恩诺沙星、阿奇霉素、头孢拉定、头孢曲松、丁胺卡那、氟苯尼考、诺氟沙星均敏感，发现有临床症状的病鹿可以考虑选择以上药物进行治疗。

预防大肠杆菌病的关键是加强饲养管理，日粮中精、粗饲料合理搭配，防止饲料中蛋白含量过高。在麋鹿产仔季节对其勤观察，尤其关注母鹿和幼鹿。定期用生石灰对麋鹿活动区消毒，改善保护区的水质，注意保持环境清洁，以减少麋鹿发病。近年来在我国兴起的微生态制剂，通过调节肠道内微生物区系的平衡，抑制有害大肠杆菌的繁殖而达到预防和治疗的目的。

第三节　传染性角膜结膜炎

2012 年，锦州市动物园饲养的麋鹿出现红眼、流泪、角膜混浊等症状，根据病鹿的发病情况、临床症状、实验室检验和治疗，其被综合确诊为传染性角膜结膜炎（陈爱群，2014）。

传染性角膜结膜炎俗名红眼病，是由牛摩拉克氏杆菌、衣原体、支原体、立克次体或某些病毒等多种微生物共同引起的一种传染病，会使牛、羊、鹿发病。该病临床特征为病畜眼睛有大量分泌物，出现结膜炎，角膜出现混浊和溃疡，甚至失明。

该病几乎遍布世界各地有牛、羊、鹿的国家。我国将其列为三类动物疫病。

一、病原学

迄今为止，学界还难以对该病的病原做出确定性的结论。多数学者认为，牛摩拉克氏杆菌是牛传染性角膜炎的主要病原菌。

二、流行病学

该病可感染牛、绵羊、山羊、骆驼和鹿，且被感染的动物无年龄、品种和性别差异，但相较之下，接受哺乳和育肥的牛犊、羔羊、幼鹿发病率较高，母羊症状较为严重。无角动物比有角动物发病率高。

患病动物及隐性感染动物是该病的主要传染源，康复后的动物不能产生良好的免疫力，在临床症状消失后仍带菌、排菌达几个月之久，可重新发病。

该病通过直接接触或间接接触被病畜污染的器具而感染，也通过苍蝇传播。

该病多流行于夏、秋季。不良气候和环境因素可使该病症状加剧，尤其是烈日照射时。

三、临床特征

潜伏期通常为 3～7 天。该病传播迅速，短时间内可使许多动物感染发病。发病初期，病鹿结膜充血，眼流大量浆液性分泌物；眼睑炎性肿胀；随后泪液呈脓性，眼睫毛粘连，眼睑闭合；2～4 天后角膜明显充血，其中心处呈微黄色、混浊，周边围绕一层暗红色区域；第三眼睑有颗粒状滤泡。重症者会出现角膜糜烂和溃疡，以致最后失明。病程为 20～30 天，病畜多数能自然痊愈。

眼结膜和角膜的炎症严重影响鹿采食，会使其生长发育受阻，但很少导致病鹿死亡。

四、实验室诊断

直接涂片镜检：采集病鹿的泪液或结膜刮取物进行革兰氏染色并镜检。镜下可见革兰氏阴性，短粗杆菌，无芽孢，无荚膜，并且成双排列。

牛摩拉克氏杆菌的分离培养及鉴定：将病料接种在巧克力琼脂培养基，置于 37℃ 恒温箱中培养 48 小时后，若出现边缘整齐、表面湿润、轻度隆起、圆形透明、黄豆大小的灰白色菌落，则判定为疑似菌落。对疑似菌落进行生化鉴定，若氧化酶实验与明胶液化实验结果均为阳性，糖发酵实验、硫化氢实验、靛基质实验、硝酸盐利用实验结果均为阴性，则其为牛摩拉克氏杆菌。

五、预防措施

发病期减小幼鹿的密度有利该病的控制。治疗措施如下。

（1）早隔离。

（2）早期用金霉素、红霉素、土霉素眼药膏或水剂，结合氢化泼尼松进行局部治疗有良好效果。

（3）重病例同时肌内注射青霉素可提高治愈率。

该病尚无疫苗。在该病常发地区应做好圈舍周围环境的灭虫工作。

第四节　巴氏杆菌病

2010 年，江苏省某动物园饲养的 2 只麋鹿发生以食欲减退、呼吸困难、腹泻为主要症状的传染性疾病，经过临床观察、病理剖检、细菌分离培养和鉴定，其被确诊为巴氏杆菌病（鹿欣伦，等，2011）。

巴氏杆菌病又名出血性败血症，是由多杀性巴氏杆菌引起的、多种动物可感染的一种传染病。该病的特征是急性者表现为败血症和炎性出血等，慢性者表现为皮下、关节以及各脏器的局灶性、化脓性炎症。

该病分布于世界各地，我国将其列为二类动物疫病。

一、病原学

多杀性巴氏杆菌属巴氏杆菌属，为两端钝圆、中央微凸的革兰氏阴性短杆菌。其大小为 0.2 ~ 0.4 微米 × 0.4 ~ 2 微米，多单个存在。不形成芽孢，无鞭毛，新分离的强毒菌株具有荚膜。病料涂片用瑞氏、姬姆萨或美蓝染色呈明显的两极浓染，但其培养物的两极着色现象不明显。

多杀性巴氏杆菌为需氧及兼性厌氧菌，在有血清或血液的培养基中生长良好，在 37℃ 下培养 18 ~ 24 小时后，菌落为灰白色、光滑、湿润、有隆起、边缘整齐的中等大小菌落，并有荧光性，但不溶于血。它在麦康凯和含胆盐的培养基上不生长；在肉汤中培养时，初期呈均匀混浊，24 小时后上清液清亮，管底有灰白色絮状沉淀，轻摇时呈絮状上升，表面形成附壁菌环。

根据细菌的荚膜抗原可将该菌分为 A、B、D、E、F 5 型，根据菌体抗原可将该菌分为 1 ~ 16 型，两者结合形成多种血清型。不同血清型的致病性和宿主特异性有一定的差异。

多杀性巴氏杆菌的抵抗力很差，在干燥空气中2～3天就能死亡，在血液、排泄物和分泌物中能生存6～10天，在阳光直射下经数分钟就能死亡，一般消毒药在数分钟内可杀死该菌。近年来发现，该菌对抗菌药的耐药性逐渐增强。

二、流行病学

多杀性巴氏杆菌对多种动物和人均有致病性，易感动物包括牛、鹿、猪、兔、羊等，鸡、火鸡和鸭最易感。

患病和带菌动物为主要传染源，健康动物的上呼吸道也能带菌。

多杀性巴氏杆菌主要经消化道和呼吸道传染，也可经损伤的皮肤、黏膜和吸血昆虫叮咬感染；健康带菌者在机体抵抗力降低时可发生内源性传染。

该病一年四季均可发生，但以冷热交替、气候剧变、闷热、潮湿、多雨时期多发。

营养不良、寄生虫感染、长途运输、饲养条件不良等可导致该病发生。

三、发病机制

多杀性巴氏杆菌通过外源性传染和内源性传染侵入动物机体后，很快通过淋巴进入血液形成菌血症，随血液循环引起全身出血性败血症而导致动物死亡。

病原菌可存在于病畜的各组织器官、体液、分泌物和排泄物中。病畜临死时，血液中仅有少量菌。病畜死后几小时，在机体防御能力完全消失后病菌迅速大量繁殖，使各脏器、体液及渗出液中菌量增多。此时便于将病原菌分离培养和直接涂片镜检。

四、症状和病变

症状和病变主要表现在呼吸系统和消化系统，根据临床表现可分为4型。

（1）急性败血型。由多杀性巴氏杆菌引起全身性急性感染所致，其中以血清型6：B（东南亚）和6：E（非洲）多见。在热带地区呈季节性流行的特点，发病率和死亡率较高。病鹿临床表现为体温突然升高到41～

42℃，精神抑郁，食欲不振，呼吸困难，黏膜发绀，鼻流带血泡沫，腹泻，粪便带血，一般于24小时内因虚脱而死亡，甚至突然死亡。剖检往往无特征性病变，只见黏膜和内脏表面有广泛性点状出血。

（2）肺炎型。此型最常见。病畜呼吸困难，有痛性干咳，鼻流无色或带血泡沫。胸部一侧或两侧有浊音区；听诊有支气管呼吸音和啰音，或胸膜摩擦音。严重时，病畜呼吸困难（头颈前伸，张口伸舌），迅速窒息死亡。幼畜多伴有带血的剧烈腹泻。此型的主要病变为纤维素性胸膜肺炎，胸腔内有大量蛋花样液体，肺与胸膜、心包粘连，肺组织肝样变，切面呈红色或灰黄色、灰白色，并有散在性小坏死灶，小叶间质稍增宽。病畜发生腹泻时胃肠黏膜严重出血。

（3）水肿型。病畜胸前和头颈部水肿，严重者波及腹下，肿胀部硬固热痛；舌、咽高度肿胀，呼吸困难；皮肤和黏膜发绀，眼红肿、流泪。病畜常因窒息而死。也可伴发血便，病畜死后可见肠黏膜肿胀部呈出血性胶样浸润。

（4）慢性型。由急性型转变而来，病畜长期咳嗽，慢性腹泻，消瘦无力。剖检可见皮下胶冻样液体浸润，纤维素性胸膜肺炎症状，肝有坏死灶。

五、实验室诊断

不同动物的巴氏杆菌病都可根据流行病学、临床症状和病理剖检变化做出诊断，但确诊需通过实验室诊断。采集急性病例的心、肝、脾或体腔渗出物，以及其他病型的病变部位、渗出物、脓汁等作为病料，然后进行下列检查。

涂片镜检：取病鹿静脉血或病死鹿的心血、水肿液、各器官组织（以上任取一项）做涂片，经瑞氏或美蓝染色镜检，可见两极染色的卵圆形杆菌。

多杀性巴氏杆菌的分离培养及纯化：无菌取病死鹿的心血、肝、肺等组织，接种于含4%健康动物血清的胰蛋白大豆肉汤培养基（TSB），在35～37℃下培养16～24小时后，取TSB培养物接种于含0.1%绵羊裂解血细胞全血和4%健康动物血清的胰蛋白大豆琼脂（TSA）平板，在35～37℃下培养16～24小时，光滑圆整的菌落判定为疑似菌落。挑取疑似菌落接种于含 0.1% 绵羊裂解血细胞全血和 4% 健康动物血清的 TSA 平板，在 35～37℃下培养 16～24 小时，获得纯分离株。

生化试验：将纯分离株接种于生化试验管，在 37℃下培养 24 小时，能分解葡萄糖、麦芽糖、果糖、甘露醇、甘露糖、蔗糖，产酸，不产气，不分解乳糖、鼠李糖、杨苷、肌醇，可产生过氧化氢酶，能生成硫化氢和旋基质，不液化明胶，鉴定为多杀性巴氏杆菌。

PCR 检测：取纯分离株的单菌落，提取 DNA，根据多杀性巴氏杆菌的特异性引物，进行 PCR 或多重 PCR，进行多杀性巴氏杆菌的菌种鉴定或血清型鉴定。

动物试验：取病料种分离的纯分离株，接种于马丁肉汤培养基培养 24 小时后，用马丁肉汤稀释为 1000 菌落形成单位/毫升，取 0.2 毫升肌内或皮下注射于小鼠。接种动物在 1～2 天后发病并死亡。再取鼠心血、实质器官做涂片，镜检和分离培养，则可得到两极着色的球杆菌，即可确诊。

特别提示：进行病原检查时，只有从多个脏器和血液中检出该菌，才可确诊为本病。因为健康动物体内本来就有该菌寄生。

六、预防措施

根据巴氏杆菌病的流行和发病特点，平时预防应加强饲养管理，注意通风换气和防暑防寒，避免过度拥挤，减少或消除降低机体抗病能力的因素，并定期进行环境消毒，杀灭环境中存在的病原体。

对新引进的动物要隔离观察 45 天以上，证明其无病时方可将其混群饲养。可按计划每年定期进行相应菌苗的免疫接种。在使用弱毒菌苗紧急预防接种时，被接种动物应于接种前后至少 1 周内不得使用抗菌药物，否则会影响抗体的产生。

发生巴氏杆菌病时，应立即隔离病畜并对其污染的场所进行严格消毒。在严格隔离条件下对病畜进行治疗，在治疗前应先做药敏试验（该菌的血清型和毒株很多，不同类型的该菌对药物的敏感性各异）。

第五节 疱疹病毒病

2012 年，北京动物园的 3 只麋鹿死亡，死因为疱疹病毒感染（张成林等，2015）。

疱疹病毒是一群单分子双股线状 DNA 病毒。迄今已鉴定 100 多种，可分 α、β、γ、未分类疱疹病毒 4 个亚科，每个亚科又分为若干属，并且感染部位和引起的疾病多种多样。α 疱疹病毒（如单纯疱疹病毒、水痘带状疱疹病毒、鸡马立克病病毒）生长迅速，可使感染细胞产生病变，部分成员有较宽的宿主谱。β 疱疹病毒（如巨细胞病毒）均有其专一的宿主，生长缓慢，感染细胞数天后才出现病变。γ 疱疹病毒（如 EB 病毒）具有嗜淋巴性，宿主谱窄，在淋巴细胞内潜伏感染。已知至少有 16 种疱疹病毒可以自然感染反刍动物，其中 6 种为 α 亚科疱疹病毒，9 种为 γ 亚科疱疹病毒，另外 1 种未完成分类。

一、病原学

不同种疱疹病毒的致病性存在较大差异。如 α 型亚科的牛疱疹病毒、山羊疱疹病毒、鹿疱疹病毒等均可感染反刍动物，经呼吸道传播造成病毒血症后，通常在生殖道表面出现病变。γ 亚科疱疹病毒感染致单核细胞增多、脾肿大或牛恶性卡他热，可造成多种草食动物死亡，尤其被圈养的反刍动物极为易感。

二、临床症状

病畜口腔分泌物增多，眼结膜发红，食欲不振，活动减少，不愿活动，呼吸粗、频率快，患病 2~3 天后死亡。北京动物园中感染疱疹病毒的的一只雌麋鹿发生流产，胎儿发育正常，胎儿脏器出血，该雌麋鹿没有其他症状，但日渐消瘦，半年后死亡。

该雌麋鹿的外观：死亡麋鹿腹部隆起，口腔周围有泡沫样液体，口腔黏膜呈深红色，阴道黏膜潮红，舌肌表面有大量出血点。

三、主要病理变化

体表淋巴结肿大、出血，呈暗红色，切面外翻、湿润，呈深红色，尤其是颌下淋巴结和咽淋巴结较为明显。

气管及支气管腔内充满白色泡沫样液体，黏膜呈暗红色，血管明显。喉头处黏膜出血，可见少量红色污浊液体。食管黏膜面粗糙，出血，呈暗红色。

心包内有红色心包积液，心肌扩张明显，质地柔软、粗糙，心外膜可见红色出血点，有弥散性分布的白色条纹，左心室有凝血块。

肝脏肿大，边缘钝圆，被膜面颜色不均匀、土黄色和灰绿色相间，肝脏切面呈土黄色，有鲜红色斑块。

脾脏质地柔软，切面结构模糊，呈黑色。肾脏肿大，被膜面有散在出血点，切面呈暗红色，皮髓质分界明显，髓放线明显。

肺脏明显肿大，呈红色，肺小叶轮廓清楚，切面湿润，有多处局灶样红色斑块，取 1 块肺脏放入水中可漂浮。

瘤胃膨大，左侧浆膜面粗糙，黏膜面可见散在出血点，瓣胃和皱胃黏膜面出血，呈暗红色，在网胃和瓣胃交界处也可见鲜红色出血点。

小肠段出血，肠壁菲薄，食糜呈黑色。

膀胱黏膜弥散性分布大量米粒大小的出血块。

四、实验室诊断

病毒检测：采集病死鹿的脑、肝、脾等组织提取 DNA，根据针对疱疹病毒的保守序列设计通用引物，进行 PCR 检测，经凝胶电泳、测序及比对后鉴定病死鹿是否感染疱疹病毒。

五、防治措施

疱疹病毒的感染大部分有自限性，大多数可以治愈。治疗的原则是对症处理，注射干扰素，缩短病程。

预防措施主要有注意环境清洁，加强环境消毒。对于圈养动物可涂抹一些外用药物。

第六节　慢性消瘦病

慢性消瘦病（Chronic Wasting Disease，CWD），也称"僵尸鹿病"，是由朊病毒引起的传染性海绵状脑病，1967 年美国首次报告该病，现在美国、加拿大、挪威等国的多种鹿科动物（如麋鹿、驼鹿、驯鹿、马鹿、白尾鹿等）中流行。该病毒主要侵袭鹿的大脑、脊髓等，引起其体重急剧减轻、协调能力变差、流口水、走路不稳等症状，并最终导致其死亡。

一、病原学

朊病毒（Prion）是一种没有核酸但能致病的糖蛋白，以两种形式存在于细胞中，即正常细胞朊病毒蛋白（PrP^C）和同源的病原性搔痒朊病毒蛋白（PrP^{SC}）。PrP^C 为细胞中正常存在的蛋白，没有传染性。PrP^{SC} 属于 PrP^C 的异构体，具有感染性，能引起动物和人发生致命性的传染性海绵状脑病。该病毒对高温、酸碱以及常见消毒剂具有较强的抵抗力。朊病毒在脑组织中经 138℃ 的高温作用仍能存活 1 小时以上，在 20% 的福尔马林溶液中能存活 2 年以上。对苯酚、氢氧化钠以及次氯酸钠均有较强的耐受性。焚烧是杀灭该病毒的有效方法。

朊病毒病的致病机制被认为是机体正常的富含 α 螺旋的朊蛋白 PrP^C 发生错误折叠形成了富含 β 折叠的 PrP^{SC}，进而形成淀粉样斑块并发生空泡化改变，导致渐进性神经退行性病变。

二、流行病学

鹿慢性消瘦病具有传染性，既可垂直传播也可水平传播，患有消瘦病的鹿及感染后尚未出现临床症状的带毒鹿为本病的传染源。该病可通过消化道直接接触患病鹿或带毒鹿的唾液、血液、粪便和尿液感染，也可通过摄食病鹿或带毒鹿污染的草料/土壤和吸入污染的土壤的粉尘间接感染。有发现患病鹿的鹿茸中携带朊病毒，这无疑增加了感染风险。除鹿慢性消瘦病外，朊病毒还可感染人和其他动物，如人的克雅氏病和克鲁病、牛的疯牛病、羊的瘙痒病、猫的海绵状脑病等。鹿慢性消瘦病潜伏期长，可能是数月，也可能是几年，病程从数周到数月不等，所有季节均可发生。发病鹿主要是 3 ~ 7 岁，且成年鹿多于幼龄鹿。国外报道显示，鹿慢性消瘦病的发病率在 2% ~ 79%，这与鹿的性别、年龄、所处的地理环境等都有关系。

三、临床特征及主要病理变化

鹿慢性消瘦病的临床症状主要是体重持续下降、消瘦导致死亡，该病往往潜伏期长，不易发觉。多数病鹿表现出无精打采、离群、极度干渴、多尿、流涎、磨牙、低头、耳下垂等症状。部分病鹿出现体温升高、吞咽困难、瘤胃内容物回流和厌食，行为上会出现站立不稳、运动不协调，或偶有烦躁、具有攻击性。此外，病鹿有多处出血、骨骼肌破裂、肺水肿等多组织病变。病理变化主要集中在中枢神经系统，表现为灰质呈海绵状、神经元胞浆空泡化、神经元减少、星形胶质细胞肥大和增生等，严重的病灶常发生在大脑皮层、下丘脑和副交感神经核等。

四、实验室诊断

根据临床特征和病理变化并不能确诊鹿慢性消瘦病，确诊该病仍需结合实验室诊断。动物接种实验是早期判断动物是否感染朊病毒的方法，即对疑似感染鹿相同种属的动物接种朊病毒。但这种方法耗时长、费用高，已逐步被更快速准确的方法取代。朊病毒实验室确诊的依据主要是脑组织中检出 PrP^{SC} 蛋白，常用的方法是免疫组织化学染色和蛋白免疫印迹。酶联免疫吸附试验也是快速检测朊病毒的方法之一。此外，目前，应用较为广泛的是蛋白错误折叠循环扩增（PMCA）技术与新兴的实时震动诱导蛋白扩增（RT-QuIC）技术，其可从脑脊液等样本中检测出微量的 PrP^{SC}，进一步丰富了朊病毒病在临床上的诊断。

五、防治措施

鹿慢性消瘦病在发生后没有特异的治疗药物，也没有相应的疫苗可用。我国目前尚未发现患有慢性消瘦病的病鹿，但该病随时有可能从国外传播到国内，因此，需要加强对鹿群的监控，尤其是从国外进口的品种的监控。应加强对进口鹿、易感动物及其肉制品和体液等的检验检疫，尤其注意避免从有鹿慢性消瘦病的国家进口鹿及相关产品。本病潜伏期较长，对反刍动物等易感动物入境后应加强管理，进行较长时间的隔离观察。对其饲料和饲养环境也应严格管理。

　　若发现有病鹿，应当及时进行隔离并上报疫情。对病鹿的脑组织进行检查，确诊后需要对病鹿以及所有接触过病鹿的鹿进行处理，对病鹿的尸体要彻底焚烧和深埋，对其接触过的环境要进行彻底消毒。

（本章作者：郭青云、钟震宇、白加德、李俊芳、单云芳）

第十章　麋鹿输出的管理过程与实施技术

对于麋鹿这类在原生地消失的物种，最有效的保护就是重引入，其措施包括迁地保护和就地保护。这两项措施均涉及动物种群的人工迁移，因此动物运输工作是必不可少的。麋鹿能否顺利到达目的地，直接影响迁地种群的建立和健康发展。对于警惕性高、胆小易惊的麋鹿来说，从输出前输入地的选择到输出群的管理，包括麋鹿的禁食、麻醉、麻醉后监护、装车、运输、卸车和隔离，都应为其提供必要的条件，因此整个过程中如何减少麋鹿受伤害和死亡，保证麋鹿安全就显得特别重要。

麋鹿是国家一级重点保护野生动物，其输出工作必须按照法律法规进行。

一、输出前的准备工作

（一）输出前的麋鹿管理

在麋鹿输出前一周左右，在其饮用的水或补饲的精料中添加抗应激药物，降低外界各种应激因素对麋鹿机体的影响，提高麋鹿机体本身抵抗外界应激的能力，减少应激对麋鹿造成的伤害。为了避免麋鹿被麻醉后发生瘤胃鼓气及食糜逆流进入呼吸道而造成异物性肺炎，一般麻醉前使其禁食一天，但要保证其充足饮水。麋鹿活动区域需要便于麻醉人员操作，减少麋鹿发生溺水、撞伤、打斗等，防止意外发生。

（二）输入地环境条件的选择

麋鹿是生活在湿地环境的大型反刍野生动物，适合其生活的输入地需要有充足的活动空间，有充足的水资源供其饮用、戏水，有充足的饲草等食物资源供其采食。

（三）野生动物运输许可证的办理

麋鹿属于国家一级重点保护动物，运输麋鹿前需要通过当地林业和草原主管部门向国家林业和草原局申请办理野生动物运输许可证，获得国家林业和草原局批准后，在批准期限内进行运输。

（四）麋鹿输出时间的选择

为了更好地保障麋鹿输出的顺利进行，减少对麋鹿的伤害，运输一般应避开麋鹿的生茸期、妊娠后期、产仔期和哺乳期，在上述阶段运输麋鹿易造成雄麋鹿鹿茸损伤、出血且不易止血，雌麋鹿流产或难产，新生幼鹿被遗弃等。被遗弃后的幼鹿需要进行人工饲喂，这样不仅增加了饲养人员的劳动强度，还可能造成幼鹿抵抗力下降而死亡。夏季由于温度高，捕捉或者运输对动物应激大，动物极易发生中暑，不适合麋鹿运输。秋季和初冬是麋鹿输出的最佳时机，此时麋鹿角完全骨化，交配期已结束，麋鹿体质处于全年最好的状态，机体抵抗能力最强，因此选择这一时期对麋鹿进行运输最理想。

（五）输出麋鹿的选择

输出雌雄麋鹿的性别比例最好为 2∶1，为了保持良好的竞争状态，总数在 12 只以上为宜。麋鹿的年龄结构应该包含幼年、亚成体和成年个体，保证输出麋鹿的年龄阶段的均衡性有利于种群的健康、可持续发展。

（六）运输的具体日期

为在较短时间内顺利完成麋鹿的运输，应该选择天气条件比较好的日期进行，尽量避免在极端恶劣天气条件下运输。同时，运输时尽量选择通畅的高速公路，避开拥堵的城市道路、乡间小道。

（七）检疫证的办理

输出方组织技术人员协助当地动物卫生防疫监督部门做好口蹄疫、布氏杆菌病及结核杆菌病等检疫工作，检测合格后由区县动物卫生防疫监督部门开具动物检疫合格证，动物运输必须在检疫证有效期内进行。

（八）车辆和装车工具的准备

根据动物的多少、装车场地的情况准备叉车、担架、草枕等。运输车辆的车厢内做好防滑、防撞伤、防挤压等措施，确保车厢内无尖锐物体。当长途运输时，车厢内可放适量的牧草、胡萝卜以及饮用水。准备运输前根据动物卫生防疫部门要求进行全面消毒。

（九）卸车场地的准备

运输麋鹿的车辆到达前，确认通道及入口能使车辆顺利通过，到达卸车地点后选择土坎或者人工搭建的台阶，供麋鹿从车厢上下来。由于麋鹿胆小怕人，在打开车厢时人员应尽快离开，避免麋鹿因被围观而受到惊吓后慌不择路，狂奔乱撞。场地内，保证充足的干净饮用水，等麋鹿稳定后（约半天），食物由输出地的食物逐步换为当地的食物。不要急于增加精饲料，经 10 天左右的时间逐渐加到正常喂量。

二、麻醉捕捉与装车

（一）兽医的准备工作

兽医负责对麋鹿的禁食、投药、麻醉、人员安排、麋鹿安全、装车等工作进行指挥，并对麋鹿的健康状况进行监测。兽医准备好麻醉药后，要告知麻醉人员药品安全使用的操作和注意事项。

（二）药品的准备及临时保管

麻醉药品是受国家管制的药品，因此需要专人准备、调试和使用，并准确记录使用药量。当麻醉人员结束对麋鹿的麻醉后，必须将已使用的和未使用的麻醉针、麻醉子弹全部收回，确保麻醉药的使用安全；同时还要准备紧急情况下需要的药品和医用耗材。

（三）麻醉的实施

麻醉人员需要熟练地使用麻醉吹管或动物麻醉专用枪支，在有效射程内对麋鹿进行麻醉。麻醉人员的动作要轻缓，麻醉人员要选择合适的机会对麋鹿进行麻醉，避免麋鹿群受到惊吓而影响整个输出过程。麻醉人员要随时注意人员安全，不得朝有人的方向进行射击。

（四）被麻醉麋鹿的健康监测

麋鹿被麻醉后，麻醉人员应及时告知兽医，兽医对麻醉后的麋鹿进行跟踪，观察其麻醉状况，在麋鹿出现麻醉征兆后，注意其安全，防止发生意外事故。当麋鹿躺卧后,兽医及时用草枕垫高其头部,并对其进行麻醉反应试验,检查其麻醉状况,同时应检测其心率、体温、呼吸以及血氧率,并做好记录。

（五）麻醉异常情况的处理

个别麋鹿在被注射麻醉药品后出现大汗淋漓、呼吸困难、心动过速及心律失常等指标变化,若出现了严重低血压、心动过速,说明该麋鹿对麻醉药品过敏,需要立即注射拮抗剂和抗过敏药物进行紧急救治。

（六）装车

装车时需要将麋鹿倒卧放到担架上,注意麋鹿的头部仍需要用草枕垫起,防止其胃液逆流进入气管或肺脏,需要有专人指挥叉车将担架转移到运输车辆处装车,转移过程中叉车司机要平稳驾驶,以减轻转移过程中车辆的颠簸程度,从而对减小麻醉状态的麋鹿造成的不良影响。

为了减少麻醉后的麋鹿在运输途中的应激伤亡,工作人员可以通过前期学习训练,用饲草吸引或驱赶的方式将其装车。2019年,北京麋鹿中心向辽阳千山输出的40只麋鹿皆采用此方法装车,此次输出分两次进行,一次是25只麋鹿一次上车,且两次输出皆无伤亡情况。

（七）苏醒

根据每只麋鹿使用的麻醉药量和体重,分别对其注射苏醒药剂。只有等麋鹿苏醒、精神恢复后,运输方可进行。

三、运输

麋鹿在整个运输过程中必须满足相关运输福利的要求。

麋鹿运输是一项复杂而又危险的工作。麋鹿天生胆小,易受惊吓,极易受伤并伤害人员。为确保麋鹿和人员的安全,在整个运输过程中,各项工作要考虑周全,准备细致,才能顺利完成麋鹿运输工作。

（一）饮水

短途运输可以不用准备食物和饮用水。超过8小时的长途运输,可在车厢内放适量牧草、胡萝卜和饮用水,每到休息点时检查麋鹿的状态,观察其饮水情况,随时为其补充饮用水。

（二）文明驾驶

司机根据道路和环境，文明驾驶，慢起步、缓刹车，禁止急转弯，做到平稳行驶，确保麋鹿的安全。

（三）运输过程中对麋鹿的监护

运输人员要密切注意车上麋鹿的情况，避免其被阳光长时间直射。车厢要有遮阳措施，保证通风状况良好。长途公路运输时，需要准备好麋鹿所需的物品和充足的饲料、饮用水以及应急药品。运输一段时间后，要停车让麋鹿休息和进食，避免因长途运输造成麋鹿体质下降，使麋鹿患病。同时，运输人员应注意查看麋鹿状态，防止麋鹿相互挤压或挣脱笼具、围栏逃走。要将相互挤压的麋鹿及时分开，但不可使用木棒、铁钩等工具钩、打麋鹿或使用其他尖锐利器刺麋鹿，亦不可使用绳索捆绑麋鹿四肢或扎住其嘴巴，使其恐慌、痛苦。

四、运输后管理

（一）检疫隔离期

麋鹿属于大型反刍动物，因此，检疫隔离期不少于 45 天。

（二）隔离期内麋鹿的管理

麋鹿在隔离期间由专人负责相关的各项工作，其食物等禁止与其他动物混用。保证麋鹿每天充足饮水，在条件允许的情况下还可以为麋鹿制造一个简单的泥浴池。对麋鹿食物的提供必须有一定的过渡期，由输出方提供的饲料逐渐过渡到输入方的饲料。

（三）隔离期的健康监测

在麋鹿检疫隔离期内，需对其进行连续的健康监测，且需要对麋鹿进行口蹄疫和布氏杆菌病抗体检测、结核杆菌变态反应试验，未出现临床症状、检测合格且隔离期满的麋鹿才能解除隔离。

（本章作者：白加德、程志斌、钟震宇、李俊芳、王丽斌、单云芳）

参考文献

［1］ ASHER G W. Reproductive cycles of deer Animal ［J］. *Reproduction Science*, 2011, （124）: 170 - 175.

［2］ BAERDENAECHER D D, Keeper HD, Peters J. Milu management & health monitoring ［C］. *Proceeding of the international symposium on the Milu and biodiversity conservation.* 2015, 58 - 64.

［3］ BOYD M. The saving of the Père David's Deer （*Elaphurusdavidianus*） in Woburn Abbey, England, at the Turn of the 20th Century and the reintroduction to China in the Mid-1980s ［C］. *Proceeding of the international symposium on the Milu and biodiversity conservation.* 2015, 3 - 21.

［4］ CHENG Z, BOYD M, LIU Y, et al. The status of a wild extinct species *Elaphurusdavidianus*: a successful ex-situ conservation project in China for three decades ［C］. *Proceeding of the international symposium on the Milu and biodiversity conservation.* 2015, 25 - 29.

［5］ WEMMER C, HALVERSON T, RODDEN M. The Reproductive Biology of Female Père David's Deer （*Elaphurusdavidianus*） ［J］. *Zoo Biology*, 1989, 8: 49 - 55.

［6］ CURLEWIS J D, MCLEOD B J, LOUDON A S I. LH secretion and response to GnRH during seasonal an oestrus of Pere Davidp's deer hind ［J］. J *Reprod Fert*, 1991, 91: 131 - 138.

［7］ FENNESSY P F, SUTTIE J M. Antler growth: nutritional and endocrine factors // Fennessy PF, Drew K, eds. *Biology of Deer Production*. New Zealand: The Royal Society of New Zealand Bulletin, 1985: 239 - 250.

［8］ FOOSE T J, FOOSE E. Demographic and genetic status and management ［A］. In: BECK B and WEMMER C （eds.） *The Biology and Management of an Extinct Species Père David's deer* ［C］. New Jersey: Noyes Publications, 1983: 133 - 186. Forand K J, Marchinton R L, Miller K V. Influence of dominance rank on the antler cycle of white-tailed deer. *Journal of Mammalogy*, 1985, 66 （1）: 58 - 62.

[9] FORAND K J, MARCHINTON R L, MILLER K V. Influence of dominance rank on the antler cycle of white-tailed deer. *Journal of Mammalogy*, 1985, 66 (1): 58 - 62.

[10] JIANG Z G. Age-dependent rut strategy in Milu [J]. *Ethology*, 1999, 84 (suppl.): 168.

[11] Kim Hack-Seang, Lim Hwa-Kyung, Park Woo-Kyu. Antinarcotic effects of the velvet antler water extract on morphine in mice [J]. *Journal of Ethnopharmacology*, 1999, 66 (1): 41 - 49.

[12] Kim Hack-Seang, Lim Hwa-Kyung. Inhibitory effects of velvet antlerwater extract on morphine-induced conditioned place preference and DA receptor super sensitivity in mice [J]. *Journal of Ethnopharmacology*, 1999, 66 (1): 25 - 311.

[13] KRZWINSKI A. 33 year research on Captive Bred Père David's Deer on the north east part of Poland [C]. *Proceeding of the international symposium on the Milu and biodiversity conservation*. 2015, 73 - 82.

[14] LI C, JIANG Z, JIANG G, FANG J. Seasonal changes of reproductive behavior and fecal steroid concentrat ions in Pere David's deer (*Elaphurusdavidianus*) [J]. *Hormones and Behavior*, 2001, 40: 518 - 525.

[15] LI Chunwang, JIANG Zhigang, ZENG Yan. Relationship between Serum Testosterone, Dominance and Mating Success in Pere David's Deer Stags [J]. *Ethology*, 2004, 110: 681 - 691.

[16] LOUDON A S I, MCLEOD B J, CURLEWIS J D. Pulsatilesecret ion of LH during the periovulatory and luteal phases of oestrous cycle in Pere David's deer hind (*Elaphurusdavidianus*) [J]. *J Reprod Fert*, 1990, 89: 663 - 670.

[17] MADDISON N. Community-engagement in wildlife conservation: Lessons from around and possible influence on strategy in China for the long-term protection of the Milu [C]. *Proceeding of the international symposium on the Milu and biodiversity conservation*. 2015, 65 - 72.

[18] MARK D. Hunter Takayuki Ohushi Peter W. Price Effects of Resource distribution on Animal – Plant Interactions [M]. Academic Press, Inc. 1992.

[19] REBY D, McCOMB K. Vocal communication and reproduction in deer [J]. *Advances in the Study of Behaviour*, 2003, 33: 231 - 264.

[20] RICHARD D. Bardgett and David A. Wardle. Herbivore-mediated linkages between aboveground and belowground communities [J]. *Ecology*, 2003, 84 (9): 2258 - 2268.

[21] SCHALLER G B, Hamer A. Rutting behavior of Père David's deer (*Elaphurusdavidia-*

nus）［J］. *Der Zool Garten*，1978，48，1 – 15.

［22］ STADLER A. "Living syringes"：use of hematophagous bugs as blood samplers from animals and especially from Père David's Deer ［C］. *Proceeding of the international symposium on the Milu and biodiversity conservation.* 2015，88 – 99.

［23］ TAGUCHI Y. Present status of Père David's Deer in three Japanese Zoos ［C］. *Proceeding of the international symposium on the Milu and biodiversity conservation.* 2015，39 – 43.

［24］ WEMMER C，Collins LR，Beck BB et al. The ethogram ［A］. In：Beck B B，Wemmer C. *The Biology and Management of an ExtinctSpecies：Pere David's Deer* ［M］. New Jersey：Noyes Publicat ions. 1983，91 – 125.

［25］ 蔡桂全，谢家华. 麋鹿发情期主要活动的时间分配及行为研究 ［J］. 兽类学报，1988，8（3）：168 – 171.

［26］ 曹克清，邱莲卿，陈彬，等. 中国麋鹿 ［M］. 上海：学林出版社，1990：1 – 26.

［27］ 曹克清，陈彬. 关于野生麋鹿绝灭原因的再探讨 ［J］. 四川动物，1990，9（1）：41 – 42.

［28］ 曹克清. 试论麋鹿的起源地区和时间问题 ［C］. 中国古生物学会第十四次学术年会论文集. 1986.

［29］ 曹克清. 现生麋鹿知多少 ［J］. 野生动物，1990（2）：8 – 13.

［30］ 曹克清. 我国的特产动物：四不像 ［J］. 化石，1974（2）：11 – 12.

［31］ 曹克清. 我国麋鹿研究的新进展 ［J］. 化石，1976（7）：27.

［32］ 曹克清. 野生麋鹿绝灭地区的初步探讨 ［J］. 动物学研究，1982，3（4）：75 – 77.

［33］ 曹克清. 野生麋鹿绝灭时间初探 ［J］. 动物学报，1978，24（3）：28 – 29.

［34］ 曹克清. 中国的麋鹿 ［J］. 野生动物，1983（4）：12 – 18.

［35］ 曹克清. 中国麋鹿的研究 ［C］. 自然科学年鉴，1986：34 – 49.

［36］ 曹克清. 中国数千年来环境演变与某些动物的绝衰 ［J］. 上海地质，1984（4）：44 – 48.

［37］ 曹克清. 中国野生麋鹿自然种群在历史上的盛衰大势 ［J］. 考察与研究，1987（7）：1 – 6.

［38］ 陈爱群. 麋鹿传染性角膜结膜炎的诊治 ［J］. 中国兽医杂志，2014，50（1）：87 – 88.

［39］ 陈高华. 元代大都的饮食生活 ［J］. 中国史研究，1991（4）：107 – 121.

［40］ 陈洪波. 鲁豫皖古文化区的聚落分布与环境变迁 ［J］. 考古，2007（2）：48 – 60.

[41] 陈化鹏，高中信. 野生动物生态学 [M]. 哈尔滨：东北林业大学出版社，1992.

[42] 陈家全. 清江流域古动物遗存研究 [M]. 北京：科学出版社，2004.

[43] 陈森. 麋鹿主要组织、器官的组织学观察与 STC-1 在肾脏中的定位 [D]. 武汉：华中农业大学，2012.

[44] 陈颀，李俊芳，刘艳菊，等. 北京麋鹿苑使用状况评价研究 [C]. 麋鹿与生物多样性保护国际研讨会论文集，2015：207-213.

[45] 陈星，张林源，刘艳菊，等. 基于 FAHP 的半散养及圈养麋鹿栖息环境评价指标体系构建 [J]. 天津师范大学学报：自然科学版，2015（35）：173.

[46] 程志斌，白加德. 半散放麋鹿产仔育幼行为研究 [C]. 麋鹿与生物多样性保护国际研讨会论文集，2015：125-131.

[47] 程志斌，白加德，钟震宇. 麋鹿鹿角生长周期及影响因子 [J]. 生态学报，2016，36（1）：59-68.

[48] 丁玉华，曹克清. 中国麋鹿历史纪事 [J]. 野生动物，1998，19（2）：7-8.

[49] 丁玉华，侯立冰，徐安宏，等. 雄性麋鹿发情期、发情后期及休情期行为研究 [J]. 野生动物杂志，2005，27（3）：38-40.

[50] 丁玉华，任春明. 沧海桑田话麋鹿 [J]. 野生动物，1993，74（4）：49-51.

[51] 丁玉华，宋建平，侯立冰，等. 麋鹿角的形态结构与物质组成研究 [C]. 麋鹿与生物多样性保护国际研讨会论文集，2015：105-117.

[52] 丁玉华，王立波，徐安宏. 大丰麋鹿野生放养 [J]. 野生动物，2004（4）：33-34.

[53] 丁玉华. 世界麋鹿数量及其分布 [J]. 野生动物，1995，8（1）：42-43.

[54] 丁玉华. 现生麋鹿的发展与现状. 人类活动影响下兽类的演变 [M]. 北京：中国科学技术出版社，1993：93-96.

[55] 丁玉华. 建立多功能的大丰麋鹿保护区. 绿满东亚 [M]. 北京：中国环境科学出版社，1993：345-348.

[56] 丁玉华. 中国麋鹿研究 [M]. 吉林：吉林科学技术出版社，2004.

[57] 段艳芳，陈付英，李玉峰. 麋鹿雌性生殖系统的组织学观察 [J]. 河南农业科学，2012，41（8）：180-184.

郭定宗，邹苗，万春云，等. 石首麋鹿致病性大肠埃希菌的分离鉴定与药敏试验 [J]. 动物医学进展，2016，37（3）：52-58.

[58] 郭耕. 百年沧桑话麋鹿：麋鹿的发现与失而复得始末 [J]. 野生动物，2000，21（5）：35-37.

[59] 何业恒. 中国珍稀兽类的历史变迁 [M]. 长沙：湖南师范大学出版社. 1997.

[60] 胡冀宁. 麋鹿及其文化在北京南海子的传承与弘扬 [J]. 北京农业职业学院学报, 2012, 26 (5): 11 – 14.

[61] 黄宝玮, 史红卫. 殷墟甲骨文有关麋鹿的记载及其研究 [J]. 考察与研究, 1993 (13): 22 – 26.

[62] 计宏祥. 漫话麋鹿的地理分布的变迁 [J]. 化石, 1985 (4): 19.

[63] 计宏祥. 陕西蓝田地区的早更新世哺乳动物化石 [J]. 古脊椎动物与古人类, 1975, 12 (3): 169 – 177.

[64] 计宏祥. 四不像鹿属地理分布的变迁 [J]. 古脊椎动物学报, 1985, 23 (3): 214.

[65] 贾媛媛, 安玉亭, 孙大明, 等. 麋鹿采食与非采食区群落重要值和狼尾草种群的差异 [J]. 野生动物学报, 2018, 39 (1): 49 – 53.

[66] 蒋志刚, 丁玉华. 大丰麋鹿与生物多样性 [M]. 北京: 中国林业出版社, 2011.

[67] 蒋志刚, 李春旺, 曾岩. 麋鹿的配偶制度、交配计策与有效种群 [J]. 生态学报, 2006, 26 (7): 2255 – 2260..

[68] 蒋志刚, 张林源, 杨戎生, 等. 中国麋鹿种群密度制约现象与发展策略 [J]. 动物学报, 2001, 47 (1): 53 – 58.

[69] 解焱. 世界物种红色名录濒危等级. 北京: 中华人民共和国濒危物种科学委员会, 1995.

[70] 匡叶叶. 麋鹿 AFLP 分子标记系统的建立及其遗传多样性评估 [D]. 杭州: 浙江大学, 2011.

[71] 李春旺, 白加德, 张树苗, 等. 麋鹿的声音通讯及其适应意义 [C]. 麋鹿与生物多样性保护国际研讨会论文集, 2015: 118 – 124.

[72] 李春旺, 蒋志刚, 房继明, 等. 麋鹿繁殖行为和粪样激素水平变化的关系 [J]. 兽类学报, 2000, 20 (2): 88 – 100.

[73] 李春旺, 蒋志刚, 曾岩, 等. 圈养雄性麋鹿血清睾酮和皮质醇含量在发情期的变化 [J]. 动物学研究, 2003, 24 (1) 49 – 52.

[74] 李春旺, 蒋志刚, 曾岩, 等. 雄性麋鹿的吼叫行为、序位等级与成功繁殖 [J]. 动物学研究, 2001, 22 (6): 449 – 453.

[75] 李春旺, 蒋志刚, 曾岩, 等. 雄性麋鹿的交配机会、社会等级和皮质醇水平 [J]. 动物学报, 2003, 49 (5): 566 – 570.

[76] 李俊芳, 单云芳, 钟震宇. 基于非损伤取样法的麋鹿分子生态学研究进展 [C]. 麋鹿与生物多样性保护国际研讨会论文集, 2015: 178 – 184.

[77] 李俊芳, 单云芳, 钟震宇, 等. 健康麋鹿血液生理生化指标参考值范围的建立

[J]. 黑龙江序幕兽医, 2017 (1): 235 –238.

[78] 李坤, 张林源, 钟震宇, 等. 麋鹿细管冻精的制备和应用 [J]. 科技资讯, 2011 (30): 255 –256.

[79] 李鹏飞, 丁玉华, 张玉铭, 等. 长江中游野生麋鹿种群的分布与数量调查 [J]. 野生动物学报, 2018, 39 (1): 41 –48.

[80] 李鹏飞, 温华军, 沙平, 等. 石首麋鹿国家级自然保护区湿地生境退化与保护对策 [J]. 绿色科技, 2012 (6): 249 –251.

[81] 李鹏飞, 杨涛, 张玉铭, 等. 石首野生麋鹿种群采食植物生境及其修复途径 [J]. 长江大学学报自然科学版, 2015 (15): 48 –50.

[82] 梁宏德, 王平利, 郭伟娜, 等. 麋鹿病毒性腹泻: 黏膜病的病理观察 [J]. 内蒙古农业大学学报, 2005, 27 (02S).

[83] 梁崇岐, 李勃生. 我国半散放的麋鹿生境植被及采食植物种类的研究 [J]. 林业科学, 1991, 27 (4): 425 –434.

[84] 梁崇岐, 陆军, 孙大明, 等. 大丰麋鹿群对光周期适应的研究 [J]. 林业科学研究, 1993, 6 (6): 650 –653.

[85] 刘睿, 段金廒, 钱大玮. 我国麋鹿资源及其可持续发展的思考 [J]. 世界科学技术——中医药现代化, 2011, 13 (2): 213 –220.

[86] 刘旎. 雄性麋鹿繁殖策略的吼叫行为机制与生殖贡献 [D]. 雅安: 四川农业大学, 2014.

[87] 刘胜祥, 雷耘, 蒙建中, 等. 石首天鹅洲麋鹿保护区植物资源现状评价 [J]. 华中师范大学学报: 自然科学版, 1998 (12): 27 –28.

[88] 刘艳菊, 程志斌, 钟震宇, 等. 不同麋鹿栖息地土壤无机离子特征变化 [C]. 麋鹿与生物多样性保护国际研讨会论文集, 2015: 193.

[89] 鹿欣伦, 赵国, 张雨梅. 麋鹿出血性败血症的诊治病例 [J]. 中国兽医杂志, 2011, 47 (1): 86 –87.

[90] 孟玉萍, 白加德, 钟震宇, 等. 麋鹿电刺激采精及精液品质研究 [C]. 麋鹿与生物多样性保护国际研讨会论文集, 2015: 156 –159.

[91] 孟玉萍, 李坤, 张林源, 等. 北京麋鹿苑麋鹿采食量测定分析 [J]. 特产研究, 2010 (4): 39 –42.

[92] 彭安玉. 论明清时期苏北里下河自然环境的变迁 [J]. 中国农史, 2006 (1): 111 –118.

[93] 钱玉皓, 王亮, 陈洪全. 大丰麋鹿放养后的生境问题及对策研究 [J]. 科技情报开发与经济, 2008, 18 (32): 98 –99.

[94] 任义军, 丁玉华, 解生彬, 等. 野生麋鹿发情后期行为比较 [J]. 野生动物, 2011, 32 (6): 309 - 311.

[95] 盛和林, 等. 中国鹿类动物 [M]. 上海: 华东师范大学出版社, 1992: 224 - 232.

[96] 单云芳, 白加德, 钟震宇, 等. 北京麋鹿苑鹿类动物病亡规律分析比较 [C]. 麋鹿与生物多样性保护国际研讨会论文集, 2015: 142 - 147.

[97] 宋世孝. 北京南海子麋鹿苑生物多样性保护研究功能初探 [C]. 自然科学博物馆与环境国际学术讨论会论文集, 1993: 64 - 70.

[98] 苏继申, 薛建辉, 丁玉华. 大丰国家级自然保护区麋鹿的种群动态 [J]. 南京林业大学学报: 自然科学版, 2003, 27 (3): 44 - 46.

[99] 孙大明. 大量蜱寄生引起麋鹿贫血症例报告 [J]. 畜牧与兽医, 1998, 30 (2): 72 - 73.

[100] 孙大明, 王桂宏, 徐绍良, 等. 仔麋鹿大肠杆菌病 [J]. 畜牧与兽医, 1993, 3 (25): 126.

[101] 孙大明, 薛春林, 王伯高, 等. 麋鹿血液生理指标和血清化学成分指标的研究 [J]. 畜牧与兽医, 1994, 26 (3): 106 - 109.

[102] 谭邦杰等. 麋鹿回到北京以后 [J]. 大自然, 1982 (4): 21 - 23.

[103] 汪诗平. 不同放牧季节绵羊的食性及食物多样性与草地植物多样性间的关系 [J]. 生态学报, 2000, 20 (6): 951 - 957.

[104] 汪诗平. 不同放牧率下绵羊的食性及草地植物多样性间的关系 [J]. 生态学报, 2001, 21 (2): 237 - 243.

[105] 王丽斌, 白加德, 刘艳菊, 等. 麋鹿输出的管理过程与实施技术 [C]. 麋鹿与生物多样性保护国际研讨会论文集, 2015: 30 - 38.

[106] 王立波, 丁玉华, 魏吉祥. 大丰麋鹿种群增长抑制因素初步探讨 [J]. 野生动物杂志, 2009, 30 (6): 299 - 301.

[107] 王明月, 郭定宗, 李鹏飞, 等. 湖北石首麋鹿致病菌的分离鉴定及药敏试验 [J]. 黑龙江畜牧兽医, 2018 (1): 154 - 156, 255.

[108] 王轶. 北京南海子麋鹿苑半散放麋鹿食性研究 [D]. 哈尔滨: 东北林业大学, 2011.

[109] 王玉玺. 从麋鹿的形态特点探讨其生境 [J]. 野生动物, 1983 (5): 10 - 13.

[110] 夏经世. 我国古籍中有关麋的一些记载 [J]. 兽类学报, 1986, 6 (4): 267 - 272.

[111] 谢西峰, 崔保安, 徐耀辉. 牛病毒性腹泻/粘膜病的研究进展 [J]. 河南畜牧兽医, 2001, 22 (2): 11 - 12.

[112] 徐安宏, 任义军, 原宝东. 大丰麋鹿种群复壮制约因素和发展策略探讨 [J].

当代畜牧, 2017 (6): 45 - 48.

[113] 杨道德, 蒋志刚, 曹铁如, 等. 洞庭湖区重引入麋鹿 Elaphurusdavidianus 的可行性研究 [J]. 生物多样性, 2002 (10): 369 - 375.

[114] 杨道德, 蒋志刚, 马建章, 等. 洞庭湖流域麋鹿等哺乳动物濒危灭绝原因的分析及其对麋鹿重引入的启示 [J]. 生物多样性, 2005 (13): 451 - 461.

[115] 杨道德, 马建章, 何振, 等. 湖北石首麋鹿国家级自然保护区麋鹿种群动态 [J]. 动物学报, 2007 (6): 947 - 952.

[116] 杨国美. 中国麋鹿: 杨国美摄影作品集 [M]. 北京: 中国摄影出版社, 2006.

[117] 杨利国. 动物繁殖学 [M]. 北京: 中国农业出版社, 2003: 3.

[118] 杨戎生, 张林源, 唐宝田, 等. 中国麋鹿种群现状调查 [J]. 动物学杂志, 2003, 38 (2): 76 - 81.

[119] 杨戎生, 温华军, 李鹏飞. 麋鹿重返自然之路. 麋鹿还家二十周年国际学术交流研讨会论文集 [C]. 北京: 北京出版社, 2007.

[120] 于长青, 梁崇岐, 陆军, 等. 半自然条件下麋鹿的生长发育与繁殖习性 [J]. 兽类学报, 1996, 16 (1): 19 - 24.

[121] 于长青. 中国麋鹿遗传多样性现状与保护对策 [J]. 生物多样性, 1996, 4 (3): 130 - 134.

[122] 于清娟. 种群生存力分析及其在麋鹿种群动态中的应用 [D]. 兰州: 兰州大学, 2009.

[123] 张成林. 北京动物园麋鹿疾病发生分析 [C] // 夏经世. 麋鹿还家二十周年国际学术交流研讨会论文集. 北京: 北京出版社, 2007: 69 - 71.

[124] 张成林, 王铜铜, 郑常明, 等. 圈养麋鹿疱疹病毒感染的诊断 [J]. 天津师范学报: 自然科学版, 2015, 35 (3): 89 - 92.

[125] 张成林, 郑常明, 王铜铜, 等. 麋鹿感染疱疹病毒的病理变化研究 [C]. 麋鹿与生物多样性保护国际研讨会论文集, 2015: 132 - 141.

[126] 张光宇, 张万钦, 邓大军. 麋鹿研究综述 [J]. 河南林业科技, 2007, 27 (4): 40 - 42.

[127] 张国斌. 麋鹿干扰对栖息地的影响及种群动态研究 [D]. 南京: 南京林业大学, 2005.

[128] 张林源, 陈耘, 于长青. 中国麋鹿的迁地保护与遗传多样性现状 [C]. 生物多样性与人类未来: 第二届全国生物多样性保护与持续利用研讨会论文集, 1998: 48 - 53.

[129] 张林源. 麋鹿与麋鹿苑 [M]. 北京: 北京出版社, 2010.

[130] 张林源，温华军，钟震宇，等. 湖北石首野生麋鹿种群大量死亡原因调查 [J]. 畜牧与兽医，2011，43（4）：89－91.

[131] 张树苗，梁兵宽，张林源，等. 中国麋鹿种群现状与潜在资源利用 [J]. 林业调查规划，2009，34（4）：41－45.

[132] 张树苗，白加德，陈颀，等. 麋鹿生境适宜度评价指标初探 [C]. 麋鹿与生物多样性保护国际研讨会论文集，2015：185－192.

[133] 钟震宇，李鹏飞，王桂忠，等. 麋鹿疫病流行概况与防控对策 [C]. 麋鹿与生物多样性保护国际研讨会论文集，2015：148－155.

[134] 钟震宇，张林源，夏经世，等. 北京南海子麋鹿种群半散放饲养管理 [J]. 经济动物学报，2005，9（1）：50－53.

[135] 钟震宇，张林源，夏经世，等. 雌性麋鹿不同年龄阶段的生长发育 [J]. 四川动物，2008，27（5）：907－909.

[136] 钟震宇，张林源，夏经世，等. 1999 年南海子麋鹿猝死症的流行病学调查 [C] //夏经世. 麋鹿还家二十周年国际学术交流研讨会论文集. 北京：北京出版社，2007：34－37.

[137] 钟震宇，张林源，张智，等. 北京南海子麋鹿血液生理生化指标的测定 [J]. 动物医学进展，2009，30（12）：21－25.

[138] 周宇虹，许丽萍. 大丰自然保护区麋鹿种群增长模型以及种群密度对种群增长影响的研究 [J]. 生物数学学报，2012，27（4）：673－675.

[139] 朱佳伟，刘艳菊，杨峥，等. 麋鹿苑麋鹿粪便重金属含量初步分析 [C]. 麋鹿与生物多样性保护国际研讨会论文集，2015：214－215.

后　记

麋鹿是中国的特有种，曾广布于我国长江、黄河流域。1865 年，麋鹿由法国传教士阿芒·大卫在北京南苑发现并公诸于世。1900 年，麋鹿因天灾和人祸而在本土灭绝。1985 年，北京市政府在北京南海子建立麋鹿苑，首次实施重引入项目，开展麋鹿保护工作。因此，现今的北京南海子麋鹿苑也被称为麋鹿的模式种产地、野外灭绝地、重引入地。

从 1985 年 8 月 24 日至今，麋鹿回归祖国已经 35 周年。

35 年运筹帷幄。麋鹿种群复壮，自然种群经野化训练而恢复。

35 年披荆斩棘。麋鹿保护工作经历了繁育保种、饲养管理、疾病防控三道关。

35 年凝心聚力。开展麋鹿保护教育，创新麋鹿文化作品，推广科研成果，汇聚起的麋鹿保护力量，铸就了麋鹿保护的"金钟罩"。

35 年硕果累累。北京南海子麋鹿苑的麋鹿保护工作成为世界野生动物保护的"中国示范"，这些成果，是一代又一代科研工作者为麋鹿保护贡献的青春、智慧、坚韧和执着凝聚而成的。

《麋鹿生物学》是在广大麋鹿保护工作者的研究成果的基础上编写的，在此向曹克清研究员、蒋志刚研究员、王宗祎研究员、杨戎生研究员、丁玉华研究员、胡德夫教授、董宽虎教授、陈耀星教授、孙大明研究员、沈华研究员、李春旺研究员、杨道德教授、温华军主任、李鹏飞研究员、张成林研究员、郭耕研究员、刘艳菊研究员等，以及本书引用的所有研究文献的作者等各位专家、各位同仁表示感谢！由于业务水平有限，书中难免有疏漏和不当之处，恳请业内人士和读者批评指正。同时，向一直关心麋鹿发展并为麋鹿重引入项目做出巨大贡献的玛雅·博伊德博士（已故）表示感谢！

旧时已展千重锦，未来更进百尺竿。麋鹿保护工作任重道远：麋鹿的灭绝机理及其进化潜力需要科学揭示，麋鹿与生态环境的相互影响需要科学解答，麋鹿保护与管理需要科学规划……我们盼望此书能让大家了解更多关于麋鹿的知识，同时也希望麋鹿保护工作者们提出更多的研究问题，产出更多的科技成果，让麋鹿保护、麋鹿研究工作焕发出更加强大的生命力！

2020 年 4 月